请原谅设计

[美] 亨利·波卓斯基 著

李孝媛 译

To Forgive Design

ZHEJIANG UNIVERSITY PRESS

浙江大学出版社

前　言

　　距离我上一本书《设计，人类的本性》（ *To Engineer Is Human* ）出版已经过去了差不多 25 年，我很欣慰至今仍有人在阅读并谈论它。这本书对工程设计的基本原则进行了详细讨论，并通过现实世界中成功或失败的案例——其中很多都是在这本书撰写当时发生的——表述出来。我相信这样易于理解的内容，是这本书至今仍有影响力的原因之一。《设计，人类的本性》归纳总结的主要原则直到今天仍有广泛的适用性，书中探讨的失败案例大多数都与机械和建筑相关。然而，对于人类与机器的相互作用，或者系统性失败的复杂性（许多失败不只是因为糟糕的设计），我还没有太多发言权。

　　《设计，人类的本性》出版之后，又有一些关注度很高的事故发生了，其中包括 2 架航天飞机坠毁、明尼阿波利斯（Minneapolis）的州际高速公路在高峰时段坍塌、波士顿"大挖掘"（Big Dig）计划的悲剧、"深水地平线"（Deepwater Horizon）钻井平台的爆炸和随后的持续性石油泄漏，还有大批引起了多名工人和民众死亡的建筑起重机事故。这些事故不仅使我原先的观点有所扩展，也让我了解到工程业在系统和组织上体现出的更多方面的特点，这些都是本书重点讨论的内容。

　　在这本《设计，人类的本性》的续作里，我试图用更广阔的视角来看待设计，并尝试在基础分析之外去寻找引起失败的额外原因。我详细研究了那些有着深远影响的标志性事故案例，对于这些失败的分析，让我们能够更加深入地理解设计及其后果的复杂性，尤其是人在工程中的行为：使用、滥用和管理。

我在《请原谅设计》中所谈到的一些案例具有深远的历史意义，但基于新的证据，它们被重新解释，如何看待失败的根本原因也有了新的角度。后来者从中可以吸取更新的经验和教训。工程师对于这些案例坚持不懈的研究可能会被认为是过时的陈词滥调，但事实是，工程行业有些方面的经验并不会随着时间推移而失去价值，它不依赖于科技本身。与此同时，我们还能够通过重新对"失败"进行慎重研究和评价，从旧的案例中发掘出新的经验，哪怕这些失败已经发生了一个世纪之久。

正如在《设计，人类的本性》里一样，在本书中，桥梁及其事故也承担了重要的角色。这其中当然有我自己的偏好，我喜欢这些纯工程类的产物，尽管桥梁设计与制造早已深深嵌入社会、财政和监管系统里。从桥梁的构想、设计、使用以及偶然发生的事故中，我读懂了桥梁的故事，这些故事很吸引人，也具有示范性。本书中讨论的一些桥梁及其坍塌事故也许和其他的不一样，但每个故事都能帮助我们更加深刻地理解失败及其后果的点点面面。就拿臭名昭著的塔科马海峡大桥（Tacoma Narrows Bridge）坍塌事故来说，它最终扭动着坍塌的图片和视频流传广泛，很多人都看过，但事故发生的原因和留下的东西却鲜有人知，这也是我要亲身重游这座大桥的原因，我要弄清楚这事故到底为什么会发生。

在我的职业生涯中，我一直在思考、撰写、传授关于失败及其含义的内容。我对于这个主题的迷恋，可以追溯到孩童时代、学生时代还有在研究所度过的那些日子。那些工作、生活的经历，有意识或无意识地都对我现在的思考和理解产生了深远的影响。在本书中，我详细描述了其中一些经历，我希望能给这个主题赋予一些人性化的东西，也希望能从一个不同的角度来看待它。对于失败的分析是冰冷的，我们追求的是一个结果，但即使如此，学会从一个广阔的视角来看待它，并将其带入我们自己和他人的生活背景中来思考，就能够产生极其深远的影响，经久不息。

我在《美国科学家》(*American Scientist*，隶属于科学与工程研究学会"西格玛赛")杂志和《棱镜》(*Prism*，隶属于美国工程教育学会)杂志上的专栏就像是一个不间断的论坛。我，还有很多人，都经常在这个临时的论坛里进行案例研究，探讨关于失败及其他话题的专业经验。这已经持续了一段时间，不过，遗憾的是，空间上的局限性限制了这些主题的全面开展。感谢迈克尔·费舍尔(Michael Fisher)给我这样的机会，让我能够在这本书中带着读者们深刻反省失败的意义。能够和迈克尔以及他在哈佛大学出版社的同事们再次合作，是一件很愉快的事。

在构思本书的那段时间里，我很幸运地在杜克大学担任了一个学期的教授，我和我的学生迈克尔·沙尔莫(Michael Schallmo)每周都有一次聚会，他当时正在我的指导下自学关于失败分析的课程。我们对于失败这个主题进行了广泛讨论，其中就包括本书中的一些案例研究，他为我提供了十分有价值的观点和意见反馈。几个月后，我便开始了本书的撰写。我也十分感谢肯尼斯·卡珀(Kenneth Carper)，《建筑设施性能杂志》(*Journal of Performance of Constructed Facilities*)的总编辑，他阅读了这本书的手稿，给我提供了成熟的评价与建议。当然，本书中出现的任何错误肯定是我的单独责任。

我撰写的每本书，都有我的妻子凯瑟琳·彼得罗斯基(Catherine Petroski)的功劳，她兼读天下书的博学为我提供了很多材料。她牺牲了个人时间来阅读我的文章，为我提供建议。谢谢你，凯瑟琳。

目　录

第一章　令人警醒的案例

2009 年 2 月 12 日，美国大陆航空公司的 3407 航班正从纽瓦克（Newark）自由国际机场飞往布法罗（Buffalo）尼亚加拉国际机场。这本该是庞巴迪公司生产的 Dash 8 型飞机一次普通的短程飞行。

然而，在那个寒冷的冬夜，纽约北部地区正在降雨，冰冷的雨水有可能使机翼结冰。如果机翼上的冰层加厚，不仅飞机的重量会增加，机翼的空气动力学性能也会受到影响，进而威胁飞行安全。

为了除去这些影响飞行安全的冰，人们为机翼设计了多种除冰设备。其中一种设备可以对机翼表面加热；而另一种叫作"破冰靴"的设备，则被安装在机翼前缘。启动之后，"破冰靴"就会张开，打碎并摆脱附着在机翼上的冰。不幸的是，这个小设计像别的所有设计一样，具有某种局限性：由于安装的位置在机翼前缘，"破冰靴"并不能除去那些距离机翼前缘较远的冰。

这架双引擎涡轮螺旋桨飞机并没有像计划的那样到达布法罗。当晚，它坠毁在距离飞机跑道 5 英里 ① 的不远处，并撞毁了一间房屋。机上 49 人全部遇难，房屋中的 1 人也未能幸免。

最初，人们推测事故的原因是机翼控制系统或机组人员未能正确处理机翼上的冰。据飞机失事后取回的驾驶舱录音和飞行数据显示，机长

———————————
① 1 英里约为 1.6 千米。

和飞机副驾驶讨论了机翼和机窗结冰的情况，并启动了除冰设备。然而，不久之后，航班还是失速了。发生这种意外时，飞机操纵杆将会振动以警告飞行员。同时，由于该航班启用了自动航行系统，在这种情况下，自动航行系统也会调节飞机飞行的速度，使其保持稳定的飞行状态。当情况超出自动航行系统控制权限时，自动航行系统将自行关闭并改为手动操作，由飞行员亲自控制飞行。面对这种意外，事先设计好的处理流程本应该这样。

然而，飞行员却没能及时采取正确措施。为什么会出现这种情况？有人猜测是因为操纵杆并未按设计的那样振动，这应该被归结为设备故障或设计缺陷。而在另一份早期报告（这份报告将应对飞机失速的恰当措施称为"启动自动推杆器"）中，人们猜测飞行员也许对飞机失速反应过度，将机头拉得过高了。这样的分析就将失事原因指向了飞行员是否接受了恰当的培训，以及飞机的设计是否存在缺陷。

这些都是在空难后的一周内做出的猜测。负责深入调查此类事故的美国国家运输安全委员会（National Transportation Safety Board, NTSB），通常需要更长的时间，才会对事故原因下最终结论。在布法罗空难事件中，运输安全委员会在事故发生约 1 年后公布了调查结果。它并未将事故原因归结为飞机软硬件的设计缺陷，而是将之描述成由于机组人员的自大而造成的灾难。

据一份报纸报道，该航班 47 岁的机长曾有"未通过飞行测试"和"在驾驶飞机过程中反应过度"的历史。这位仅在事故 2 个月前才开始驾驶 Dash 8 型飞机的"不合格"机长，以及"对机长过分服从"的 24 岁副驾驶，在飞机驶近布法罗上空时未能正确监控飞行速度，以至于飞机飞行速度过低，并触动了警报。随后，操纵杆像设计的那样开始振动，飞行员采取了措施——他向后拉动了飞机操纵杆。然而正确的操作应该是向前推动操纵杆。飞行员随后一系列的错误反应使情况变得更加糟糕，并最终导致了这场灾难。运输安全委员会并未发现飞机控制系统或飞机引擎存在问题，并且认为事故当天的天气对于该季节的布法罗来说很常见，机翼结冰也没有严重到足以造成如此重大的事故。

一名调查员认为是飞行员的疲劳驾驶造成了这次事故。事故前一天晚上，机长在机组人员休息室过了一夜（这暗示着机长在飞行前并未得到充分休息）；而患有重感冒的副驾驶，则在事故前夜参与了从西雅图到纽瓦克的航班的驾驶。无论飞行员们是否疲劳驾驶，他们在驾驶舱的行为都违反了联邦航空管理局的规定。副驾驶在飞行过程中发短信，这不仅违反了航空管理局的规定，也违反了航空公司规定；报告显示，机长在起飞和接近布法罗时有过长时间的与飞行无关的闲谈，这当然也违反了航空管理局规定。调查委员会的其中一份报告还显示，机长和副驾驶在驾驶舱内的主要活动是"无聊地消磨时间"，而不是像人们期望的那样把注意力放在控制飞机飞行上。此次事故并非不可避免，但飞机本身的设计显然是没有问题的。

导致大量人员伤亡的事故总会一次又一次将人们的视线吸引到工程和技术的可靠性上。至少在最近这几十年是如此。一艘航天飞机在升空过程中爆炸，另一艘在回收过程中进入大气层时解体。曾经世界上最高的建筑在被飞机撞击后燃起大火，随后迅速坍塌。一场飓风将城市夷为平地，1300多人因此丧生，上万人流离失所。一场地震影响了地球上最贫困地区的25万人。世界上最大的汽车制造商召回了上百万辆汽车，因为它们不仅在加速过程中存在油门问题，还出现了刹车不灵的现象。墨西哥湾石油钻探机爆炸导致的石油泄漏持续了数月，给生态环境带来了巨大的灾难。

如果将这类悲剧、意外、灾难，或者说彻底的"失败"列成清单，毫无疑问，这会是份长长的清单，其中的案例包罗万象。很有可能在这本书出版的时候，清单还在继续变长。这份清单也许只是一个总结清单，总结那些发生得越来越频繁的工程和科技失败案例。它们并不是到了 20 世纪才出现，也不大可能在未来的某个时刻结束。"彻底"或"部分"的失败一直是人类工程与技术的一部分。由于人类容易犯错的天性，我们可以预见，工程与技术的失败必然发生，并且常常是发生在我们最不希望看到的地方。我们最可行的策略是提高人类自身预防意外的能力，减小灾害在未来发生的可能性。要达到这个目标，我们不仅要了解过去的失败案例如何发生、为什么发生，以及为何现在仍然发生，更重要的是，我们还应该去了解失败本身的性质。

从古至今，船舶的尺寸，方尖碑的重量，教堂的高度，桥梁的跨度，摩天大楼的高度，飞机的飞行距离，电脑的容量，以及所有别的东西的极限值，都是（至少暂时是）由人类的失败定义的。我们建造的东西越来越大（当然，越来越小也是一样），直到触发了警报，点燃了导火线，或者陷入了僵局，人类才惊醒于自己越过了工程或技术的边界。但工程上的失败不能只归结为尺度。即使不去拓展工程与技术产物的边界尺度，仍然有不少鲜活的失败案例使我们警醒。第二次世界大战期间，行驶途中破裂沉没的船只，尺寸并非当时世界之最；1940年在大风中损毁的大桥也不是世界上最长的桥梁；当我们例行公事检查邮件时，突然死机的电脑当然也不会是世界上运行速度最快的电脑。失败几乎无所不在，无所不包，它成为我们生活的一部分，常常发生于我们最难以预料的时刻——但这些时刻看起来却似乎总在意料之中。

在调查一个受到高度关注的"失败设计"时，初期的关注点通常集中在受损物或受损系统的设计上。事后去找设计和设计者的失误，就像膝跳反射一样，似乎成了这类事故的应激反应。在各类媒体的关注下，这种"挑错"的做法更是顺理成章。的确，有些"失败"是由糟糕的设计所引起的，但设计肯定不是唯一的原因。一个产品的设计反映了一定的工程技术水平，但使用过程中的"失败"也可能是由于对设计物（或系统）的错误操作、不恰当的使用甚至不妥善的保管造成的，造成失败的也可能是它的拥有者、管理者、操作员或使用者。有时事故产生的原因非常隐蔽又有悖于常识，可能需要花费数年的时间才能最终确定。

意外常常发生在一瞬间，但在此之前，通常有很长一段时间，事情看起来似乎"一切正常"，或者说"几乎"一切正常。波士顿20世纪最大的建设工程被描述为美国历史上最复杂、最有争议的基础建设工程。该工程的主要目的，是把城市的"中央交通系统"由难看的、拥堵的公路系统转化为城市隧道交通系统，隐藏到城市地下。按计划，项目竣工后，城市交通将变得不那么"碍眼"，并且更高效畅通。项目的另一个目标是用这些隧道将城市中心和机场连接起来，并穿过一个港口。这一系列被称作"大挖掘"的项目最终耗费150亿美元，于2006年正式竣工，工期比预想的长了15年。但故事并没有就此结束。在项目面向公众开放前，地下隧道便开始出现各种问题。

建成一段时间后，在城市街道下方的隧道的混凝土墙开始大量渗水。这些墙本该是不透水的，因此这种大规模的渗水状况相当出人意料。造成渗水的并非墙体的设计问题，而是混凝土（建筑材料）的性状问题。有些情况下，是由于混凝土的浇筑方式不当，才最终导致了渗水现象。地下隧道墙体深且厚，所以工程需要大量混凝土，而其中一家公司提供的超过130000车的混凝土，很大一部分在后来被证实是次等品，这些次等材料直接导致了部分隧道墙体的渗漏。混凝土有时会直接浇筑在沙砾、碎石、黏土等碎片上，这些碎片进入混凝土，削弱了墙体的强度，也导致了部分墙体渗水。2004年9月，其中一段墙体破裂，瞬间渗入大量本该被挡在外面的地下水。除了前面提到的问题，钢铁固件的错误摆放也是引发地下水渗入意外的原因之一。据估计，该工程中约有3600个大小不一的渗漏点，需要长达10年的时间才能修复完成。

该工程中涉及混凝土的问题还不止于此，混凝土浇筑时间也和随后的事故有关。根据相关使用说明，混凝土应在混合后的一个半小时内浇筑完成。然而，其中一位混凝土供货商承认，他们使用了用过的混凝土，为了使之看起来"新一些"，他们在混凝土中加入水和别的混合物，并伪造了混凝土混合时间的记录。大规模的造假，直接导致了新英格兰（New England）地区最大的水泥沥青公司在该项目中赔偿了 5000 万美元。没有一个工程可能在如此明目张胆的掺假后还能完好无损、运行顺利。当然，有些时候，问题存在一定的潜伏期，要在更长一些时间（可能是几年）后才会出现。

上述工程中漏水的地下隧道不过是外观糟糕了些，引发了小部分恼人的交通问题，还尚未对人的生命财产安全造成重大损害。然而，在另一个机场隧道项目中出现的工程问题，却最终导致了不可逆转的巨大灾难。由于交通隧道中容易产生气体沉积，所以需要修建大集气室来保持空气流通，以避免有害气体的聚集。大集气室所起的作用类似于房屋中的通风管——输入新鲜空气，排出有害气体。泰德·威廉姆斯（Ted Williams Tunnel）隧道承担了波士顿市区到洛根国际机场的部分交通运输，其中一条支线的集气室建在隧道顶部，由数块重达 3 吨的水泥板组成。虽然这些悬在隧道顶部的水泥板看起来非常危险，但这样的设计也经过了一系列思考与取舍。

隧道中常有气流通过，如果这些水泥板太轻，就会随气流振动发出噪音，使本已非常喧闹的隧道变得更为嘈杂。使用这些成吨重的水泥板其实是二次设计的结果。最初的设计打算使用较轻的镀有陶瓷外壳的金属板，但金属板比水泥板贵一些，而当时该项目又正在想办法削减成本。在大部分情况下，水泥板都是通过嵌入隧道顶部的钢筋来进行固定。安装时，首先要在隧道天花板上钻孔，用钢丝刷扩大并清理钻孔——这一步是为了除去孔内杂质并使钻孔保持粗糙；随后注入环氧树脂黏合剂，再将钢筋插入黏合剂中，保持位置固定直到黏合剂将钢筋稳定住。只要承重钢筋的固定过程没有问题，水泥板也不会出现任何问题。然而，事故发生的当天，4块水泥板毫无征兆地松动了，其中一块恰好砸中经过的一辆前往机场的轿车。轿车被砸毁，车上有一对夫妇，其中丈夫受了重伤，妻子在这场事故中丧生。

事后，美国国家运输安全委员会立即对事故展开调查。调查初期，人们纷纷猜测事故发生的原因。有人认为是隧道内温度变化导致的黏合剂软化，也有人认为是附近一处建筑工地施工产生的振动使固定钢筋的螺栓产生了松动。水泥板支撑系统的设计自然成了重点调查对象。但该支撑系统是经过时间检验的，这意味着设计本身不会存在致命问题。于是调查重点转向了承重钢筋的安装方式。用来钻孔的金刚石钻头可能是导致事故的原因，因为这类钻头打的孔非常光滑。而粗糙的孔，例如硬质金属钻头打的孔，能更好地支撑嵌入的钢筋。诸如此类的猜测还有很多。

其实，导致了事故的罪魁祸首是黏合剂。市面上有两种黏合剂：一种是快干的，一种是普通的。两种黏合剂的包装容器非常相似，主要靠外包装的标签颜色来区分。快干黏合剂的优点在于可以加快安装工程的速度，但它并不如普通黏合剂的黏合力持久。普通黏合剂更稳固，能对钢筋起到更好的固定作用。出事的隧道中，随着时间的推移，水泥板自身的重量逐渐将钢筋从安装孔中拉了出来，这种结构变化被称作"蠕变"（creep，指在应力保持恒定时，黏合剂沿着载荷作用方向发生的位移）。调查显示，不仅是脱落的水泥板，该工程别的地方也出现了钢筋松动的状况，因此，可以确定事故的原因就是"蠕变"。该工程中究竟有没有使用快干黏合剂成为争论的焦点。但无论工程过程中使用的是哪种黏合剂，这场事故也使得人们对于黏合剂的使用更为谨慎——弄错了使用的黏合剂，结果可能是致命的。相较之下，事故中备受争议的隧道天花板系统的设计却没有什么问题。

人们通常在干净整洁的工程设计事务所中进行设计活动，隧道、房屋、桥梁等建筑都出自于这些事务所。设计事务所相当洁净，唯一需要清洁的不过是被静电吸附到电脑屏幕上的灰尘。电脑前的工程师们可不愿看到自己在绘图软件中精密计算过尺寸并附有详细说明的设计（可能是一面墙，一根柱子，一条梁，或者一根钢筋），最终因为建筑工地的灰尘或碎石、碎沙影响到其强度或完整性。尽管人人都知道我们并不是生活在无尘的世界里，设计和工程也不可能完全避免错误或失误，但人们仍然期望细心勤奋的工作能够弥补这些难以避免的失误。例如在准备水泥、固定钢筋的过程中，如果能够更仔细、更小心，也许就不会发生事故。混凝土是如此的平凡，我们很少会专门想到它，更不用说尊重它了。混凝土最初不过是被我们称作"水泥"的一种灰色粉末。水泥和沙子、碎石、水混合之后必须在 90 分钟之内运到建筑工地，经过一段时间，这些混合物变硬，就成了我们平时走路时脚踩的、开车时驶过的混凝土。我们鞋底的东西，总会粘到混凝土地面上，从汽车上滴入混凝土的油或者别的液体，也会被路过者的鞋底吸收一些。类似的情况还有很多。混凝土是如此平凡，如果不是它掉色了，裂缝了，渗漏了，我们绝不会想起它。

尽管混凝土是如此普通，这个世界上最美丽的那些建筑却是由它们建成的。罗马万神殿建成于公元 2 世纪，神殿中著名的有孔圆顶就是由混凝土修筑而成。罗伯特·马亚尔（Robert Maillart）的塞金纳特伯桥（Salginatobel Bridge）坐落于瑞士乡间，于 1930 年完成，是混凝土桥梁经典之作。华盛顿杜勒斯国际机场的主候机楼和纽约肯尼迪国际机场的 5 号候机楼，均由美籍芬兰建筑师埃罗·沙里宁（Eero Saarinen）设计，从 1962 年起，它就是混凝土外壳建筑的典型代表。尽管混凝土筑就了这么多的美丽建筑，但它通常被认为是钢材的廉价表亲。在建造超高建筑（如摩天大楼）时，人们更倾向于选择钢结构而不是混凝土。现在，情况发生了改变。当马来西亚计划建造世界第一高楼时，由于这个发展中国家没有自己的钢铁产业，于是马来西亚人更倾向于使用混凝土而不是钢结构。做出使用混凝土修建摩天大楼这个大胆的决定后，设计彼得罗纳斯双子塔（Petronas Towers，位于吉隆坡）的工程师面临着两个挑战：一是如何监督一个高强度混凝土结构建筑的修建，二是如何将水泥"垒"到设计高度（双子塔的设计高度超过了当时存在的最高的混凝土建筑）。10 年之后，敢于挑战任何形式建筑的迪拜当局组织修建了哈利法塔（Burj Khalifa）。哈利法塔于 2010 年对外开放，它几乎达到了混凝土结构所能达到的最大高度，其混凝土建筑部分高度接近 2000 英尺 ①，混凝土上又修建了 700 英尺的钢结构建筑，这使得哈利法塔成为地球上最高的人工建筑。

混凝土和煤渣煤块具有广泛的用途，是发展中国家常用的建筑材料。从秘鲁首都利马（Lima）到一些偏僻地区的道路两旁，未完工的混凝土建筑随处可见。这些建筑的业主通常要等材料或者资金到位才能进行下一步的建造工程。在那些半成的临街铺面和居住房屋里，加固钢筋从未完成的水泥柱中伸展出来，它们等待着某天一切就位了，会有人来完成工程中剩下的部分。这类建筑工程量很小，也正因为工程量小，大部分都未经过设计。它们的"设计"存在于业主的脑子里，而不是以设计蓝图的形式呈现。如果说这类建筑真的存在任何"设计"，设计原则也不过是当地的生活习俗。

在海地（Haiti）这个更加贫穷的国家，甚至在建筑中使用加固钢筋也是一件奢侈的事情。而建筑中使用的混凝土砖，也通常是居民"自制"的土砖。人们常常在自家后院制作建筑用砖，并像制作泥土砖那样

---

① 1 英尺约为 30.48 厘米。

把这些砖放在阳光下晒干。对海地人来说，就连水泥这种最基本的建筑材料都比较昂贵，因此，海地人在制作混凝土的过程中，通常要加水稀释水泥，以便用有限的材料制造出更多的可用物。另外，海地制作混凝土使用的沙通常是坑沙，这种材料质量也很差，比河沙质量更差一些。用这种材料制造出来的砖或柱子强度很低，非常易碎，不需要太多冲击就会出现划痕，严重的情况下甚至会破裂。地震前，海地的很多建筑工程中，筑墙的混凝土砖砌得稀稀疏疏，连接处的水泥砂浆也用得相当"节约"，墙体表面则涂上了一层薄薄的劣质混凝土来对外观加以修整。这样的建筑，在地震中无可避免地随着地面左摇右晃。此外，为了方便停车，很多建筑仅仅在底楼修建了柱子而没有砌墙——建筑仅靠柱子承重，这样的结构非常脆弱，根本无法承受地震的冲击。从效果上来讲，海地人居住的房子就像扑克牌垒起来的"纸牌屋"，而且还是放在细腿牌桌上的那种。

2010 年发生的大地震，震毁了这类建筑中的大部分。震后 6 个月，散落在太子港（Port-au-Prince）各处的地震残骸达到了 250 万立方码[①]。据专家估计，需要长达 3 年的时间才能将这些残骸全部清除。震后的海地居民则在废墟中搜寻那些尚未破碎的砖块。只要是能拿动的钢材，当地居民都会将它们从砖石碎块中拔出来。变形的钢筋经过处理后（通常是拉直），就和别的回收来的建筑材料一起转卖到新的建筑工程中。而这种"二手"钢筋的强度已大不如前。曾有专家警告过，使用旧材料和先前的建筑方法重建海地，只会使海地在下一次地震到来时受到更大的损失。于是，开始有人反对草率的重建工作，号召建立起完善的建筑规范来修建更好的建筑。在建筑工程中，坑沙也被禁止用来建造混凝土砖。但是，在大多海地人都住帐篷的情况下，这一系列规定和设计都显

---

① 1 立方码约为 0.76 立方米。

得太过奢侈了。

即便建筑结构本身没有任何设计缺陷，它们也可能毁于别的因素。作为中国的窗口城市，上海随处可见世界级的摩天大楼。上海是一个人口众多的城市，自然需要修建足够多的住宅建筑供人们居住。其中一个还未完工的小区建在离上海市中心不远的地方，包含数栋 13 层高的楼房。由于小区位置离地铁近，便于出行，白领们愿意额外多支付一些费用以购得这个小区的公寓。2009 年夏天的一个清晨，小区中一栋在建楼房发生了倾斜，很快就一面着地地倒了下来。这栋楼房倒下之后仍然保持完整，只有直接接触地面的墙体立面略有破损。这栋楼突然倒塌，产生的震动和声音使得旁边楼房的居民以为发生了地震。而在此事发生的一年以前，四川省的特大地震中，近 3000 间校舍倒塌，导致了超过 5000 名师生死亡。一份报告称，建筑施工问题已成为中国主要的安全隐患，而造成这些问题的原因通常是施工计划不完善，施工过程偷工减料，或者是建筑材料被盗窃。

楼房倒塌时，上海并没有发生地震。房屋本身的设计和结构也没有任何问题。问题在于与施工过程有关的土方工程。施工过程的主要阶段，为方便施工，施工方并未挖掘建筑周围的地面。公寓楼完工后，工人们开始在大楼的一侧挖掘土方，以方便修建地下停车场。工人们把挖掘出来的土堆放在公寓楼的另一边。事故发生时，土堆堆到了 30 英尺高。后面的土堆和前方的深坑对公寓楼下方地面造成了偏向一侧的压力。而此时上海下起了大雨，雨水浸湿了地面的土坑，也渗入公寓楼底部的土地里。所有因素叠加起来，一起对公寓楼的混凝土桩造成了不均匀的侧压，而在公寓楼的设计中，设计者并没有考虑到"抗不均匀测压"这项。混凝土桩受损后，由于前方的深坑，公寓楼不可避免地倒向了挖坑一侧。公寓楼的倒塌是土方挖掘程序不当造成的，而不是建筑本身的设计缺陷。如果设计者知道楼房会受到这样的不均匀侧压，则会将混凝土桩设计得更大些，以抵抗侧压。然而，在设计公寓楼时，设计师显然没有把楼房和停车场看作一个相互关联的整体来设计。

即便是最完美无缺的设计也会受到其使用的材料和后期维护工作的限制。这一点清晰无误地体现在波士顿"大挖掘"工程中——如果操作不当，即使品质优良的混凝土也会导致工程问题。而那些使用劣质混凝土的工程，后果可想而知。为了保证工程质量，通常会有监察员对所用材料进行详细检查。当一车湿润的混凝土运到工地时，首先就要对其进行抽样检测。一种方法是将样品做成上大下小的圆柱，以观察其沉降状况，由此来推测材料的浓度和强度。还有一种方法是把样品做成圆柱形，放在工地观察其硬化过程；并在开始硬化的第 14 天、第 28 天，以及第 56 天测试混凝土圆柱的强度。大部分混凝土在开始硬化的一周后，其强度就已接近最终可达到的最大强度值，因此上述测试结果是对混凝土未来强度的一个可靠预测。然而不幸的是，即使测试混凝土强度这么重要的工作，在人的实际操作过程中，也会大打折扣。

就像医生把病人的血样送到实验室用仪器检测那样，结构工程师也需要把工地的混凝土样品送往拥有混凝土强度检测仪器的实验室来检测其强度。在工程中，对混凝土强度的检查本是理所应当的事。但几年前在纽约发生的一起事故显示，并非所有人都这么认为。一次听证中，大陪审团发现作为纽约最大材料测试实验室的特斯维尔（Testwell）实验室在过去的 5 年里"没有进行本该进行的测试，反而伪造检测报告，对野外作业收取双倍费用"。另外，该实验室还篡改了调查员的检测资格证。由于这个实验室检测过的部分混凝土已经被用于修建"自由双塔"（这两栋建筑就是后来被称为"世贸大厦"并在 2001 年 9 月 11 日毁于恐怖袭击的摩天大楼）的地面平层，这已经不再是一个单纯的"丑闻"了。特斯维尔在一份报告中证实，这些混凝土能够承受每平方英尺 1.2

万磅①的压力——这是设计中混凝土的抗压要求。然而，纽约和新泽西港务局对混凝土抗压能力进行第二次测试时，发现该层混凝土仅达到每平方英尺 0.9 万磅的抗压值。由于结构工程师是基于特斯维尔报告中的数据进行设计的，所以他们对大楼强度的评定结果是，其能承受的最大高度比实际上的要高 1/3。由于两次检测的差异，工程师采用了一个折中的安全系数，并在修建大楼时，将大楼的强度建得略高于该系数。

混凝土测试造假现象不仅出现在世贸大厦的修建过程中，也出现在曼哈顿第二大道的地铁项目中，出现在布朗克斯区（Bronx）的新洋基球场（就建在旧球场的旁边）建设项目中。调查发现，特斯维尔的违规行为包括"混合设计，现场测试，材料抗压强度，钢材检验与认证"等多方面的造假欺诈。该公司被控犯有"企业腐败罪"（类似于诈骗罪）。除了那些不道德的非法欺骗行为，公诉方还在庭审中列出了该公司发布的上百份伪造的检测报告。在几项控罪中，特斯维尔董事长雷帝·坎切拉（V. Reddy Kancharla）被判"商业造假"罪名成立，面临着 7—21 年的监禁。

修建新洋基球场时，恰好有几位建筑工人是红袜队的粉丝。②他们在浇筑的混凝土中混入了一件波士顿红袜队的球衣，希望这件球衣多少能给这个新建的棒球场带来些"厄运"。幸运的是，另外一些对洋基队抱有些许同情心的建筑工人在后来指出了那件用来诅咒洋基队的球衣所在的位置，使得人们能够在事后用凿岩机将水泥凿开，取出了这件带来"厄运"的球衣。实际上，更严重的问题出现在该球场第一个赛季结束的时候。球场中连接不同层看台的人行坡道上出现了许多大小不一的裂缝。大的裂缝甚至有 1 英寸③宽，1 英尺长，如果穿细高跟鞋的女性从

① 1 磅约为 0.45 千克，每平方英尺 1 磅约为每平方米 4.9 千克。

② 洋基队和红袜队均为美国著名的棒球队，两者为竞争关系。——译者注

③ 1 英寸约为 2.54 厘米。

上面走过，鞋跟很容易卡在这样的细缝中。当一些人轻描淡写地将这些人行坡道描述为"表面裂缝"时，另一些人注意到用来修建人行坡道的混凝土就是由特斯维尔公司制造并认证的。于是，对于坡道上裂缝的调查就此展开，"安装、设计、混凝土和其他因素"都受到了质疑。

　　一直以来，缺乏道德感和自律心的供货商和调查员都是建筑行业的困扰。建造布鲁克林大桥（Brooklyn Bridge）之初，公司董事会决定，与桥梁相关的任何项目都不能由与该项目资金受托人或项目工程师有关的公司承担。由于约翰·罗布林（John Roebling）设计了布鲁克林大桥，并且，在他离世后，其儿子华盛顿·罗布林（Washington Roebling）担任了布鲁克林大桥建设项目总工程师一职，因此，按规定，罗布林公司不能为项目提供用以修建吊桥钢索的钢丝。同时，华盛顿·罗布林还警告资金受托人不要让 J. 劳埃德·黑格公司为大桥钢索提供钢丝，因为，他委婉地说，该公司"靠不住"。尽管如此，受托人当时似乎并没有把华盛顿的警告当作一回事，而黑格公司最终拿到了大桥的钢丝供给合同。随后发生的事情证明了华盛顿的警告很有远见。不久之后，人们得知黑格公司在履行合同时确实存在巨大的欺诈行为。用华盛顿·罗布林的话说，"一位工程师如果没有侦探和间谍般的洞察力，那么他便不算是一位合格的工程师"。

　　由于华盛顿并不相信黑格公司会诚实守信地提供合格的钢丝，因此，在华盛顿的主持下，在使用前，人们对每一卷钢丝都进行了强度测试。通过强度测试的钢丝才能被接收，并运往工地参与建设大桥的活动；未通过该测试的次等钢丝则会被拒收并被运回原处。工程进行了一段时间之后，有人怀疑大桥的吊桥钢索中还是混入了次等钢丝。而这个怀疑最终被证实确有其事。原因是，人们在通过强度测试的合格钢筋上做了记号，并在使用钢丝前检查这些记号，以核对其是否合格。但事后检查时人们发现，一些已经使用了的钢丝上，并没有这些记号，可见钢丝的供给过程一定出了什么问题。

当大家发现被拒钢丝的实际存量比当初测试强度时被拒钢丝的量要少一些时，问题便不言自明了。原来，检测钢丝的地点离大桥建筑工地有一段距离，经过检测的钢丝需要运送到工地后才能投入使用。而那些次等钢丝正是在运输途中混到合格钢丝里，并最终掺入大桥钢索中。在建筑工地抽查的 8 卷还未使用的钢丝中，仅有 5 卷合格。当人们发现黑格公司以次充好的行为时，总共已有 221 吨不合格钢丝被当作合格品混入大桥悬吊钢索中。很明显，由于这些劣质钢丝的存在，布鲁克林大桥的质量打了折扣。而此时罗布林必须决定是否更换钢索。更换钢索并非易事，需要花费大量时间。

幸运的是，事前，为了防止在施工过程中由于不可控因素而对大桥钢索质量造成影响，罗布林设计大桥时将其安全系数设计为6。"安全系数为6"意味着大桥的强度是所需的最低强度的6倍。罗布林决定不更换已经使用的钢丝，并承认这会使钢索安全系数降低到5。只要不再混入更多不合格钢丝，"安全系数为5"也是可以接受的。但为了保险起见，罗布林给每条钢索追加了150根合格钢丝以增强大桥的安全性。时至今日，布鲁克林大桥已经在纽约东河上矗立了125年，这是罗布林良好判断力的最好证明。同时，这还证明了，一个好的设计，即使有不完美之处，也仍然是经得起时间考验的设计。另外，一个项目如果没有良好的供应链管理，设计的整体性受到影响，再好的设计也会大打折扣，甚至会引发事故。

一个好的设计可能会受到各种劣质材料的影响，无论这个设计是棒球场、悬索吊桥，还是私人住宅。在 2008 年房产泡沫破灭前，美国的房地产市场是如此繁荣，以至于开发商和承包商们很难找到合适的本土石膏墙板供货商。由于建筑材料短缺，房屋修建过程中，开始大量使用外国生产的石膏墙板。在此期间，美国进口了约 700 万片石膏板。这些进口材料被用在了成千上万所住宅中，当住宅出现异常时，人们才意识到材料是有问题的。住户们出现了头痛、流鼻血、呼吸困难等症状，房屋中的金属也出现被腐蚀的迹象，不仅家具、家电难以正常使用，更恼人的是，房屋中总是弥漫着一股难闻的异味。最终人们发现这一切的罪魁祸首就是进口石膏板中的含硫化合物，这些让人难以忍受的化合物带来了数不清的诉讼。不幸的是，大多数这类案件中，由于这些石膏板是进口的，很难查明石膏墙板的制造商究竟是谁，因此也无法确定最终谁应该为住户们受到的损失负责。受害的业主横跨 38 个州，总共有数千人。尽管他们中的大多数都非常喜欢自己房屋的设计，但却完全无法居住在这样的房子里。唯一的补救办法是将这些有害石膏板挖出，换上新的无害材料，但这个方法的缺点是，每位业主需要再为自己的房子额外支付 10 万美元。正如美国全国住房建筑商协会发言人所说的那样，这一系列事件发生得太不是时候了。此时房产价格直线下降，而劣质石膏墙板又不在保险公司的理赔范围内，再加上不愿意合作解决问题的墙板制造商，受害业主们真正陷入了两难的困境。

不仅国外生产的成品建筑材料会使建筑物的使用状况大打折扣，劣质原材料也会影响其使用年限。由于质量轻、易切割、易安装、抗腐蚀等特点，在生活用水供给系统中，硬质聚氯乙烯管（PVC 管，一种塑料管）的使用越来越广泛。然而，在 20 世纪 90 年代中期，给水系统中的劣质 PVC 管给人们带来了很大的麻烦。部分预计使用年限为 50 年的水管，在安装使用后一年之内就破裂了。内华达州的一座监狱就发生了这样的事，其主给水管由于水压问题反复破裂。每一次水管爆裂都需要在关闭水阀后将损坏的 PVC 管挖出，再更换新管。而这样一次维修并不便宜。所有破裂的 PVC 管都来自同一个供货商。有人举报该供货商伪造了其产品的质检结果。根据该供货公司的前雇员回忆，水管问题可能是由于公司削减预算造成的。报道称，该公司开始使用进口的低等原材料进行生产，同时还提高了产品的生产速度。行业的"荣誉制度"要求该公司提交新的产品样本给独立第三方——美国保险商实验室（Underwriters Laboratories，简称 UL），以再次认证该公司的生产资质，授予其在产品上使用 UL 认证标志的权利。毫无意外，供货公司坚称自己的产品没有质量问题，内华达州给水管的破裂完全是由糟糕设计和不合理施工所造成的。在面对可能出现的法律诉讼时，该公司宣称，他们的管道可以保证 50 年的使用期限，而不是像之前的那些水管一样在一年之内就破裂了。

事情并未因为供货公司信誓旦旦的声明而结束。举报人另称，该公司雇用了像他这样的没有工作经验的毕业生以降低成本。作为公司雇员，该举报人的第一项工作是实地处理客户投诉。举报人还表示，他甚至在事前接受了培训，培训的主要内容便是如何更自然地将水管破裂问题推给政府或安装、维护管道的工程承包商。举报者同时还承担了监管产品质量测试的工作。由于既要处理投诉，又能直接看到产品的质检结果，他很快明白了公司的伎俩。在这个前提条件下，举报人发现自己很难再面不改色地告诉客户，管道的破裂是他们自己施工中的错误所造成的。事实上，由于监狱管道反复破裂带来诸多不便，内华达州公共工程委员会经理曾向供货公司寻求帮助，以确定给水管道反复破裂的原因，并派出一名经理来调查此事。举报人反映的情况，就是该经理在"寻求帮助"的过程中发现的。据工程委员会经理称，该公司派到内华达州的评估专家怀疑是管道没有做好支撑，又或者是安装管道的承包商对管道造成了额外的压力才导致了水管反复破裂。到底是这些原因，还是其他原因造成了破裂，未来数年的法庭辩论自会给出一个答案。

大多数事故中，不论是否合理，人们总会在最初或最终，从一个方面或另一个方面将事故发生的原因归结到设计上。即使有些事故和灾难明显是人为失误，或是恐怖主义行为所造成的，但人们仍然不可避免地认为"设计"应该对这些灾难或事故"负责"。最典型的例子是每发生一起空难，人们都会质疑飞机或是其控制系统的设计。当然，有的时候的确是设计问题，但很多时候却并非如此。如果发生空难的飞机确实在设计上有缺陷，那么不论该缺陷是否与空难有关，人们都倾向于认为具有相同设计的飞机也很可能会发生同样的空难事故。

对于建筑物的设计，人们也持有相似态度。尽管 2001 年摧毁纽约世贸中心双子塔的"9·11"事件毫无疑问是恐怖主义行为，但事后，世贸大厦的设计却仍旧受到了质疑。被质疑的主要原因是大厦的地板结构"据说"不够结实，因此没能抵挡住长时间燃烧的大火。还有一个更生动的说法是，如果大厦结构布局不像最终修建的那样，很多被困在大厦高层的人就能通过一条远离大厦主要受损区的楼梯间逃生。

实际上，一个项目并不是单独存在的。我们并非生活在一个不受政治、科技或其他因素影响的完美环境中，设计当然也不可避免地受到这些因素的影响。总的来说，通常情况下，的确是工程师们负责构思、评估、比较和推荐一个建筑结构或系统的设计理念和设计细节。但最终项目方案的选取和决定并不是由工程师一个人完成的，最后实施的方案也在很大程度上受到工程技术水平的限制。项目的支出与风险，以及其他相关的经济、社会、政治因素，不仅对一个项目的决策过程起着主导作用，还影响着与项目最终成功与否息息相关的技术细节问题。卡特里娜飓风很明显是自然灾害，但人们关注的却是新奥尔良地区建筑的设计、防洪堤的维护以及其他风暴防御系统等问题。在飓风过后，甚至连成熟的紧急疏散预案也遭到了质疑。人们认为，如果防洪堤与其他防洪设施能够以更高的标准设计、建造和维护，那么新奥尔良也许就不会被飓风摧毁；如果疏散方案能够更好一些，也许就不会有那么多的人在飓风中丧生。这些设计上打了折扣的建筑，以及不完善的应急疏散计划当然是无法抵抗飓风的。实际上，无论是市政预案还是建筑结构，影响项目设计的因素千千万万，但最终受到质疑和责怪的，总是设计。

2010 年温哥华冬奥会中，非技术因素同时影响了无舵雪橇和有舵雪橇赛事的赛道设计。修建雪橇赛道前，温哥华当地的奥运组织协会专门咨询了负责制定赛道标准的国际无舵雪橇委员会（International Luge Federation）和国际有舵雪橇及平底雪橇联合会（International Federation of Bobsleigh and Tobogganing）。一个现成的赛道是温哥华北部的格劳斯山（Grouse Mountain），而它也确实是奥运会雪橇比赛最初所选的赛道场地。但在一些偏暖的冬季，格劳斯山上的积雪有融化迹象，这样的赛道会减缓选手竞赛中的速度。最后，赛道选址落在了加拿大落基山（加拿大境内最高的山脉）的惠斯勒滑雪胜地（Whistler）。除了不用担心融雪影响比赛，该赛道还有一个好处是在赛后可以供旅游者使用，产生一些经济效益。但是，惠斯勒修建赛道场地的工程很难在赛前完工，于是奥林匹克运动会的策划人只能将赛道建在一处陡峭狭窄的区域。由于地势陡峭，任何建在该处的赛道都会增加竞赛的难度，当然，在这样陡峭的坡度上滑雪，人们自然再也不用担心选手速度会由于赛道原因而有所减缓了。

赛道的轮廓和具体分布情况由来自德国的专业设计师尤度·古尔格利（Udo Gurgel）进行设计。尤度·古尔格利有 40 多年的雪橇赛道设计经验，世界上很多国家的滑雪赛道都是他的作品。古尔格利明白，惠斯勒地形特殊，因此修建赛道将面临很大的限制和挑战。赛道所在地形狭窄，无法修建长曲弯道，而选手们在滑行过程中通常是通过长曲弯道来减速及调整方向。由于惠斯勒雪橇赛道中的弯道无法修得和大部分赛道一样长，同时弯道的弧度也比通常情况下更大，所以选手经过这样的弯道时会产生较大的向心力。相应的，根据相关力学原理，当选手靠近底部的赛道时，感受到的重力也会相对较小，这意味着，选手经过此赛段时将达到极高的滑行速度。惠斯勒赛道下半程几乎没有弯道，那么无舵雪橇选手们很可能在此打破竞赛速度纪录。古尔格利预计该赛道上运动员的最高速度将超过 90 英里每小时，而这个估计在温哥华冬奥会开幕两年前的一次测试中就被证实了。古尔格利希望正式比赛中选手的时速能够更高一些，于是他将最高速度修改为"95 英里每小时"，不久之后又修改为"100 英里每小时"。按照惯例，除了混凝土赛道设计，古尔格利还会同时负责设计赛道的安全设施，但温哥华冬奥会主办方将这项工程承包给了别人。

最初，人们对这个赛道的安全性表示了担忧。国际无舵雪橇委员会却同意使用这个看起来就非常危险的赛道，因为赛道周围修建了防护墙，而且他们也要求大赛经验较少的选手仅在赛道的下半段开展竞赛，避免竞赛时的速度过快。专业无舵雪橇选手则担心在这个少弯道的赛道上速度太快，以至于在滑行过程中难以对行进路线做出调整。基于诸如此类的担心，无舵雪橇委员会建议，日后修建的赛道，最好以 87 英里每小时为最高时速限制。不幸的是，惠斯勒赛道或者其余的任何赛道都没有采纳这个"理论上"的时速限制标准。此外，即使在该届冬奥会时已有这样的时速限制，也不会被采用。因为尽管该赛道的高时速为雪橇赛事带来了安全隐患，但同时这也是该赛事吸引人的地方。在惠斯勒，雪橇赛道的"危险"甚至成了赛事宣传中的卖点。

奥委会选择惠斯勒作为雪橇赛道场地的原因是复杂的。场地的选取涉及当地气候条件，选手进入和离开场馆是否方便，修建期间资金的合理利用，以及建成后场馆是否能发挥相应的经济价值，等等。符合奥委会相关标准的场地，都曾在被考虑之列。尽管该赛道的设计极具挑战性，但对于古尔格利这样的专业人士来说，处理这类有难度的设计已是家常便饭。古尔格利用电脑模拟了雪橇选手比赛的情形，结果显示，选手会达到一个很高的滑行速度。赛道建成测试时，该赛道的实际行驶速度居然超过了模拟时速。此时组委会必须采取相应措施以应对高时速可能造成的意外。赛道使用初期发生的一些事故，尤其是第 12 弯道处发生的那些，促使人们在 2009 年雪橇世界杯前对赛道做出了调整。尽管如此，惠斯勒的雪橇赛道仍然是世界上"最快最困难的"赛道。国际无舵雪橇委员会要求主办方对该赛道做出进一步整改，于是人们又修建了更多安全墙。

然而，人们并未在第 16 弯道处做出类似整改。冬奥会开幕的几小时前，格鲁吉亚共和国雪橇选手诺达尔·库玛利塔什维利（Nodar Kumaritashvili）利用该赛道进行了一次赛前训练，结果在经过第 16 弯道时，雪橇失去了控制，他和雪橇都被抛出了跑道，落在旁边一根没有经过安全处理的钢管上。毫无疑问，人们会在事后调查是否是赛道设计问题导致了选手的死亡。如果的确是设计问题，那又是谁应该为这个设计失误负责呢？

据国际有舵雪橇委员会主席称，在调查该事故的报告中，加拿大皇家骑警并未将事故的原因归结为赛道设计或速度过快等问题。的确如此，就像一位前有舵雪橇运动员所说的，人们之所以将这类事故称为"意外"，正是因为没人能确定导致事故的原因。在事故刚刚发生时，更是难以确定事故原因。但对于导致了严重后果的事故，通常会有进一步调查。对事故本身的调查不仅是因为人们希望了解导致该事故发生的真正原因，同时也是因为在调查清楚原因之后，相关的经验教训能够被应用在别处，使类似的事故不再发生。温哥华奥委会和其他利益相关方显然不愿意看到他们准备了如此之久的国际赛事由于一场悲剧而受到影响，因此，在早期调查报告中没有任何地方提到了赛道的设计缺陷。不过，至少有一点是确定无疑的——无论是冬奥会的组织者、监管者还是赛道的设计师，都不会在冬奥会开幕的几小时前有意加害一位年轻的格鲁吉亚选手。

　　无论是寒雨中坠毁的客机、西半球最贫穷地区的地震，还是意外身亡的运动员，由于这些事件受到各方高度关注，因此人们对相应的调查工作也格外重视。针对某个特殊事件的调查背后可能存在很多动机，但在理想情况下，无论动机如何，只要人们不带偏见地进行调查，调查过程不被相关方影响，最终报告都能确定事故责任方及可能性最大的事故原因。但并不是每次调查都有这样明确的结果，因为有时候，发生的事故的确只是意外，没有人做出错误决定，也没有谁应该为事故负责。不管一个事故有多可怕、造成了多么严重的后果，更可怕、后果更严重的是这些事故没有引起足够重视，以至于我们没有从中汲取经验教训。

　　而我们能从事故的调查中学到的一个教训是，即便很多时候我们并不认为"人"应该受到责备，但事故中，的确是人为失误直接或间接地导致了事故发生。"对某事负责"和"应该受到责备"的区别在于，只要参与到某个设计工程中，就有可能对这件事负责，而只有参与者存在主观故意时，他们才"应该受到责备"。我们可能或多或少读到或者看过一些智能机器或一些能够进行自我复制的机器人的故事，但无论是什么机械，所有的科学技术，归根结底不过是人为了改造自然或自然秩序而创造出来的。在构想和创造设计物的过程中，人自身的局限性总是或多或少投射在设计物上，即便是能够自我管理和修复的人造物或系统，也是如此。除了那种有征服世界野心的疯狂科学家和致力于杀害生命（有时候甚至是自己的生命）的恐怖分子以外，那些被称作发明家、设计师和工程师的人，通常都是出于良好的愿望，才投入自己的全部精力和时间来进行一项设计创造。而一项科学技术的创造者、维护者和操作者大多都是有能力和职业精神的个人和团体，他们比其他任何人都更希望自己的发明、计划和操作能够成功。这些人偶尔出现的失误，很好地证明了，是人作为"人"本身的局限性导致了这些不可预料的后果。

　　科技根植于设计之中。设计这种创造性行为利用了地球的原材料和传统手工艺，借鉴了先前积累起来的艺术、科学知识和技术，创造出那些我们的祖先完全无法想象的奇妙之物。现代科技（按定义来讲，最新的科技当然是"现代"科技）的一个奇妙好处是，它总能给我们带来不同的新鲜感（当然，有的时候这种新鲜感也是很短暂的）。人们总是对那些新颖的小设备和小工具感到好奇。这些产品似乎定义了一个社会的发达程度——发达国家随处可见的那些东西正好就是发展中国家争相效仿的。从整个技术史来看，几十年甚至一个世纪的流逝也不过弹指一挥间。由于变化是如此之快，人们会对设计活动的目的产生疑惑，而不再像从前一样那么关注其中的技术是否获得成功。这种情况发生时，故障或事故也离得不远了。

当人们在注意力、判断力和行动的目的上失误时，故障和事故的发生是无可避免的。团体中的个人可能不会察觉到自己已经陷入了自满的情绪或做出了有意欺瞒的行为。但这类行为一直在发生。尤其是当个人成为一个团体中的一员时，个人的道德准则难免会受到团体期望的影响。这些潜在的影响很有可能导致工程师做出与他们天生的道德感相悖的决定，并影响到设计工作中的专业性。大多数情况下，这些出格的决定都不是有意为之。它们不过是追求设计目标过程中产生的一些始料未及的结果。然而，对设计目标的追求很可能在消耗团队创造力的同时，也使得工程师的注意力偏离了本该关注的地方，并最终导致故障或事故。避免陷入这类误区的最好方法是从前人的经验中汲取教训。本书特意选取了过去发生的具有重大意义或指导价值的失败案例进行分析探讨，尝试去了解事件发生的过程和原因，以避免同类事件将来再次发生。

第二章　意外总会发生

　　实际上我们不必对生活中的意外感到惊讶。毕竟现代世界中的很多机械、建筑、系统，无论其本身的设计，还是操作方法都相当复杂。而参与到这些复杂设计物的构思、设计和建造工作中的人，以及直接操作、接触它们的人，毫无疑问是容易犯错的。人们可能在设计时出现逻辑错误，可能在计算中由于疏忽而弄错数位，或者错误地把螺栓拧得过紧，把螺帽拧得过松，拨号时读错号码，又或者由于太过匆忙而在应该拉动一个部件时推动它。另一些时候，则是人们对诚实、道德感和专业性的忽视才造成了意外。无论是何原因，意外总是会发生，而这些意外毫无例外地导致了失败。让人感到意外的不应该是这些已经发生的事故，而是为什么这些事故居然没有发生得更频繁一些。当事故在人们眼皮底下发生时，我们常常会为自己辩护、推卸责任，以免被责难。人们倾向于认为事故只出现在自己设计、制作、销售、操作的东西上，而别人在设计、制作、销售、操作这些设备时，则会顺利得多。

　　工程业存在了相当长的时间，长期以来，它一直是一项有风险的行业。量化工程和风险管理则是一件相对而言新鲜得多的事。实际上，对工程风险的量化评估应比实际操作过程更具有"整体性"。例如航天飞机项目，这项复杂的工程显然需要大量的工程师和管理人员参与方能完成，为了更好地设计该项目，人们也需要知道项目失败的概率。每架航天飞机由数百万个部件组成，但这只是整个系统中与软硬件和操作有关的部分。实际上，整个系统比"数百万个部件"所传达出来的意思更复杂。20世纪80年代初，美国国家航空航天局（NASA）管理人员预计航天飞机的可靠性为99.999%，也就是说，在每10万次飞行中，仅有1次失败。1986年1月，"挑战者"号航天飞机在升空不久后解体，飞机上的7名宇航员全部遇难。作为该事故调查委员会一员的物理学家理查德·费曼（Richard Feynman）称，99.999%的可靠性意味着，如果人类每天发送1艘航天飞机，连续发射300年，其中只会有1艘航天飞机出问题。令费曼不解的是，与管理人员相比，更加熟悉航天飞机构造和性能的工程师们，对其可靠性的估计也只有99%（也就是发射100次就有1次失败），究竟是什么使得管理人员对航天飞机可靠性信心爆棚？一位亲自观测了火箭发动机制造阶段的安全管理员，对航天飞机失败率的估计甚至高达4%。"挑战者"号事故证明了这个估计才更为准确——到该事故发生时，航天飞机总共进行了25次飞行，而"挑战者"号的这次事故就是这1/25。按照实际飞行数据计算，航天飞机的可靠性应为96%。

"挑战者"号事故发生后，人们利用从事故中学到的经验教训改进了航天飞机的设计与操作细节。在20个月的间歇后，人们又重新开始发射航天飞机。航天飞机顺利飞行的纪录一直保持到第113次飞行任务。2003年，"哥伦比亚"号航天飞机在进入地球大气层时解体，成为第二次失败的飞行任务。这次事故前航天飞机飞行成功率为99.11%，而"哥伦比亚"号事故将成功率拉低到98.23%。2010年5月，这个数字又由于"亚特兰蒂斯"号在其最后一次飞行任务的顺利返航而提高到98.48%。如果在剩下的2次飞行中一切顺利，航天飞机项目的可靠性将达到98.51%。这比之前工程师的预期值还要低些。"哥伦比亚"号航天飞机失事后，一份由负责监测项目安全性的小组给出的报告指出，NASA管理层往往难以准确评估他们做出的各项决定在多大程度上影响了项目的安全性。无论是什么技术的应用，我们对其可靠性的估计，总是过分乐观。

2011 年初，NASA 公布了一份对之前的航天飞机项目风险的评估报告，他们的结论是，在过去的飞行中"我们是幸运的"。实际上，在最初 9 次飞行中出现灾难性事故的概率高达 1/9，项目的成功率只有 89%。而在接下来的 16 次飞行中（其中包含了 1986 年的"挑战者"号），出现事故的概率为 1/10。由于工程师对航天飞机系统进行不断修正，飞行成功率也一直在变化。例如，环保局禁止使用氟利昂时，NASA 也不能继续使用氟利昂来制造飞机外燃料箱的绝缘泡沫。但替代氟利昂的材料并不完美，新材料的黏合性不如氟利昂，导致了更多绝缘泡沫在飞机升空和飞行过程中脱落。这就提高了事故发生的概率，最终造成"挑战者"号解体的事故就是其中一例。在氟利昂被禁止后的 9 次航天飞机飞行任务中，发生灾难性事故的概率从原本的 1/38 提高到了 1/21。

当然，工程和技术并不是体育竞赛，不是通过最后"得分"来评判胜负。航天飞机的筹备和发射工程涉及多个团队的合作。他们的工作是配合彼此，而不是相互竞争。每个团队唯一的任务就是完成自己的任务，达到相应的目标，以确保整个项目的成功。尽管 20 世纪的登月计划中，美国的对手是苏联，但更多情况下，航天飞行项目的"对手"并非某个具体的团队（或者很多具体的团队），而是大自然和自然规律。18 世纪诗人亚历山大·蒲柏（Alexander Pope）为牛顿提写的墓志铭中也说到了这一点：

Nature and Nature's laws lay hid in night: God said, Let Newton be! and all was light.

自然与自然定律隐藏于暗夜，

神说，让牛顿来吧！于是一切重沐光明。

尽管牛顿在当时几乎被奉为最重要的科学家，但他本人也意识到自己只不过是一个庞大的科学家团队的一部分。这个团队也许包含了一些同时期的科学家，但更重要的是那些和牛顿一样思考、探索大自然和宇宙秘密的科学家前辈。牛顿在给同时代科学家罗伯特·胡克（Robert Hooke）的信中写道："如果我比其他人看得更远一些，那是因为我站在巨人的肩上。"我们在不断追寻视野中更远的目标时，也是站在那些前辈科学巨人的肩上。工程学的终极目标是一种完美设计，它始终精确地按照设计意图运行，不需要任何改进。当然，这个完美设计也是永远不会出现故障的。

尽管牛顿使"一切重沐光明"，但事情并没有那么简单。卡纳维拉尔角的每次发射中，升空的最初几秒是航天飞机对抗重力的关键。一旦在这几秒里战胜了重力，航天飞机就能进入近地轨道，开始绕地球航行。而此时重力又将航天飞机束缚在近地轨道上，使其不至于以现有速度沿轨道切线方向飞出。20世纪下半叶，世界进入太空时代的发展趋势变得明朗，而人类也具备了设计和发射航天飞行器所必需的基础物理知识。如果没有这些物理知识作为基础，发射人造设备进入近地轨道或外太空是非常冒险的。航天技术的关键正是恰当地运用这些物理知识。仅仅了解自然法则并不是人们成功对抗这些法则的充分条件，还需要天才般的创造力来设计一艘航天飞机那样的飞行器——它不仅能被成功发射，能在近地轨道顺利运行，回收时还要能安全地进入大气层并平缓降落。建造一个成功的航天器需要整合大量的专业知识，并通过众多工程师团队来实现。其中涉及包含了火箭学、燃料学、空气动力学、生命维持、热传导、计算机控制等一系列专业方向。每个专业团队中的每个人都需要为整体项目的成功而努力。为确保整体项目的成功，团队与团队之间需要互谅互让，以避免自己的工作影响到其他团体。

　　无论项目大小，每个工程师的工作都应该是连贯且透明的。这样，别的工程师在检查工作中可能出现的失误时，才能够跟上设计者的设计假设、设计逻辑和运算思路。要求设计工作的连贯性与透明性只是"团队协作"一个方面的缩影，除此之外，参与项目的工程师们对信息和数据的分享交流也的确能够使整个项目得以顺利完成。当然，设计中的逻辑问题仍偶有发生，仍然存在没能及时改正的错误，这些可能会（也可能不会）产生失败的瑕疵，使整个项目无法"完美"完成。例如，建造一栋大楼时，如果某根横梁或某根柱子存在设计缺陷，那它就很有可能在施工过程中出现问题，比如受到重力的影响而出现肉眼可见的弯曲变形。这样的变化自然逃不过工程师经过专业训练的眼睛。于是设计师会回到绘图板前检查该项目相关设计，改正其中的错误。但并非所有错误都能在设计或施工过程中被及时发现，这些未被纠正的错误往往是最终导致项目失败的罪魁祸首。

　　多层停车场是我们熟悉的建筑结构，它们也时不时地出现一些问题，这些问题通常都能追溯到设计和工程施工过程中出现的特殊情况。如果每个停车场无论其结构还是相关设施，都能够精确按照那些经历了时间考验的停车场建设，那么，这些问题也许都不会发生。然而，实际上无论是航天飞机还是停车场，那些经历了长期时间考验的项目要么引起人们自得意满的情绪，要么人们最终改变了这些项目。无论是自满还是对项目的改变，最终都可能引发失败。正如一位工程师所说："每次成功都播下了失败的种子。成功使人过于自信。"在遭遇失败前，我们会以为自己每件事都做对了，过分自信，同时我们也更容易变得懒散马虎，更容易分散精力。我们的冒险旅途中，零失误的好运气总有一天会用光——就像航天飞机项目那样。我们设计了一系列成功的项目后，比如一系列多层停车场，很可能会为了使项目具备更大的竞争力而使用更轻一些的梁，或者引入更高效的建造技术。然后，因此造成的项目隐患，尽管暂时藏到了我们看不到的地方，但终有一天会在项目崩塌的时候展现在我们面前。

2010 年春季，墨西哥湾开采石油的"深水地平线"钻井平台由于油井破裂而发生了爆炸，并随之沉没。由此导致的长期原油泄露灾难举世震惊。人们对此事感到措手不及，这样的态度很大程度上是因为几乎没有人记得 30 多年以前墨西哥湾发生过的类似事故。实际上，1979 年，由一个半潜式钻井平台钻出的 *Ixtoc I* 油井，在水下略大于 150 英尺处失去围压，因此造成了持续一年的原油泄露。最终，涌入墨西哥海域的原油泄露量超过了 300 万桶，并不断向外扩散。这一事故在石油开采业中掀起了巨大波澜，油井安全性能引起了人们的高度重视。之后的钻井项目中，人们加强了额外防御措施，在施工过程中也更为小心谨慎。然而，由于随后在墨西哥湾钻井与开采石油的成功案例越来越多，人们也逐渐放松了警惕，平台修建和钻井项目施工也失去了从前的谨小慎微。这种松懈的态度最终导致了"深水地平线"钻井平台事故以及由此引发的生态灾难。

这两次不幸的意外时隔 30 多年，发生在同一个地区，一切并非偶然。因为工程师更新换代的时间和某个行业对技术细节的记忆时间同样也是 30 年。在这种新陈代谢速率下，成功案例持续一段时间后，总会周期性地出现失败的项目。这个周期同时还取决于年轻工程师进入该行业的周期，年轻工程师通常都更为谨慎。年轻工程师的敏感谨慎能够在一段时间内主导设计和操作习惯，但随着成功范例增多，对成功的信心常常压倒对失败的恐惧，之后工程师们则容易处在一种过于自信、自满、放松甚至傲慢的情绪中，直到失败案例再次发生，人们才会惊醒。

这种关于成功和失败的循环在现代桥梁设计与修建中体现得尤其明显。桥梁工程的循环周期大约是两个世纪。不幸的是，由于更新换代期间技术的进步不断产生新的成功案例，于是从之前的事故和失败中取得的经验教训很快就被人遗忘了。这个循环揭示了这样一个事实：当前的设计过程基本和30年前、300年前，甚至3000年前一样。设计，这项人类固有的创造性活动，是不随时间改变而变化的，人类所有的技术发展也取决于设计。这就意味着，在一定程度上，人们不仅在今天会重复3000年前、300年前或者30年前人们所犯的认知上的错误，在未来也一样。失败几乎是技术发展的一部分。

如果这个世界上的发明和创新活动都全部暂停，也许我们就能生活在一个没有那么多失败和事故的世界里。但这样的改变会使得科技停滞不前，生产制造出来的所有产品都和之前的成功范例一模一样。结果，所有物品的技术构架都将静止不变。汽车的性能不会随着时间的改变而有所提高；电脑和其他个人电子设备无论功能还是价格都不会提高。在这种情况下，这个世界确实更安全了，但生活的乐趣也极大地减少了。当技术上的改变消失之后，人们将经历技术的"幽居恐惧症"[①]。也许人们会为了使生活有一些改变而在公路上危险驾驶；也可能会为了一些变化而非法入侵网络和他人电脑。

停滞不前的技术也很可能对经济造成深远的消极影响。没有创新，新生产出来的产品也不会有市场。因为"新产品"既不会有新的外观，也不会有新的功能——它们基本和之前的产品一模一样。人们当然更乐于驾驶自己的旧车而不是去买一辆"新"车。同样的，房地产销售业也将面临类似的问题。没有新的消费品的吸引，人们就不会为了购买一台新的电视或者修建一个娱乐室而花钱。整个社会经济都将停滞不前。

实际上，"不断改变"正是人类生存的重要条件，它隐含在文明与文化的发展进程中。这一点，很早以前的人们就已经明确地提出了。斯

---

① 幽居恐惧症，cabin fever，是指冬季寒冷气候持续较长时间，人们长期待在室内造成的情绪上不稳定。——译者注

芬克斯①的谜语就体现了这一点。这个著名的谜语是："什么生物清晨用四条腿走路，中午用两条腿，而到了晚上要用三条腿？"解开这个谜语的人是俄狄浦斯②，谜底是男人和女人。我们在学会步行前用四肢爬行，而当我们老去之时，由于腿部力量变弱不足以支持我们衰老的身体，我们最终需要在手杖的帮助下方能前行——成为三条腿走路的动物。无论是年龄的变化带来的改变，还是如手杖一样帮助人们生活得更好的技术创新产品，都是人类成为人必不可少的部分。

技术发展的历史就是一部关于改变和变革的历史。尽管其中的改变可能并不总是迅速的。在《建筑十书》(*The Ten Books on Architecture*)中，"公元前1世纪卷"被认为是现存最早的建筑学记录。作者维特鲁威③在书中阐明了古罗马建筑的朝向、规划修建过程，以及各部分比例的安排原则。工程学的应用也很快成为建筑学的一部分。工程规则并没有完全限制人们在建筑上的创造力，但严重地限制了创造力的"范围"。这并不是说古罗马时期的建筑杰作在今天看来就显得平庸了，相反，由于古代建筑强烈的统一性和秩序感，而现代建筑又具有高度的同一性（这抹杀了建筑的个性和特点），因此古代建筑杰作在今天看来仍然是伟大的。维特鲁威的时代，建筑师和工程师们已经意识到他们的工作是一枚有正反两面的硬币，修造建筑的过程中，对建筑功能和美学功效的考虑缺一不可，通常情况下，两者是合二为一的。希腊神庙那标志性的短间距的立柱就是一个很好的例子。由于立柱在竖直方向给柱顶过梁提供的向上的力有限，如果立柱水平间距过大，石质柱顶过梁则很容易由于自身巨大的重量而破裂损毁。如果间距不当，很可能在装饰立柱或修建山形墙的时候，石梁就破裂了；有些时候，甚至在放置到立柱顶

---

① Sphinx，神话中狮身人面的怪物。——译者注

② Oedipus，希腊神话中忒拜的国王拉伊俄斯和王后伊俄卡斯忒的儿子。——译者注

③ Vitruvius，古罗马工程师、建筑师。——译者注

部的过程中，石梁就已经损坏了。

尽管维特鲁威的书名表示其是关于建筑的书籍，但其中不仅讲述了关于古典建筑的故事，还描述了建筑工程学的进化发展。特别的是，维特鲁威专门在书中提到了，对过往成功经验的模仿仍然有可能导致建设工程失败。他详细描述了人们如何将沉重的石块从采石场运到建筑工地，以及人们如何成功地改造运输石材的工具，以便顺利搬运不同的石块到不同的地方。例如，圆形的大理石块易滚动，可以放到木框里轻易地被公牛拖走；而截面为菱形的长条门窗框就不能这么运输了，人们以门窗框为轴，在两端装上木轮来解决这类材料的运输问题。据维特鲁威称，人们曾将这个方法推广到运输一块形状类似立方体的石材上——这块石头是一座古老雕像的底座。雕像坐落在城市的中心区域，当然也可以反过来说是城市以雕像为中心向外辐射。由于城市的发展，连接采石场和雕像的是一些弯曲狭窄街道。为了通过这些街道，人们用卷轴状的木笼将石块包裹起来，外面裹上绳子，再把绳子另一端套在公牛身上。这样，整个运输设备大小基本和石块一致，即使是最窄的街道也能顺利通过了。然而，由于在运输过程中无法控制卷轴经过的路径，最终，公牛拖动的这个"货物"在它前行的过程中离目的地越来越远，这个精心设计的工具并没有像人们期待的那样让石块顺利到达城市中心——成功运输了大理石柱的设计却无法顺利运送一块立方体石头。

到了文艺复兴时期，人们修造建筑的主要考虑因素仍然是几何学上的。伽利略在经典之作《关于两门新科学的对话》(*Dialogues Concerning Two New Sciences*) 中，也同样叙述了在搬运、建造如方尖碑一类的巨大石质物体时，建造和使用木质大船时，这些创造物自发失效的问题——尤其是当这些设计物在几何尺寸上比之前的都更大时。通过观察不同动物的骨架，伽利略从这些骨骼呈现的差异中得到启发。他意识到，这些工程事故的发生暗示着，如果要修建一个成功的建筑，仅仅考虑几何学因素是不够的，工程的成功与否还涉及所用材料的强度高低。他进一步说明了如何将这个因素考虑到梁的设计中，以及推广到整个建筑结构的设计中。伽利略的做法，为现代结构工程学分析法奠定了基础。这是一个典型的"失败乃成功之母"的例子——在失败的案例中得到启发，最终成就了新的成功。

伽利略明确指出，在建造越来越大的工程结构时，这种几何尺度上的增大并非无限的。无论是一艘大木船，还是石质大教堂，材料所能承受的尺寸总有一个上限。当结构的重量超过材料所能承担的最大值，就达到了这个上限。在伽利略提出他的观点前，判断一个建筑项目是否成功的唯一指标就是它有没有垮掉。至于这些建筑中有哪些是"几乎要垮掉"或"快要垮掉的"，人们无从知晓。而伽利略的方法是通过对材质强度和尺寸的综合分析，使人们能够评价建筑的安全性与合理性。这是现代工程学的基础。讽刺的是，伽利略用一个杜撰的假设得出了他关于特殊房梁布局的结论。直到依据这个结论设计的水管出了问题，人们才发现他的错误。毫无疑问，水管的问题证明伽利略的观点并不完善。而一旦问题显现出来，设计中的失败就能够被研究，错误就会被发现，人们就拥有了纠正它的机会。这是一个从"失误分析"开始的设计过程。

今天我们知道设计一个工程结构，不能只从几何结构层面考虑。我们还必须考虑这个建筑是用什么材料制成的，是木材、钢材，还是混凝土。建造一个结构时，材料和几何构造一样重要。只考虑结构工程因素是不够的，有些技术系统的成败还取决于其他因素。例如一架飞机，尽管飞机本身的结构非常重要，但在一个成功的飞机设计中，结构只是整体设计项目中的一方面。要使一次飞行顺利起航、飞行并安全降落，飞机引擎、机上仪器、控件和机组成员的可靠性都必须和飞机结构一样可靠。而无论一架飞机曾有过多少次无事故飞行记录，都不能保证飞机的下次飞行就一定成功。因此，飞行前的检查和对飞机的定期检查同样非常重要。对异常情况的调查也是如此。任何的异常情况都可能是危险的信号——一架飞机有可能已经和上次成功飞行的飞机有所不同了。

　　不管是飞机还是其他工程产物，其中的每一次失败都是我们获取知识的一个来源。而这种知识很可能是无法从别的渠道取得的。如维特鲁威所述，失败的石材搬运方案显示，对过去成功经验的错误理解，在事发后很容易想明白，但在事前却很难知道这些"理解"是否正确。工程设计正是运用当前的技术方法去分析过去的案例，从而建造一些将在未来发挥作用的结构。那些记录在案的失败案例恰好就是最有价值的"经验"。失败案例中暴露的设计在知识、逻辑、性能层面的问题，人们是无法从"成功"案例中读取的。一个成功的工程师不仅能够从过去的案例中学到哪些东西是正确有效的，还要能了解哪些设计是失败的、无效的，以及它们为何失败。

　　无论是几年前还是几个世纪前的失败案例，都能对我们今天的设计工作起到警示作用，使我们不去犯相同的错误。伽利略就在《关于两门新科学的对话》中，讲述了一个好心办坏事的故事。故事的主角是一块长条形的大理石石料。它被放在储藏室里，是一根石柱的材料。这个石柱水平地放在两个接近两端的支点上，这个支撑结构被今天的工程师称为简支梁结构。书中谈到一个细节：石柱的摆放方式引起了一位善于观察的工人的注意。之前以相同方式摆放的方尖碑和木船都出了问题，因此这名工人建议在石柱中部再增加一个支撑，以避免它像方尖碑或木船那样断成两截。经过商议之后，大家认为这是一个好主意，于是人们迅速地在石柱中部放了第 3 个支撑。人们都相信，加上这个支撑后，石柱破裂的隐患就已经被消除了。然而，却没有人考虑"改善"措施是否恰当。在采取这个措施一段时间后，人们发现大理石石柱仍然破裂了——不是像人们担心的那样以 V 形断裂（这是以两个点支撑的石柱的断裂形状），而是以第 3 个支点为中心断裂成 Λ 形。这是由于在重力的作用下，两端的支撑陷入柔软的泥土中，使大理石石柱不得不以那个加在中间的支撑为支点保持平衡。但大理石本身的强度不足以支持石柱以这种支撑方式保持平衡，于是石柱最终从中间断了，两端陷入泥土中。

伽利略的这个故事非常生动地展示了一个相当常见的设计原理：对系统做的任何改变都可能使系统本身以一种新的方式失败。如果以最初两点支撑的方式摆放，即使支点陷入土中，大理石石柱也不会因为重力而断裂。然而引入第 3 个支点，小心翼翼地把它放在石柱正中，这就使得支点两端的力矩达到最大值——当两头的支点下沉时，石柱两端受到的压力会是最大的。正因如此，石柱在断裂时形成了一个前所未有的全新断裂形状。

1981 年堪萨斯城（Kansas）凯悦酒店天桥倒塌，据报道，114 人在这次事故中丧生。如果酒店天桥的设计者熟悉伽利略在书中所描述的，对大理石石柱支撑结构的改变及其导致的后果，也许悲剧就不会发生。此次事故的人员伤亡惨重，钢筋设计的改动是造成事故的主要原因。最初的设计是用单根钢筋支撑天桥，之后改成了两条分开的钢筋。如果负责天桥项目的工程师们曾经读过伽利略书中那个大理石石柱的故事，了解其中增加支撑导致的后果，他们很可能会得到启发，明白改变天桥的钢筋数目也可能导致另一种形式的失败。而这种想法又可能让他们重新计算新设计的适用性。如果事情按照这样发展，那么工程师们很可能就会发现两根钢筋的设计并不是真正有益的"改善"，从而在真正修建天桥前修改设计。这样，天桥也许就不会塌，事故中的受害者也将幸免于难。

即便是维特鲁威 2000 年前运输石头的故事，也能对今天的工程师起到警示作用：对一个成功运行的系统的任何改变都可能导致失败。无论这项改变经过了怎么样的深思熟虑，无论它看起来多么具有创造性，它都具备使这个改变了的系统以新的方式失败的潜在可能。其中最重要的教训是，由于设计是整体性的，设计中的任何改变都可能导致整个设计环境的改变。一个细节发生了变化，就引入了在原先的设计中不存在的新的失败模式。一个小改变可能会改变一切。

一位了解过去失败案例的工程师，就像在脑中装了一部恐怖故事集，无论这些案例有多古老，当某个同事提出更改设计时，即便是很小的更改，心怀恐怖故事集的设计师都无法克制想要与这位提出更改意见的同事争论的冲动。例如，在某个设计会议中，有人提出了一个看似无害的设计变更，对于提出建议的设计师，这个更改很显然是对原有设计的有益改进，而对于那些仔细研究过失败案例的工程师，更改设计的意见就是一个危险信号。如果后者能向前者详细描述几千年、几百年，或者是几十年之前的类似案例，通常足以让前者对更改后的设计做一个故障模拟分析，或者至少重新计算相关数据。即使过去的案例无法说服提出改进意见的工程师，但与会的更有经验的工程师则很有可能相信改动会对设计造成负面影响。即使在反对意见提出之初，想要更改设计的工程师不大可能承认自己的建议是个坏主意，但这样的讨论也足以促使他对自己的建议产生一些怀疑——他可能会在会后私下对这个变更进行进一步分析，也许在下一次设计会议中他就能提出一个折中的方案。

就像成功与失败，自信与怀疑也是人性中不可分割的部分。专业的工程师或者从事其他工作的人们，都是由于能够制作物品而区别于他人。无论是打磨火石还是分裂原子，人类总是尽最大努力将这个世界上能找到的东西转化成更能帮助我们完成任务、获取知识的新物品。但这些功能并不是自然物本身具有的。人类试图改变自然规律，并充满信心地期待一切顺利，期待改造后的事物不会出错。

当某个人成功地掌握或者完善了某项实用的技能，我们就尊称他们为老师。老师完成工作的方法成为人们效仿的榜样。这正是技术代代相传的方式。通过这种方式，远古时期的人们得以制造出数量众多的箭头。其中有一些直到今天还散落在北美洲的草原上，等待考古学家或考古爱好者发现。这些"寻猎者"清楚地知道自己在找什么。每个箭头都有自己的特点，由于它们都是经过设计的人工产品，所以那些经过人工处理的痕迹在自然界中很容易就被识别出来。

我们不再需要打磨石块做箭头了，但我们仍然设计并制作各种各样别的东西。这些"东西"既可能是电脑软件包，也可能是一座宏伟的建筑。不管这个东西是什么，它们常常因为受制于自身特点而失败。但成功与失败也是相对而言的。也许一些设计在大众眼中是成功的，在产品评论家眼中却是失败的。20 世纪 70 年代，生态环境受到越来越大的重视，太阳能就被视作一种"对生态环境友好"的环保能源，人们期待阳光能够替代不可再生能源提供电力。此时，花旗集团中心（Citicorp Center，现在的花旗集团总部）正处在筹备修建阶段。在花旗集团中心大厦独特的、以 45° 角朝南倾斜的屋顶安装上太阳能电池板，不仅是良好的环保节能意识的体现，也标志着良好的公关意识。而大厦的底部也打算设计得像顶部那样独一无二，但底部设计并不是基于能源考虑或公关需求。收购修建大厦的土地时，位于东 54 街和列克星敦大道交界处的圣彼得教堂拒绝出让土地。但如果花旗集团愿意为圣彼得教堂修建一间新教堂，那么圣彼得教堂就愿意出让新教堂土地上空的使用权，这样，花旗集团就可以修建一座方形大厦，大厦西北角正好落在新教堂的上方。实际上，大厦的四角都是悬在空中的，这是一种非常特殊的结构。这栋 915 英尺高的大厦没有选择传统的四角支撑结构，而是利用位于每条边中部的支柱为其提供支撑。这就好像把牌桌四角的桌腿移到坐人的地方，而牌桌四角悬空，或者干脆放到打牌人腿上。这样的桌子当然比普通牌桌更容易翻倒。

这种容易倾倒的结构，差点成为导致新花旗集团大厦坍塌的原因。

一栋高层建筑，如果刚性不够，就很容易在风中晃动。为了解决这个问题，人们在花旗集团大厦顶部安装了一种叫作"调谐质块阻尼器"（Tuned-mass Damper）的设备，以防止其过度摇动，同时还将大厦各个连接处焊接在一起，以增加整体结构的刚性。然而，大厦并没有按照设计方案施工。本来应该"焊接"起来的那些连接处，最终都用螺栓连接起来了。这大大降低了建筑结构的刚性，也极大地增加了大厦毁于飓风的可能性。大厦最终能幸免于难要归功于该项目的结构工程师威廉·莱梅瑟里尔（William LeMessurier）敏捷的思维和对项目总体性的关注。莱梅瑟里尔在得知设计变更的第一时间进行了相关计算，并成功说服业主在飓风季来临前，给连接螺栓焊上加强板。多亏这些加强板，花旗集团大厦从 1977 年起一直安全地矗立在纽约，直至今日。

　　并非所有的设计问题和设计变更都能如此迅速地被发现、被改正。电子设备软件总是或多或少地存在一些漏洞，有些漏洞随着软件更新而消失了，有些则不会。有的时候，软件更新甚至会像设计变更一样引入新的失败模式。所谓的"检查软件补丁"是将软件隔离在其运行的环境之外进行检测，这就像在真空中检测承重梁的支撑力一样，毫无意义。绝大多数情况下，那些在软件开发和 Beta 测试中幸存下来的漏洞基本都是无害的，对软件整体的影响可以忽略不计。这也就是为什么这些漏洞很难被发现，通常只在一些非常特殊的情况下它们的存在才为人所知。20 世纪 90 年代中期，一位数学家发现在那时还算比较新的奔腾芯片在计算两个极大数值的积时，偶尔会出现错误的结果。普通电脑用户不需要处理这么大数值的乘法，因此这个错误并不容易被发现。起初，这位数学家以为是自己计算错误，经过反复验证后才确定这是电脑的问题。最终，芯片制造商英特尔公司承认奔腾芯片中存在一个"微小的缺陷"。这似乎暗示着如下的三段论推理：技术是由人实现的；人是易犯错的；因此技术总是充满错误。换句话说，所有技术系统都可能充满错误。如果这些潜在的错误和漏洞没有危害，又不影响系统运行，人们可能永远都不会发现它们。在这种情况下，无论错误发生在多么基础的层面，我们都认为该系统是成功的。但如果错误转移，系统功能受到损害，甚至停止运作，那我们则认为该项设计是失败的。这也许是设计的错，但套用漫画人物波戈（Pogo）的话："设计的错也是我们的错。"

由于信号接收情况差、总漏接电话等情况，苹果手机在用户中的名声一直不算好。2010 年 6 月 23 日苹果公司推出 iPhone 4 手机时，用户的不满情绪达到了顶点。当你用某种方式拿着该款手机时，显示手机接收信号强弱的图标就会突然减弱。这是因为苹果公司在新机型中使用的改进版信号天线（这也正是广告中标榜的新功能）被嵌在了手机的侧挡板（即环手机一周的那圈金属带）中，因此当用户手指或手掌接触到手机左下部时，就会出现信号突然减弱的恼人情况。最初，苹果公司针对这一情况的处理方式是建议用户在发现信号突然减弱时，换一种方式拿手机。在 7 月 2 日发布的给 iPhone 4 用户的公开信中，苹果称对手机信号问题感到意外（不止一位社会学家表示，人们喜欢用"意外"这个词来替代"失败"，以避免在言语中透露出负面含义）。在表明"iPhone 4 是苹果公司史上推出的最成功的产品"，并强调其为"有史以来最好的智能手机"后，这封公开信表示苹果公司已经在阅读相关报道后立即展开了调查。而调查结论是，手机信号的问题是"简单的，令人意外的"。因为苹果公司"惊讶地发现用手机上的信号条来表示手机接收信号的强弱是完全错误的"。这意味着，可能手机信号条显示为 4 格时，实际信号的强度只有 2 格。也就是说，这可能会让用户在信号较弱时错误地以为信号很强。苹果公司承认 iPhone 机型从一开始就使用了有缺陷的软件，但有观察员指出，苹果公司通过"声明这个软件已经存在了很长时间，暗示所谓的'缺陷'根本不是缺陷，这根本就是在为自己开脱"。

尽管如此，苹果公司仍在公开信中宣布将使用 AT&T 公司 ① 推荐的算法来调整信号显示问题。

苹果公司未能在推出 iPhone 4 之前发现信号显示问题，这的确让人难以理解。苹果公司忽视这个问题的原因究竟是什么，我们可能永远都无法得知。其中一个猜测是，早期的故障分析将注意力全部集中在提高天线性能上，以至于忽略了诸如信号显示这样的基础问题。《美国消费者报告》（Consumer Reports）杂志对苹果在公开信中的解释并不买账，他们认为信号接收问题就是手机的硬件问题。苹果公司的确迅速地找到了解决信号显示问题的办法——在信号天线所在处贴一条绝缘胶带。而这个修复自然有损于苹果公司一再强调的 iPhone 4 的"优美外观"。晚些时候，苹果手机的忠实粉丝推荐了一款包住手机金属边框的"保护套"（由橡胶或塑料制成），这款"保护套"将用户的手指或手掌和信号天线隔开，解决了信号问题。但《美国消费者报告》杂志的产品评论员并未因此就原谅手机的设计缺陷，除非苹果公司能够提供一个免费的永久解决方案。而苹果公司真的做到了，他们向用户提供了免费的手机保护套，并称新的保护套会给 iPhone 4 "增加新的美感"。

iPhone 4 的问题随后变得更为复杂。有新闻透露，苹果公司的一位"资深天线专家"曾警告过史蒂夫·乔布斯（Steve Jobs）：天线在设计过程中存在缺陷，这个缺陷会影响信号接收，导致漏接电话的情况发生。据说，这位工程师曾告知苹果高层，这种环绕式天线设计"在工程上是一次很大的挑战"。为了接收由不同电话运营商提供的不同频率的无线电信号，金属带必须由彼此隔离的绝缘模块组成。iPhone 4 左下角细窄的不导电间隙形成了一个将天线首尾隔开的挡板，但由于人体是导

① AT&T Inc.，American Telephone & Telegraph 的缩写，也是中文译名"美国电话电报公司"的由来，但近年来已不用全名。——译者注

电的，所以这个隔断很容易因为手指的接触而重新形成连接。乔布斯声称，苹果测试了该设计，也"知道用某种方式手持手机时，信号会有一点下降"，但"并不认为这会成为大问题，毕竟每款智能手机都有自己的问题"。事实证明，天线工程师的担忧是有理由的。当然还有别的关于天线设计的警告，不过很明显，苹果高层认为应该优先考虑如何使这款拥有"令人惊讶的优美流线型外形"的"更轻，更薄的手持设备"，在之前就计划好的发布日期如期亮相，而不是去关心如何推出一款不存在天线设计缺陷的手机。苹果手机的失败向我们展现了一个接受、容忍缺陷和瑕疵的文化，以及工程师和管理层之间的分歧。这种情况也存在于别的案例中，比如"挑战者"号航天飞机，比如墨西哥湾"深水地平线"半潜式深水钻井平台的爆炸和原油泄漏事故。这些事故本来都是能够避免的。相关情况将在随后的章节中详细讨论。

在所有的意外和失败中，技术上最悲哀的情形不是这些事故的发生，而是人们未能从这些事故中汲取教训。每一次失败都显示了我们在相关领域的无知，给出了一组又一组的崭新数据供人们做进一步研究。这些数据能够帮助我们找出事故发生的原因，同时也使我们有机会更进一步追溯设计、制作或使用环节中出现的差错。如果不根据"失败"给出的线索去寻找失败的来源，那么我们就无异于放弃了一次加深理解技术本质和技术与人类之间相互关系的机会。因为一个成功的设计就是清除失败的过程，任何一个新的失败，无论这个失败多么微不足道，都为我们完善已有设计提供了新的方法。我们解决了旧问题，新失败仍然会继续出现。这些失败不仅包含了软硬件问题，还涉及工程师和管理人员，以及两者缺乏沟通导致的彼此隔离。

这并不意味着我们要鼓励或者促进失败的发生，更不表示我们应该在事故发生后欢欣鼓舞。没有人想看到一个无法正确发挥功能的系统或设备，工程师更是如此。我们都是人，人都会犯错，因此我们不应该毫无道理地认为我们制造出来的东西是完美无缺的。就像牛顿在《自然哲学的数学原理》(*Philosophiae Naturalis Principia Mathematica*)序言中提到的那样,"错误是由人造成的,而不是技术"。当在一个失败中,明显的错误和缺点被暴露出来时,我们一定要明确自己在这个失败案例中起了什么作用,并尽可能地分解、分析失败案例,将从中获得的教训传播出去。只有这样,我们才有希望在犯错之后得到宽恕,并帮助同行避免相同的错误。为更好地理解汲取经验的重要性,我们不妨套用那个关于人被愚弄的格言:"失败一次,是设计的问题;失败两次,是我们的问题。"

避免被愚弄的最可靠的方法是在设计工程中始终保持明智,而保持明智、获取成功的最佳途径就是理解失败。显然,对失败案例的整体和细节了解得越多,我们就越有希望了解失败本身。从人类开始构思、设计改造自然的那刻起,失败和错误就一直伴随着人们。尽管如此,我们仍然不断犯错,并且有理由相信,未来仍将继续犯错。人类,作为依赖于技术的物种,我们生活在这样一个世界里——我们和那些并不完全了解的事物共同生存。最开始,我们没有完全理解的事物是"机械",而到了现代社会,"机械"就变成了化工、电力、电子、原子和软件。我们设计、发明这些事物和由这些事物构成的系统,初衷是想要提高日常生活的质量、实现人类这个感性物种的抱负,结果却极大地增加了人类生活的复杂性。我们的目标是,尽人类最大的努力,使这些设计物远离失败。

不幸的是,几乎每一个设计中都潜伏着失败的可能性。墨菲定律表明,如果一件事有可能出错,那它最终一定会出错。对技术系统而言,墨菲定律既像真理,又像一个令人不安的玩笑。在设计会议或是一场重要的考试前拿墨菲定律开玩笑,也许会起到缓解焦虑情绪的作用,但在人们的笑脸和笑声背后,仍然会有人担心,这条定律并不仅仅是玩笑。

的确，如果墨菲定律是正确的，那么由之推出的一个结论就是，失败无
可避免。这似乎是一个过于悲观的结论，尤其是在技术史上那么多机
械、结构、系统成功案例的衬托下。然而，没有之前失败带来的启发，
这些案例很可能根本就不会成功。

第三章　设计"失败"

　　工程中的失败，和生活中的失败一样，都被视作负面事件，人们自然会想尽办法来避免这些失败。当我们得知设备损坏或系统故障时（哪怕此时还处在寻找受害者和清理残骸的阶段），我们会立刻开始查探事故原因，寻找罪魁祸首。我们希望能够了解事故是怎样发生的，为什么会发生。我们希望将来不会再有类似的事故。是设计问题吗？是因为使用了劣质材料吗？是由于建造过程中的粗心大意吗？是因为使用了次品组件吗？是因为疏忽了维护保养环节吗？是过度使用造成的吗？还是恐怖分子的故意破坏？诸如此类的问题，都是在故障分析中应该提出的。要了解导致失败的核心原因，就必须回答这些问题。在适当的条件下，这些问题能确定责任方。我们也能借此对设备或系统进行再设计，使它们重新投入使用中。与此同时，我们也应该具备提出恰当问题的能力，以便在设计物和设计师没有问题时，能够更好地完成相关工作。

　　和许多人想象的不一样，"失败"具有两面性。失败的另一面让这个通常具有负面含义的词语具有了积极得多的新意义。实际上，我们是期待某些东西损坏的，否则我们将因为它们仍在起作用而感到沮丧，甚至受到伤害。有时必须牺牲某个部件以换取整体系统的成功运行。这种情况下，设计师面临的挑战是如何设计一个"故障模块"，使其能够在预期的时间以人们期望的方式损毁，并在损毁的时候不影响其他部件及整体功能的运行。其中一个著名的例子，就与室外舞台的帆布篷有关。通常情况下，帆布篷的连接折翼应该被设计成易损装置，当风速过快时，折翼损坏，这样空气造成的压力就不会大到超过整个结构所能承受的极限。在 2011 年夏天的印第安纳州博览会（Indiana State Fair）上，一场音乐会中的风速达到 70 英里每小时，远远超过了设计所能承受的 20 英里每小时。但由于事前重新连接了折翼，所以它们并未像设计的那样在狂风中脱落。大风对帆布篷造成的巨大推力掀翻了整个舞台，导致 5 人死亡，45 人受伤。这都是由于本该发生的"失败"没有按计划发生。

一些工程师拒绝将"失败"一词和能够正常发挥功能的设计联系在一起，但是，如果某个东西按设计就应该"失败"，并且也确实在相应的条件下"失败"了，那这个得以按设计实现的结果，虽然应该被视作"失败"，但同时也是某种"成功"。也许诸如"一次成功的失败"或"一个失败的成功"一类的表达非常地讽刺，但有的时候事实就是如此。"阿波罗"13 号计划就被称为一次"成功的失败"。由于在航天器发射两天后发生的爆炸，最初的登月计划不得不因此而终止。而航天器上的飞行员在如此不利的条件下，仍成功利用登月舱作为太空救生艇安全返回地球。这次充满问题的飞行被拍成电影《"阿波罗"13 号》（Apollo 13），演员汤姆·汉克斯也在其中留下了那句著名的台词："休斯敦，我们遇到了麻烦。"

"可控失败"这个词是指那些本来具有强耐受力的系统，在特定情况下失效，以确保其不至于被误用。例如，汽车的挡风玻璃，我们会期望它能在一些特殊的情况下被打破。一块挡风玻璃可能会因为受到大石块击打而破碎，也可能由于乘车者头部撞击而被毁。我们当然有办法能使挡风玻璃的强度大到足以抵挡石击，但我们并不希望它在某位乘客头部的撞击下依然保持"坚硬"状态。将挡风玻璃设计成特殊的"防碎玻璃"，使其在撞击下产生裂痕，但又不至于碎成危险的玻璃块，就是一种通过牺牲系统整体的抗打击强度来完成"可控失败"的案例。这种设计在预防车祸可能导致的危险时,尤为重要。毕竟,在意外发生后,比起更换一块挡风玻璃,我们更不愿意面对乘客骨折的头骨。

就像给工程学提供的其他方面的模型一样,大自然也提供了数不清的有着理想效果的"失败"案例。在生蛋的过程中鸡蛋要承受压力,而鸡蛋壳就是一个能够极好地抵抗外部压力的结构。然而,如果在生出鸡蛋后,蛋内的雏鸡不能用鸡喙啄破蛋壳,那蛋壳恐怕就是导致鸡类灭绝的原因了。总之,无论是否是进化选择造成的,鸡蛋壳都对鸡的繁衍起到了正面作用。与此同时,鸡蛋壳也很容易被从外部击破。无论是硬地板,还是捕食动物尖锐的喙和爪,或是平底锅的边缘,都足以使蛋壳破裂。"成功"和"失败",就像"好设计"和"坏设计"一样没有明显的分界。这些细微的差别可能和蛋壳一样薄,可能像蛋壳上的裂纹一样细小。相信大家都有过这样的经历,在超市中精心挑选出十几个完好的鸡蛋,轻轻把它们放入购物车中,之后小心地转移到购物袋中里,并在提回家的路上注意途中的磕磕碰碰,结果却在放进冰箱时发现,其中一两个鸡蛋的表面上已经有了裂缝。尽管这确实是恼人的经历,但肯定不能算作"灾难"。

但如果在检查飞机时漏看了机身上的裂缝,则可能造成灾难性的后果。而这正是 1988 年阿罗哈公司(Aloha Airlines)从夏威夷的希洛(Hilo)飞往檀香山(Honolulu)的 243 航班上发生的情况。当飞机机身破裂时,这架波音 737 飞机正在 24000 英尺的高空中飞行。机舱突然减压,一位空乘人员被甩出机舱,飞机顶部也被剥去一大部分。这次空难是从一条裂缝开始的。本来不起眼的裂缝,在腐蚀和由重复装卸造成的金属疲劳作用下严重地扩大了。据报道,一位乘客在登机时发现了机身上的裂缝,但也许是认为裂缝不算什么大问题(毕竟会有专人检查飞机),所以他并没有在起飞前向其他人提及此事。尽管机身丢失了一大块，最终飞机还是安全着陆在毛伊岛（Maui）。而这次意外提醒了航空业，在飞机起飞前仔细检查机身是多么重要。

2011 年春天也发生了类似的事情，不过好在没有造成人员伤亡。西南航空公司（Southwest Airlines）的 812 航班在从凤凰城（Phoenix）飞往萨克拉门托（Sacramento）的途中发生了爆炸性减压，飞机不得不迅速下降到海拔较低的地方，最终在尤马（Yuma）紧急迫降。机身上的裂缝长达 5 英尺，铝制外壳上的金属疲劳是产生这条裂缝的原因。这架波音 737 飞机经历了约 40000 次起降，像 812 航班发生的这种能够造成空难的解体，通常是在进行了 60000 次起降之后才会开始出现。事后对机身的检查表明，铆接处的工艺缺陷极有可能是造成机身在预定期限前开裂的原因。调查发现，连接处的铆钉孔不是圆的，而是鸡蛋形，并且也没能很好地和铆钉对齐，结果承受了飞机设计师预计之外的更多受力。

20 世纪 50 年代，作为第一代喷气式飞机的哈维兰彗星型喷气客机，其窗口被设计成方形。但这种设计，很容易引起由于边角受力而导致的金属疲劳，因此造成的机身裂缝震惊了几乎每个人。无论是阿罗哈航空公司还是西南航空公司的事件，都显示了在哈维兰彗星型喷气客机的神秘事故后，人类在航空业取得的极大进步（毕竟这两次事故都没有造成重大人员伤亡）。正是因为汲取了从前失败案例的教训，如今的航空业才有如此惊人的成功。

与鸡蛋相反，坚果有着"臭名昭著"的坚硬外壳。有的坚果只有在极大的压力作用下（或是用坚果夹这类专门工具来弄碎），才会露出里面的果仁。我们也会用诸如"像坚果一样难以撬开"来形容那些不容易找到答案或解决方案的问题。而像核桃这样较大的坚果，即使用我们熟悉的弹簧式果夹也难以打开那层坚硬的外壳。但如果有一双能够将两粒核桃握在一起的手，情形就不同了。当这只手对两粒核桃同时施压时，总有一粒会由于受压而首先破裂。是的，哪怕两个物体具有相同的设计特性，它们抗击失败的能力也并不总是相同。在上述情况下，到底是哪一粒核桃先破裂，取决于很多外部条件。比如两粒核桃是以何种方式放在手中的，比如哪一粒核桃在上一轮的"核桃破碎对决"中留下了微小的、肉眼难以察觉的裂纹。

而据我们所知，物质文明的发展，在很早以前就开始依赖于大自然中突然发生的断裂或其他形式的自然失败。那些由于自然界的敲打、挤压，甚至是热压形成的石头碎块，有些成为最早的人类工具，有些变成了武器，有些被用来建造纪念碑或其他建筑。易耕种的土地和易碎的岩石使早期的农业和矿业成为可能。谢天谢地，自然界的任何事物都有它的损坏临界点——即使是最坚硬的钻石也能够被人工打磨。而原子，就像这个名字本身暗示的那样，一度被认为是不可分割的。然而随着原子的分解，一种新的能量被发现、被利用，并且在大多数情况下，这种新的能量是有益于人类的。今天又有谁能肯定地说，亚原子就已经是最小的粒子了呢？

和人类一样，动物也善于利用自然界的失败。菱角蛛属的热带蜘蛛会织出平行于地面的三角形蛛网，网上垂着一些放射状的黏稠的蛛丝。当飞蛾或者别的昆虫碰到这些蛛丝的时候，菱角蛛就会拆掉三角形蛛网并靠近裂纹的两个角，用整个蛛网将猎物包裹起来，猎物就被这个蛛网袋子悬在网下。蛛丝由于挣扎而变松的概率很小，所以蜘蛛只需要顺着蛛丝把猎物拖回来就大功告成。尽管蛛网在整个过程中受损，但却帮助菱角蛛顺利地捕到了猎物。

在"人造环境"中，大部分事物都是集合了各种人类知识的工程设计产物。"人造环境"之所以能够顺利运行，是因为人类掌握了触发原材料故障模式的方法，而这些可控的断裂、破碎，使我们得以对原材料加以提炼，并重塑成新的有用的东西。这些全新事物又由于自身特点，也存在着特有的损坏临界点或是比较容易被损坏的模式。比如树木，首先被斧头或是电锯砍倒，之后被劈成较小的木块备用，最终被用作木柴助燃或者被制成工具、家具和房屋。古往今来，工程师的最大挑战之一就是去理解自然物和人造物是怎样发生故障的，为什么发生故障。他们的另一项挑战则是如何将学到的知识和经验运用到设计中，从而造出不会因为正常使用就轻易损坏的产品——当然，如果这个物品本来就是设计成要发生故障的部件，则另当别论。

"失败"和"成功"之间的界限，也像"正当使用"和"错误使用"的界限一样，薄如刀刃。例如，水果刀的正确用法是削水果（比如苹果），它能够使果皮失效，将果皮从果肉上分离出来。水果刀也能够用来剥橙子，或者切胡萝卜。但在处理另外一些食物（比如椰子）时，水果刀就没有那么得心应手了。如果硬要使用，很快水果刀就会变钝甚至被折断。如果在磨刀石上顺着一个小角度磨刀，变钝的刀刃能够再次变得锋利。而如果是以垂直方向在同一块磨刀石上磨刀（像使用锯子那样），那么刀刃很快就会被毁坏。其他有意为之的误用，不仅会减少工具的使用寿命，甚至还会伤害到人。比如用刀尖挑开油漆罐的盖子，可能会导致刀刃弯曲，也可能折断刀片。一旦折断的刀片弹到了附近人的身上，那这种对刀的误用，伤害的就不只是刀本身了。专业工具和专业产品越来越多，正是由于其"专业"性，这些工具和产品的适用范围通常都非常有限。在范围之外，工具则很有可能失效。

我们可以把工具和相关设备的设计和再设计活动，看作对这些工具性能的提高，提高它们对处理对象的控制能力；也可以看作在这些工具无法发挥作用后，人们做出的应对措施。在熟练使用者的操作下，电动工具能够更好更快地完成任务，因此它们广泛替代了拥有相同或相似功能的手工工具。而这些"任务"通常是使正在运行的部件或材料产生一定程度的失效。以木工活为例，圆锯就是用来切割木材，使木料彼此分离的工具，它破坏了木纤维的连续性；结合螺丝使用的螺丝刀，在木材表面钻孔，则破坏了木材抵抗与其他木材连接的能力；榔头和钉子的用法也是一样。

即使是在最普通、最常见的场景中，有意为之的、可控的失败也常常是事物发挥作用的关键。1840 年，英国推出了世界上第一枚可粘贴式邮票。这枚价值 1 便士的邮票被称作"黑便士"，邮票表面印有维多利亚女王肖像，除此之外，并无更明确的标记来注明邮票发行的国家（尽管英国在预付邮费这项服务上具有创新性，但它也是当今世界上唯一仍在国家邮政部门发行的邮票上印刷君主相关标识，而不印刷国家名称的主权国家）。不同于现在的邮票，"黑便士"和其他早期邮票是将多张邮票印在一整张无孔的纸上。这意味着人们不得不使用剪刀来将邮票彼此分开。如果剪邮票的时候不能按直线裁剪，剪坏一整版邮票也不是不可能。打孔的邮票是对这一状况的明显改善，那些小孔明确地标示出了分开邮票的路径。有趣的是，现在不需要胶水就能自粘的邮票仍然采用锯齿边缘的形式发售，尽管这样的边缘已经不再具有之前设计的那种功能。邮票参差不齐的边缘成为一个令人回味的特征，实际上现在的邮票边都经过了激光切割，所以我们才能够轻易将一枚邮票取下来，又不会损害到它周围的其他邮票。

当然，打孔技术在很多领域都有用到，它也曾被引入印刷业，成为印刷过程中的一个步骤。这项技术可以很好地融入活版印刷，用来打印扑克或优惠券——这样就能在打印文字或图片信息的同时用虚线切割纸张。如果优惠券没有这样的虚线，消费者在使用它们时，就很容易因为不方便拿到剪刀而没有按照优惠券的大小将之撕开，造成优惠券本身的损坏，这样优惠券就失去了它的作用。打孔技术确保了顾客在想要使用优惠券时，能够轻松地沿着一系列安排好的小裂口将它们拆分开来。另一方面，顾客也不能以"不方便"为借口，在应该享有优惠的时候拒绝优惠券了。支票也是如此，你能想象一本没有拆分线的支票本吗？

胶版印刷出现后，情况发生了改变。由于胶版印刷的内容并不是通过实体的印刷版来印制，因此难以将打孔包含在其中，打孔无法再和印刷同时进行，反而成为一道单独的工序。此时，印刷出来标记优惠券或回执单边界的虚线上也不再有真实的小孔，取而代之的是一个小剪刀图案——它用来提醒使用者，这时候需要一把真正的剪刀。这意味着读者如果想要使用杂志中、报纸中或者其他地方出现的优惠券，最好身旁有一把趁手的剪刀。但实际上，人们并不总是同时拥有剪刀和心仪的优惠券。为了解决这个问题，人们发明了剪报夹。剪报夹也成为一个成功的商业营销案例。剪报夹由一个弧形小刀片和一个塑料支架组成，支架看起来有点像缝纫机的压脚。不管是把优惠券剪下来备用还是送给朋友，你都可以用剪报夹来完成任务。不光是优惠券，要用剪报夹剪下期刊上的一段新闻，甚至是报刊上的图片也没有问题。现在，认购回执卡仍然夹在报纸和杂志中，但并非每张回执卡都标有带剪刀图案的分割线，有些也没有打孔机打出来的切割孔。部分回执卡采用了激光切割，这种通过电子设备做成的分割线就像切纸机切成的那样整齐光滑。技术的改进继承了之前的设计原理，同时也更好地达到了目的。

有时候，我们可能想要剪下报纸上一篇引人入胜的故事，或者杂志上一则幽默的漫画，但无论故事还是漫画，通常既没有分隔孔，也没有激光切割线围绕在四周。而且，无论是杂志还是报纸，它们通常都是双面印刷，出版社也不可能因为读者这类潜在需求而在这些故事、漫画周围标上切割线。所以，我们只能用自己的工具来裁剪心仪的故事。假设我们的口袋里既没有剪刀又没有剪报夹，那就要依靠纸张的折痕撕下想要的内容。事实上这也是可行的。可以说，失败一旦开始，就会按自己的方式继续进行下去。大部分人会选择沿着一条边整齐地对折纸张，反复压实折线，然后展开纸张，翻到背面，重复之前的"对折—压实"过程。重复几次这种正反面折叠，我们就能折出一条相当清晰的折痕。我们这么做，是通过折叠的方式来破坏那些横在分离线上的纸纤维。反复多次折叠一张纸，就像反复弯折一枚金属回形针一样，能够有效地消减材料强度。换句话说，我们是通过反复折叠的方式来形成一个"成功的纸张疲劳失败"。在设计中，这些纸张原本应该具备不易破损的特点，但我们通过折叠，在这张纸上重新设计、创造了一个我们想要的部分。

当然，我们并不总是需要费如此大的功夫才能达到目的。很多作为商品出售的食物都被做成小块，以便食用，比如糖果碎、巧克力块和小块饼干。在一般情况下，这类碎块食物都有规定的大小，但如果是像花生碎或糖果碎这样，那它们的形状就并不总是规则的。人们通常将一整块的硬糖或是别的食物放在硬面板上，再用硬质工具敲击或者磨碎它们，以制造出糖果碎或花生碎。这就像用榔头敲碎玻璃一样。实际上，如果想要得到一块特定形状的玻璃，通常要先用玻璃刀按事先设计好的图样在玻璃表面划出相应的刻痕，才能使小块玻璃出现所期望的形状。与之类似的，水果硬糖和止咳糖都曾经以"块"（不是"粒"）为单位进行出售。每块糖都是薄薄的一片，生产过程中每片糖的表面都会压上一些细的线，这样，在包装的过程中，糖片就会按照那些细线的分割，碎成规则的形状。软巧克力也有类似的设计，整块巧克力上的分割线也使得食用它们的过程不必那么费劲。

而饼干，无论是撒盐饼干（saltines）还是犹太逾越节薄饼（matzos），都拥有连续的点状虚线。这些虚线使人们能够轻松地将一块饼干分成2份、4份或更多份。将饼干按2的倍数分割，不仅简化了烘焙过程，也简化了包装过程。但如果消费者无法按照这些虚线将某个品牌的饼干整齐分开，那多少会感到有些沮丧；如果这些饼干是为一个重要的冷餐会所准备，这种沮丧感会更加恼人。我们不希望看到那些计划外的失败出现在机器、建筑或系统中，但我们希望那些有意为之的失败能按照我们所期望的方式发生。然而，以分饼干为例，掰开整块饼干时，要使断裂面笔直、干净，那我们需要的更多是运气，而不是掰饼干的技巧。有一些饼干块头大，但又没有分割孔。如果主人要用小块饼干招待客人，这样的饼干就是一种麻烦。如果饼干分割不整齐，它们可能并不会让味蕾失望，但在视觉上却难以令人愉悦。

"约束型故障"在我们生活中也并不罕见，商品的包装便是其中一例。我们希望在运输或是购买的过程中，包装能够保护商品，不会因为意外而破损。但当我们想使用商品的时候，又希望包装能够被轻易打开。这种两极分化的设计要求，既可能产生一些令人极其满意的设计物，也可能导致另一些令人厌恶的产品。惠特科姆·贾德森（Whitcomb Judson）花费了数十年才最终在1893年取得"鞋子开关"的专利权。这个后来被我们称作"拉链"的发明就是一个经典的正面案例，它的出现使无数物品的"开"和"关"变得轻松自如。20世纪中叶发明出来的塑料袋和无齿塑封拉链，现在已经无处不在，尤其是在机场安检处。当然，其中一些塑封拉链似乎只是便于打开而很难关上。

但并非所有的塑料袋或锡箔纸袋都是这样。飞机上用来装免费花生的小袋子就是一个令人充满挫败感的例子。装花生的袋子通常是锡箔袋，里面充满空气，开口处密封。袋子不易破损，因此能在大多数情况下保护里面的花生。但很多饥饿的顾客则正是因为袋子不易破损，而在尝试吃花生的过程中感到无比沮丧。很多时候，顾客无论怎么用力，也很难从那个标着"从此处撕开包装"的地方将包装顺利撕开——要么包装纹风不动地继续将花生藏在里面，要么就是撕开之后花生也散得到处都是。如果特别想吃到袋里的食物，通常就要用到剪刀、水果刀、指甲剪，甚至是牙齿，才能顺利打开包装。

当包装设计师对"约束型故障"进行设计时，如果他的设计标准过度向"不受外界破坏"倾斜，那潜在的客户也只能自己发明一些特殊方法来解决包装问题。实际上，那些难以打开的包装设计，也和那些无法保护包装里面产品、容易破损的设计一样糟糕。处方药开始采用儿童安全包装已有一段时间，然而这种儿童难以打开的包装，实际上也成功使得成年人难以取到其中的药片。我们也经常在买工具的时候发现，想要买的工具装在一个密封的塑料盒子里，而要打开盒子就正好需要这个工具的帮助。

圣诞节清晨本应该是最开心的时光，但许多父母和孩子却因为难以打开圣诞礼物的塑料或纸板包装，而倍感挫败。现代包装将注意力过多地集中在展示商品和保护商品上，这仿佛是将商品囚禁在"包装"这个牢笼中。人们通常需要使用一些技巧、运用一些工具、花费一番功夫才能最终将商品"解救"出来。这也不能全怪包装设计师，设计出一款既能在运输过程中保护商品，又能在展示中吸引顾客的包装并不轻松；同时还要使商品在售出前崭新如故，而顾客拿到商品后又能轻易打开，这绝非易事。以上这些设计目标和很多其他设计一样，相互之间本来就是矛盾的。能够被顾客轻易打开的包装，自然也能因为运输过程中的颠簸而损坏。

自从瓶子开始出现在人们的生活中，发明防溅和阻隔空气的密封瓶盖就成为发明家们的追求。19 世纪末，各种各样封装液体的发明层出不穷，获得了一系列专利。结合小口瓶使用的、内部带有软橡胶的金属瓶盖成为当时的主导设计。这种边沿呈波纹状的瓶盖的使用依赖于对金属压接技术的应用，以及在开瓶时除去瓶盖的杠杆原理——这也是一种对失败的利用。当然，作为一个合格的密封装置，在加上瓶盖后和消费者用工具打开瓶盖前，即便瓶中产生了一些压力，瓶盖也不应该自动打开。起初，这项"不应自动打开"的功能受到了更多的关注，比"如何打开瓶盖"的关注要多得多。开瓶器则是在消费者想要得到瓶中物品时，用来方便地打开瓶盖的一项发明。不幸的是，我们并不总能在想要开瓶的时候找到一个开瓶器。

口渴的感觉可能是给我增加灵感的一个重要原因。其中一些非常聪明的（有些也是非常可疑的）即兴开瓶方法记录在了《不用开瓶器开瓶的 99 种方法》（ *99 Ways to Open a Beer Bottle without a Bottle Opener* ）一书中。尽管有时用自行车轮子、自行车铰链，甚至是房门也能撬开瓶盖，但在开瓶的同时往往也会导致瓶中液体的损失，甚至弄碎玻璃瓶。强行使用任何本不是用来完成手头工作的工具，后果可能比一个破碎的瓶子要严重得多。在《不用开瓶器开瓶的 99 种方法》的导言中，作者布雷特·斯特恩（Brett Stern）也承认那种螺纹式的瓶盖可以用手指甲拧开，而不需要动用任何机械装置。但这并不意味着，在开启螺纹瓶盖时，我们的第一反应不是去找一个开瓶器。事实上，一些进口啤酒爱好者如果想要享用那些他们并不熟悉的本地品牌啤酒，他们通常不会选择将瓶盖拧开。即使是那些螺纹瓶盖，他们也倾向于用开瓶器将之撬开，结果他们往往在这个过程中将啤酒瓶一起撬断了。相应的，那些习惯于螺纹瓶盖封装的啤酒爱好者在开启啤酒瓶时，则本能地试图通过"拧"这种方式来打开各种瓶盖。我们所有人都习惯于对物品是如何设计、如何工作、如何失败的做出基于自己经验的假设，并进行相应处理。

无论一个玻璃瓶是如何被盖上、如何被打开，它们都有自己的故障模式；即使那些要花费一些力气才能打开的瓶盖，也不例外。锡制罐头在一些特定的情况下也可以成为理想的容器。在一次野餐时，艾马尔·弗雷兹（Ermal Fraze）因为无法打开一个罐头而感到沮丧，这次经历促使他发明了饮料易拉环——一个将故障模式融入设计本身的发明。最初的易拉环装在罐头顶部，但它没能打开罐盖，反而在使用者用力时，直接脱离了锡罐。经过一段时间的发展，易拉罐也有了改进，并在对环保非常敏感的 20 世纪 70 年代躲过了禁止法令。最初的易拉罐拉环十分靠近罐顶的金属盖，有些甚至直接贴在金属盖上。如果一个人的手指较粗，就很难将手指伸到拉环下面，而如果顾客用指甲将拉环抬起来，则很容易让指甲受伤。钥匙扣也存在类似的问题。不过，如今通过杠杆原理打开的钥匙扣已经被发明了出来，这样就不用再冒着损伤指甲的危险去扣开钥匙扣了。也许在所有的失败中，最不能原谅的设计失败是那种由于无法预测其潜在问题而埋没了一个好设计的情况。

我们也依赖于那些有意为之的故障模式来保障自身安全。有时一个部件要为其所在的更大的整体牺牲，这是为了整体的成功而发生的"失败"。保险丝的可控性失败就阻止了电路由于过载而发热，这样的发热可能导致火灾。保险丝通过自身断裂来保障整个大环境的安全。楼房中的消防系统在发生火灾时会被激活，洒水灭火。消防洒水系统中一个重要的部件就是一条热熔保险丝。保险丝受热时融化后，会减轻消防喷头上的阀门的止水压，释放出水管中的水。热水器上的减压阀是另一种形式的保险。这种保险在一定的压力值下就会自动损毁。如果压力低于这个值，热水器会正常工作，如果压力高于这个值，则可能导致热水器爆炸。

旧金山—奥克兰海湾大桥（San Francisco-Oakland Bay Bridge）东段新桥预计在 2013 年竣工，其中各种各样的保险是这个工程设计中不可或缺的一部分。这座大桥坐落在地震多发区，它也的确在 1989 年的洛马普列塔地震中被损坏，从而暴露出设计中的不足。由于地震造成的损失，这座使用了半个世纪的大桥的损毁部分需要用 20 年的时间来替换。新建部分的核心是一个独特的自锚式悬索桥。悬索桥只有一个钢制单塔，这座塔由 4 扇紧密相连的塔架组成，塔架与塔架由被称作"剪力连接梁"（shear link beams）的钢支柱相连。这些"剪力连接梁"可以算是整个结构中的薄弱环节。为了避免未来地震对桥体造成不可弥补的损失，这些钢铁支柱将作为结构上的"保险丝"被用来吸收地震产生的能量。地震中，"剪力连接梁"可能会受到不可逆的损害，但却能有效地保护桥体主要部分（塔架）。大桥的超长混凝土高架引桥也设计了类似的钢制保险。这类保险被称作"铰链管梁"，安置在大桥内部的主要桥跨之间。如果遇到震级足够大的地震时，这些"管梁"也会永久变形。但无论是这些"管梁"还是悬索桥上的"剪力连接梁"，比起大桥其他部分，它们都能够被迅速轻松地替换掉。

很多技术系统都包含了一个薄弱的、可牺牲的部分。火警箱按钮上通常装有一块玻璃，很明显，这是为了防止人们意外碰触到按钮造成错误的火警警报。不幸的是，在遇到真正的火灾时，这块小小的玻璃也许不会那么轻易屈服，而宝贵的营救时间很可能就在人们击碎玻璃的尝试中被浪费掉了。尝试用拳头击碎这块玻璃的人也许还会因此被玻璃割伤。为了避免类似情况发生，火警箱旁边通常配有一把可以迅速击碎玻璃的小榔头。在险情发生时，人们就可以利用这种良性的"打砸"行为，在迅速击碎玻璃后按下火警警报按钮。

我们常常通过鼓励一种失败模式，来避免另一种我们不太喜欢的失败模式。混凝土人行道和车道往往在凝固后产生裂纹。这是因为混凝土冷却后会收缩，但人行道或车道仍然保持着原来的长和宽。这些在最后时刻产生的裂纹仿佛是在为路面特意添加些许图案。和印刷品上的打孔线不同，这些裂纹并不是有意为之。混凝土路面也可能为了释放内部聚积的应力，而沿着这些裂纹再次裂开。有一些出现在混凝土底层的裂纹，它们并没有在混凝土表面形成可见的裂口，因此不像表面裂纹那么明显。尽管这类裂纹并不影响人行道或车道的外观，但它们仍然存在。由混凝土自身黏合问题导致的失败就是以上这两种。

大型建筑中的混凝土也会在凝固过程中产生裂纹。这种情况下，裂纹造成的就不仅仅是审美问题了，它们甚至可能导致大坝漏水。著名的胡佛大坝就是由大块水泥浇筑而成，并在混凝土中预埋了冷凝管，以便能够带走大坝中的"热量"。水泥充分冷却后，收缩的水泥块之间产生了缝隙，人们在缝隙中灌入水泥砂浆，将大坝连接成一个整体。

　　高速公路已经成为另一个将失败模式融入设计的工程，人们希望能够避免那些会带来更大危害的失败。现代汽车也是如此。汽车的引擎盖、挡泥板、整体框架以及很多其他部件都被设计成在发生碰撞时以最温和的方式被损毁，并同时吸收碰撞产生的能量。这类设计以保护乘客为首要目的，让由碰撞产生的能量尽可能在乘客车厢以外被吸收，让碰撞造成的危害仅仅伤害到汽车轿厢外面的结构。公路两旁精心设计的护栏也是出于这类考虑，在汽车超速时，它们会被毁坏，但同时也能吸收撞击产生的能量，否则这些冲撞很有可能伤到车上的乘客。护栏的两头要如何设计是一个具有很大挑战性的设计难题。人们期望护栏能以吸收能量的方式自毁，而不是在冲撞过程中刺穿汽车——如果车辆与护栏相撞时发生这种情况，后果不堪设想。最终人们选择将装了沙和水的黄色塑料铁桶放在护栏的起止端。这些黄色塑料桶现在已经为人们所熟知，我们在很多地方都能看到它们。当一辆超速的车撞上它们时，塑料桶自身的破碎往往能换来乘客的安全。

　　有些时候，人们设计事物时过于注重其避免失败和意外的能力，而当它们失去使用价值时，那些防止失败或意外的设计就成为负担。以核电站为例，如果电站发生核泄漏，后果将是毁灭性的，因此核电站往往修建得异常坚固，有些核电站甚至能够承受飞机的撞击。结果，由于这样的防泄漏设计，核电站内部常有核残留。这就给工程师和社会都提出了一个问题：如果一个核电站不再为人类服务了，那要如何拆除它呢？尽管核电站的钢筋混凝土墙厚到足以承受飞机撞击，但它们也有自己的失败模式和损坏临界点。拆除工程中可能需要借助机器人来操作，但只要使用正确的方法和特制工具，这些墙也是能够被打开的。

　　其他的大型建筑，例如摩天大楼、大跨度桥梁、大型体育场，在它们达到或者超过使用期限时，都将面临被拆除的命运。像纽约这类由摩天大楼组成的城市，土地比纯净的空气更稀有。在纽约，人们常常需要拆除一座仍然可用的中等高度的大楼以腾出空间修建更高的楼房。而在一个电视机非常普及的时代，体育场也不必像从前那样需要容纳数量众多的观众。因此，这些曾经对体育迷来说非常神圣的地方，也可能会被拆除。有的时候，拆除过程中如何保证安全也是一个问题。

受人敬仰的洋基球场，就面临着这种问题。球场建于 1923 年，曾在 1976 年翻新过一次。但在 20 世纪 80 年代，由于洋基队当时的老板乔治·施泰因布伦纳（George Steinbrenner）声称现有的球场存在安全隐患，人们开始期待能拥有一个新球场。而事实也证明施泰因布伦纳的担心并不多余。1998 年，离球场 75 周年纪念日还有几天时，第三看台平台下方掉落了一块重达 500 磅的混凝土块，它毫无预兆地砸在了第二看台的座椅上。幸运的是，当时球场中没有比赛，因此也没有人受伤。但这次事故却足以说明老洋基球场日渐恶化的状况。经过一番波折之后，新球场于 2006 年开始建设，它就坐落在与老球场一街之隔的绿地上，而洋基队也将继续在新球场中进行比赛。全新的洋基球场最终在2009 年落成，其外观设计得和老球场非常相似。此时，老球场的拆除工作也可以展开了。

由于老球场离新球场和交通设施非常近，因此拆除过程必须严格控制，以降低风险。如果拆除过程中对周围建筑设施造成了损害，那可不是小麻烦。有一些大型机器出现在这座著名棒球场中，它们的作用是一次性拆除较大的结构，并使建筑碎片在损毁的过程中向内集中，以避免影响旁边的新球场和高架火车站。这个地区的居民也期待着球场被拆除，这样他们就能在不久之后享受到球场原址上修建起来的社区公园。但工程进展的速度缓慢，直到 2010 年，拆除工作才全部完成，期待新公园的居民也对这项工程失去了耐心。如果像 2000 年拆除西雅图国王体育场那样采用爆破的方式拆除老洋基球场，工程自然要快得多，但却很可能对周围的建筑造成伤害。幸运的是，在大多数情况下，用这种更剧烈也更高效的方式拆除建筑的风险并不高。

出于安全或老化问题的考虑，一座无法满足今天交通需求的老旧大桥也可能被拆除。这并不是因为大桥最初的设计存在问题，而是因为现在的设计标准和修建大桥的时候已经不再相同，或是因为当初的设计无论在尺度还是强度上都已经无法适应新的交通工具。但拆除一座巨大的钢铁大桥并不是一件轻松的工作，并且，还要面临一定的风险。这类工程可能要花费很长的时间和高昂的费用。因此，现在普遍采用的安全、迅速的拆除方式就是使大桥自身像人们期望的那样发生故障，并掉落到桥下的水中。达到这个目的的一种典型做法是在大桥的关键部位安装上炸药，以"爆炸"这种戏剧性的方式来拆分大桥。落到水中的钢铁部件也可以被打捞上来，等待日后的回收利用。

1929 年拆除的约翰·P. 格雷斯纪念大桥（John P. Grace Memorial Bridge）和 1966 年拆除的赛拉斯·N. 皮尔曼桥（Silas N. Pearman Bridge）就是用上述方式与世界告别的。工程期间，南卡罗来纳州查尔斯顿（Charleston）的居民对这两个项目的态度，也如同那些期待使用新公园的纽约居民一样，发生了改变。2005 年，主要的交通转移到了新建的钢索斜拉桥——小亚瑟·拉夫纳尔大桥（Arthur Ravenel Jr. Bridge）上。人们在两座老桥的主桥上装好炸药，炸药引爆之后，大桥的主要部分便分解成易于处理的碎片。在恰当的位置以恰当的顺序放上恰当数量的炸药，并在正确的时间引爆，这一系列的工作正是该工程项目的核心部分。就像最初设计和建造桥梁的工程一样，人们也必须事先准备好由专业设计师签字盖章的引爆方案。拆除大桥的第一步是除去大桥桥面上的附加物（比如标识和照明设施），接下来才是拆除大桥桥面本身。横跨鼓岛（Drum Island）的梁需要用大型机械切断，由于该岛无人居住，被切割的梁直接落到岛上，再从岛上运走。如果混凝土梁下方有人居住，它们则会被起重机小心地取走。那些可回收利用的钢梁也是以相同的方式来拆除。能够用炸药处理的混凝土桥墩都用炸药拆除了。炸药同时也被用来拆除位于水面和水下的支撑结构。

拆除主桥时，工人首先除去桥面的水泥板，然后是梁间的桁架。此时大桥就只剩下莱西钢构成的上层结构，用于定向爆破的炸药被分层安置在其中。大桥的钢骨架在爆破中被切割成 20 吨—40 吨重的钢块，以便事后打捞。为了更好地打捞这些钢材，爆炸前，工程师在大桥的钢部件上缠绕了几圈回收缆线，并在上面安好了浮漂。最先要炸掉的是镇溪（Town Creek）上方的主桥，该桥段包含了河上的侧航道。这就为拆除这条河的主航道提供了一个事前测试的机会。事实证明这个测试是有价值的：拆除侧航道的过程并未像计划的那样顺利进行。爆破过后，这段主桥有很大一部分仍然完好无损，之后工人们又花费了 3 周时间才将所有钢材拆完。工程师在镇溪的第二段桥上使用了一个改进方案，加快了拆除工程的进度，但整个过程依然让人很不满意。于是他们最终选择了一个完全不同的方案来拆除库珀河（the Cooper River）的主航道。与之前将大桥炸到河里的方案不同，新的方案是先在原来的位置上切割钢材，然后将切割后的钢材块慢慢向下垂到驳船上。由于这些切割下来的部件重达 600 吨，驳船上不得不安装重型升降设备。尽管这增加了工程成本，但这个方案更加可靠，也加快了工程进度。实际上，拆除工程延期的罚款相当昂贵，达到了每小时 15000 美元，也就是说，如果延期完成一天，罚款将达到 36 万美元。钢桁架被沿河运往上游，切割之后加以回收利用。混凝土碎块被驳船运到大洋中，在指定地点倾倒，用来建造人工岛礁。当然，并不是所有的拆除工作都存在类似的问题。

已经建成 80 年的克朗伯特大桥（Crown Point Bridge）是一个重要的交通枢纽，它横跨尚普兰湖（Lake Champlain），连接着纽约的克里普特镇（Fort Crown Point）和佛蒙特州的奇蒙普特镇（Chimney Point）。

早在 2006 年，就有人要制订计划，解决这座大桥日益严重的问题。2009 年的一次例行检查中，人们在混凝土桥墩上发现了比之前两年的一次检查中更大的裂缝，可见大桥状况正在加速恶化。随后，潜水员在进行紧急水下检测时也证实了这个情况。克朗伯特大桥的混凝土桥墩以 20 世纪 20 年代的标准设计、建造，并未像现在的大桥那样使用钢筋加固。没有钢筋的支撑，桥墩对冰层的耐受力则相对较弱。由于岸边的水位较浅，因此比河中心的更容易结冰，这种情况导致桥墩两侧受力不均，产生的力使桥墩向一侧弯曲。这样的情形显然是大桥设计师没有预料到的，而在大桥出现越来越严重的裂缝之前，也没有人注意到它。用来检测桥墩移动情况的设备进一步证实了关于桥墩的状况，并且桥墩的破损已经无法修复。

　　由于桥墩受损如此严重，大桥本身也随时可能坠入湖中。几周的紧急检查后，相关人员提交了一份检测报告，同时也关闭了大桥。不仅是支撑大桥的桥墩可能由于裂缝扩大而破裂，大桥钢制上层结构的轴承也由于冰冻出现了老化问题——就像老年人随着年龄增大患上了关节炎一样。克朗伯特大桥关闭后，那些平时需要通过大桥跨湖上班的人便面临着一个不小的麻烦——没有了克朗伯特大桥，他们需要额外绕行 100 英里，才能达到对岸。为了缓解关闭大桥造成的不便，政府紧急修建了道路和停车场以便人们在新桥修建完成前能够使用临时渡船服务。而新桥将在 2012 年建成。

　　如果一座桥梁对使用者的安全造成威胁，那么可以通过关闭这座桥来排除安全隐患。但像这种横跨尚普兰湖或其他水道的桥梁，桥体本身的恶化还可能危及水面上的船只。每天都有大量的船只从克朗伯特大桥下穿过，桥底数千根钢桁架对船只构成了巨大的威胁，所以政府决定尽早展开大桥拆除工作。最好的拆除时机是在河面冰封期间，此时河道不再通航，也就不必担心桥体的拆除会对船只安全造成影响。2009 年 12

月，老克朗伯特大桥被重达 800 磅的 500 个炸药炸毁。这类巨大的拆除工程毫无例外会出现在晚间电视新闻中，而 2009 年的这次拆除也出现在众多 YouTube 视频中。落入湖中的部件将在春天被拖走，此时新桥的修建工作也开始了。按计划，新的跨湖大桥将在 2012 年完工。新桥的预期使用寿命为 75 年，这和老克朗伯特大桥的使用时间十分接近。

尽管有些烟囱曾经是地标性建筑，但也难以逃过被拆除的命运。人们在这些高大细长的建筑底部放上炸药，通常就能顺利地拆除。如果操作得当，炸药能够像电锯砍树一样将烟囱放倒。不过，被电锯砍倒的树木在倒下的时候通常是一根完整的原木，而由砖块构成的烟囱在落到地面之前就已经解体了。尽管一个立着的烟囱可能像一个坚不可摧的庞然大物，但在它倒下时，连接砖块的水泥砂浆无法承受烟囱巨大质量和加速下落过程中产生的力，这个力的强度一旦超过砂浆粘结的强度，烟囱就解体了。烟囱具体什么时候解体取决于烟囱的形状和锥度，也取决于水泥砂浆是如何把砖块粘结到一起的。如果是一个形状普通的、存在老化砂浆的烟囱，解体将在烟囱开始倾倒后很短的时间内发生，一般从烟囱的中间部分开始解体。而对于那些由较强强度砂浆粘结的烟囱，解体则发生得要晚一些——通常要到距离地面的 1/3 处，它们才会开始解体。

另一些钢筋混凝土修建的烟囱则不会在倒塌的过程中解体。这类烟囱整体强度高，它们倒下时由加速度产生的力往往达不到足以使混凝土解体的临界值。人们最初也的确是为了增加烟囱的强度——防止它们在风中开裂——而使用钢筋混凝土。拆除这样的烟囱时，它们只有在撞击到地面后才有可能解体。因此，将拆除烟囱用的炸药正确地放置和引爆极其重要，这是烟囱能否按计划朝着正确方向倒下的关键。但在 2010 年秋季，拆除俄亥俄州斯普林菲尔德（Springfield）的梅德河（Mad River）电站烟囱的工作，却并不如预计般顺利。这座烟囱高达 275 英尺，已服役 90 年。按计划，这座烟囱本该向东倒下，但它却倒在了东南面，撞断了两条高压输电线，毁掉了电站的一对涡轮机，造成 4000 多家用户断电。对事故原因的一个猜测是，烟囱上有一些未被发现的裂缝，当拆除小组放置 17 磅用于拆除工作的炸药时，并没有考虑到这些裂缝对拆除工作的影响。据工程主要负责人称，在他 31 年的爆破工作经验中，这是第 4 次未按计划进行的爆破工程。事实上，这是他过去 25 年的工作中，第 2 次发生这样不尽如人意的情形。为了证明自己工作的专业性，负责人表示他刚刚在希腊雅典，用相同的方式成功地拆除了一座 85 英尺高的建筑。这种拆除方式，的确在很多情况下是成功的。

各种各样的老旧或已损坏建筑也频繁地成为被拆除对象。得克萨斯州南帕德里岛的海洋大厦（Ocean Tower）高达 376 英尺，然而它在建成之前就已经发生了倾斜。不均匀的地面沉降是造成大楼倾斜的主要原因，建在海滨沙滩的超高层建筑常常会遇到这种问题。尽管这座高层公寓楼从未被使用过，但由于沉降问题，大厦业主决定将之拆除。业主将拆除工作承包给控制爆破公司（Controlled Demolition），这样，大厦拆除时的部件就会落在原地，不至于损害周围的房屋、沙丘或公园。控制爆破公司认为这个工程是最具挑战性的拆除工程之一，并将为其后的混凝土建筑爆破工作设置一个极高标准。实际上，该公司认为这项工程是继西雅图国王体育场之后最困难的内部爆破工程。2000 年，工程师在拆除国王体育场时，总共使用了超过 2 吨的烈性炸药。

这个在得克萨斯州小岛上的工程之所以复杂是有原因的。首先，这栋大楼高达 376 英尺，楼身细长，因此很难保证它的倒塌范围。更棘手的情况是，这座三角形的公寓楼修建在一座长方形的多层车库上，由于施工过程中需要给起重机预留通道，因此车库存在一个相对薄弱的部分。另外，公寓大楼建在沙滩上，而沙子是很好的震动传导物，拆除大楼时的震动很可能会危害到周围建筑。在处理所有这些情况的同时，工程师还必须将爆炸后产生的建筑碎块控制在一个特定范围内，使它们不至于落到周围的建筑上或砸伤行人。控制爆破公司需要对此进行详细规划。幸运的是，2009 年的海洋大厦拆除工作，事后被证明所有的精心设计都达到了预期目标，这个案例也成为利用"可控性失败"的典范。按计划放置的炸药在 12.5 秒内精确地依次爆破，将大楼向墨西哥湾方向大约拉动了 15 度，拉直了这座倾斜的大厦，随后这座大厦变成混凝土碎块和弯曲的钢筋垂直落到地面。安置炸药时，爆破点周围还安装了杂物控制屏以避免爆破产生的碎片四处飞溅。这次爆破拆除，的确是一个成功的"失败"。

　　1993 年，纽约世贸中心北塔的地下公共停车场发生了一起爆炸，而这次爆炸证明，如果只引爆一车炸药，那是无法炸毁一栋大楼的。尽管这个卡车炸弹的确造成了一些损失，炸穿了几层地板，也在墙门上炸出了大洞，但大厦本身显然没有像恐怖分子期待的那样被摧毁。以可控的方式爆破拆除一栋大楼，需要的不仅仅是一车炸药，除了大量的事前准备工作，还需要有策略地安排炸药放置的位置，并严格按照顺序引爆。换句话说，要使一栋建筑以某种特定的方式倒下，和修建一栋建筑一样，都需要经过严格的设计和计划。

　　2001 年，纽约世贸中心在被劫持客机撞中后，于 1—2 小时内倒塌。在很多人眼中，这和一个经过设计的拆除过程并无不同。也的确有阴谋论者认为，世贸大厦的倒塌是由于有人引爆了安置在大厦内的炸药，并指出大厦楼层平坠时产生的浓烟就是证据。世贸中心的事故很容易让人联想到爆破拆除的建筑，双子塔在自身重力下逐渐崩塌，其发生原理与爆破拆除作业的工作原理基本一致。但形式上的相似，并不表示二者就是一回事。

　　实际上，一座倒塌的大楼就是在自己拆除自己，爆破只是以最高效的方式引发大楼的崩塌模式，地球引力会完成后面的工作。爆破拆除的设计不仅仅针对炸药强度、放置地点和引爆顺序，很多事前准备工作还包括移除或削弱柱类结构，以便后续拆除工程顺利进行等等。一些柱子会被部分或者全部切断，以确保在爆炸时它们能向两边移动，这样它们就不会对下落的楼板形成阻碍。除此之外，承重墙也要在事前被拆除。换言之，在进行爆破之前，建筑结构的强度就已经被削弱了。在"9·11"恐怖袭击中，客机撞毁了大楼中的一些柱子，由飞机燃料点燃的家具和别的可燃物破坏了其他柱子。大火使大厦温度急剧增加，大厦中的钢柱受热软化，自然无法再支撑整个大楼的重量。当一根支柱被损坏后，其他支柱则需要承担比平时更大的负荷，但此时这些支柱都已经因为撞击及大火软化而自身难保。当受撞击楼层的支柱无法再支撑其上楼层的重量时，上方的楼层就开始坍塌落下，楼层跌落时产生的力量也进一步加速了下层支柱的破裂，大厦开始有序地逐步崩塌。楼层下跌时产生的巨大力量会压碎楼层中的任何东西，由此产生的灰尘和碎屑被压缩空气急速向外推出。大火减弱了关键支撑柱的强度，落下的楼层产生的冲量提供了足以推开钢柱、粉碎楼层中混凝土结构的能量，这种情况下，已不再需要炸药了。

　　也许我们永远也无法得知策划和执行"9·11"事件的恐怖分子是否像专业爆破拆迁小组一样精心策划过这次恐怖行动，但看起来，似乎恐怖分子从之前失败的恐怖袭击中吸取了教训。1993年地下停车场的汽车炸弹让恐怖分子意识到那种做法根本行不通。"9·11"恐怖分子也许已经计划好用飞机撞击大楼，但他们不知道究竟撞击大厦的哪个部位最有可能"成功"。第二架飞机的劫持者看到第一架飞机撞击大楼后，并没有立即造成灾难性的倒塌，便认为撞击更低一些的楼层会造成更大的损失，因为这样被撞毁楼层的支柱将承受更大的重量，造成的损失也会大于1993年那次。如果这一切是真的，那这个残忍的决定的确生效了——第二次被撞击的大楼最先开始坍塌。

失败，是可以事先设计好的，无论是出于善意还是恶意。某些失败，除了恐怖分子，没有人期望看到。而另外一些失败却受人们欢迎，是人们乐于看到的，例如打破一个鸡蛋，或是拆除一栋不再使用的建筑。我们的生活依赖于各种各样我们所期待的失败。失败被融入很多设计中，我们每天都在使用这些设计，我们依靠一些物品在恰当时机的失败来保证自身的安全和健康。我们也借助材料的失败临界值来发展科技。失败只是一个相对的概念，它频繁发生，几乎是人类生活的一部分。这是一件好事，事实上，许多工程正是因为"计划中的失败"而取得了整体上的成功。

多数情况下，工程中的失败是需要极力避免的，工程的目标就是确保失败不在我们不希望的时间和场景中发生。因此，无论是一座桥还是一座大楼，都应该强大到足以抵抗任何能够被预见的自然或人为灾害，无论是暴雪大风还是地震洪水，无论是拥挤的人群还是恐怖分子的袭击。并不是每个地方都会发生上述所有的灾害和意外，但在加利福尼亚州，地震就不应该被忽略，而飓风对墨西哥湾沿岸地区的威胁也应该成为当地建筑工程的考量因素。工程师的职责就是去了解每个具体案例所面对的具体情况，并在设计中做出相应的应对。

尽管如此，在修建一座建筑时，除了考虑其对抗意外的能力，还需要考虑是否有足够的技术支持，以及无可避免的经济因素。自然灾害之所以被称作"自然"灾害，其中一个原因就是我们无法完美地预测这些灾害的发生。但对于像新奥尔良这样明显受到飓风威胁的城市，我们预言在一个世纪内肯定会再次发生飓风灾害——这样的预测是可靠的。类似的预言也适用于描述旧金山发生地震的情况。但下次灾难发生的时间和强度通常难以进行精确预测。因此，那些负责修建堤坝、大桥、楼房和其他建筑结构的工程师需要处理的是灾害发生的可能性，而不是确定性的问题。他们需要事先计算风险、收益和相应的结果，并将结果呈现给将要为相关项目耗费巨资的政府机构或某个董事会。那工程师又是基于什么假设来做出风险评估的相应计算呢？他们不可避免地需要考虑和衡量经济支出、经济承受力与人的生命价值。这样的衡量和考虑可能是直接的，也可能是隐晦的。

要承担多大的风险，在很大程度上取决于政治和文化因素。荷兰有悠久的和大海抗争的历史，荷兰的堤坝和其他的防海措施都非常优秀。不过，1953 年风暴潮导致的洪灾，促使这个国家开始实施了一个 30 年计划来防止灾难再次发生——或者至少是把灾难造成的危害降低到可接受的最低程度。到底要保护什么，以及在多大程度上保护，取决于风险评估结果。相关的风险分析不仅要考量到防海堤决堤的可能性，还要考虑到决堤后造成的经济损失。这些经济损失不仅仅是修补大坝的支出，还有决堤造成的灾难对国家经济的影响。

全球变暖以及海平面上升让荷兰人意识到，现有的安全标准可能已经不再适用了。2007 年荷兰议会责成专家提交了一份报告，说明"如何在未来 200 年内预防气候灾害、保护我们的国家"。之前荷兰人认为 1/10000 的风险是可以接受的，但现在他们认为 1/100000 的概率才是可取的。至少这对于那些与国民经济关系重大的地区，1/100000 的概率是应该有的。比如鹿特丹，作为欧洲最大的港口，它和它周围的区域贡献了荷兰 65% 的国内生产总值（GDP）。但如果全国的海防风险都要降到 1/100000，那花费将高得吓人。因此，在一些人口较少的乡村地区，允许的风险概率可以达到 1/1250。由于政治原因，这种充满价值衡量的决定，在美国并不容易实现。卡特里娜飓风侵袭新奥尔良后，国会才指挥工兵团将新奥尔良洪水防御系统的安全概率提高到 1/100。统计学家解释说，这个安全概率意味着 30 年内发生百年一遇洪灾的概率将超过 25%。毫无疑问，对于失败、花费和风险的接受水平，很大程度上取决于文化观念和政治意愿，而这两者又很容易被各种因素影响。

如果不能很好地理解失败的本质、原因和后果，我们也很难完全理解或评估风险和它带来的影响。风险，当然可能是和"成功"有关的，但更常见的是风险和"失败"的关联。只有通过回顾过去发生的类似失败案例，才能确定我们对于这些可能发生的"失败"的本质和严重程度的推测是否准确。我们确定某个事件发生的概率，比如一次百年一遇的风暴，实际上是因为相关的数据都可以从过往的天气记录中查到，我们才得出这个概率值。换句话说，过去事件的记录，可以用来确定未来同类事件的发生概率。所以，关于过去失败事件的知识，对于估计类似情景下类似失败发生的概率，也具有极大的价值。

然而，当涉及一个全新的技术时，我们并没有"以往的"失败经验可以借鉴。这时候，对于风险的推测通常来自数据分析。海军研制了核能推动技术，作为这项技术的自然延伸，20 世纪 50 年代，人们考虑将核能用于发电，相应的安全问题也受到极大关注。陆上核电站将使用核反应产生的热能来生产蒸汽，蒸汽则可以用来推动与发电机相连的涡轮机。尽管核电站的主要能源来源是新的，但电站中许多发电部件与依靠煤炭等传统能源发电的电站非常相似。因此，传统电站中相关部件（例如压力容器）的状况，就可以作为核电站中相似设备可靠性的指标。换句话说，普通电站中常规部件的故障记录可以被用来预测核电站中部件的故障率。反过来，这类数据又能够帮助人们理解核电站的可靠性以及存在的风险，在人们需要做出商业决定时，这些信息能够作为判断的依据。

除此之外，电站中各种机械部件、电气部件和系统的故障记录，都可以为计算类似故障的风险提供指导——尤其是那些可能导致放射性物质被释放到环境中的灾难性事故的风险。对于相关的公司来说，知道这个风险至关重要，这样它们才能理解在相关事故发生时自己所要负担起的责任。如果事故发生后，造成的经济损失过于惨重，又没有保险公司愿意承担核电站事故导致的未知后果，相关公共事业公司通常会对此类项目比较犹豫。此时，一直致力于促进民用核能技术发展的政府参与了进来，1957 年，政府通过了《安德森法案》(*Price-Anderson Act*)。该法案将灾难性事故发生时，公共事业公司需要承担的经济责任限定在了一定范围内。只有当对自己要负的责任有一个明确的上限时，公共事业公司才愿意在发展核能技术上走出自己那一步。经过几次修改和延期后，《安德森法案》终于得以施行。

　　了解技术系统可能发生的故障模式，以及故障可能导致的后果，是做出经济和技术决策必不可少的一步。这类知识大多来自过去的经验与失败，尽管有时这些经验是间接的，但这一事实强调了研究过去案例及其经验教训的重要性。有人认为，工程师正是由于积累了之前的经验才成为工程师。但对任何一个工程师或设计师来说，掌握当前和历史上那些数不清的案例的细节、原因和后果，都是非常繁重的工作。因此，在更普遍、更基础的层面上了解这些失败案例的特征，就为预测新技术中可能发生的问题提供了宝贵的优势。如果我们不只是把对事物的普遍了解局限在理论层面上，而是要将它们运用于真实的世界，则又必须通过研究案例来归纳这些特征。

　　工程师或设计师对失败和故障的理解还来自他们的个人经历。一些经历和他们的成长有关，其中自然穿插着例如流鼻血或是摔跤这一类常见的童年创伤。我们从这些经历中直接了解到，一个不幸的失误或是一个欠考虑的恶作剧会带来什么后果——儿童随着年龄的增大变得谨慎并非偶然。我们也会在更成熟的时候，以更间接的方式去了解关于失败的知识。这类经验通常以独特的方式呈现，它们是非常个人的，它们使我们对失败的本质和后果有了自己独特的看法。直到学习了工程学 4 年后，我才有了这类难忘的经历。在学习期间，人们对失败的理解仅限于书本和课堂，而不是真实世界里的那些项目、系统或部件。就像我在下一章中描述的那样，我对失败在工程上的象征意义和实际性质的研究始于研究生阶段。直到那时我才发现，我们生活在一个以失败为中心的世界中。

第四章　材料力学研究

　　当我第一次与失败相遇时，我并未理解到它的重大意义。尽管这个失败正一点点靠近我的生活。当时，我在伊利诺伊大学（University of Illinois）学习。大学的头几年里，除了宿舍，我最常待的地方就是塔尔博特实验室（Talbot Laboratory）。这是一座红砖构成的建筑，坐落在厄巴纳（Urbana）市区。实验室西侧面朝着厄巴纳的姐妹城市尚佩恩（Champaign）。实验室建于 1928 年，主要用来进行材料测试相关实验。而入口的石头门楣上也的确刻有"材料测试"（Materials Testing）字样。10 年后，实验室更名为"亚瑟·纽厄尔·塔尔博特实验室"（Arthur Newell Talbot Laboratory），入口处也刻上了新的标志。塔尔博特（Talbot）是市政及卫生工程学教授，1890 年，他在伊利诺伊负责力学研究，后来被称为理论与应用力学（TAM, the Department of Theoretical and Applied Mechanics）的学科就诞生于这间实验室。

　　材料测试是结构工程中的两极。当工程师设计一座大楼或一座大桥时，他必须知道用来修建房梁或柱子的钢筋、混凝土的强度。材料强度的极限值是它的破损临界值。标准材料的损坏临界点都记录在专门的册子里，而某种非标准材料破损临界值，则只能通过样品测试来确定——这意味着需要给样品施压或击打样品直至其破损。样品测试完成后，记录下来的数据能够帮助结构工程师了解材料的性质，通过理论力学和应用力学的理论、公式计算之后，工程师们就能够精确推算出该结构能够承受的压力，确定这些材料修造的建筑能够负担的最大荷载。我们称这种主动的"事故分析"为"设计"，也是这个"设计"让最初的想法变成最终的现实。同样的，当一个建筑意外倒塌了，事后的事故原因分析，也依赖于理论力学和应用力学中的工具。这些工具，再加上适当的设备，便可以检测那些弯曲、变形的建筑碎块强度是否符合之前人们的推测。

就像科学哲学家恩斯特·马赫（Ernst Mach)说的那样，力学是物理学"最古老最简单"的分支。传统的观念是，力学关注的是"力"本身，以及力对微观粒子和宏观物体的平衡与运动产生的影响。但时至今日，大学里学科的分类仍然让人不解：工程学专业学生第一次学习与力学相关的课程是在物理系，行政管理上物理系也是工程学院的一部分。像塔尔博特实验室一类的物理系大楼，就建在校园中工程学院所在的区域。但这并不表示伊利诺伊大学骄傲的物理学家们所呈现的优越感不如他们的工程学同事，与别处的物理学家一样，他们当然也不会在"优越感"这项上处于下风。尽管如此，当这些物理学家被问到他们是否愿意将物理系搬到人文与科学学院时，他们仍然选择继续留在工程学院。因此，伊利诺伊大学的物理学家们在工程学院里进行着各自的物理学研究工作。实际上，伊利诺伊大学的化学和生物分子科学就被归在人文与科学学院。行政上的划分并不影响科学家的实际工作，在伊利诺伊大学，大多数物理学家做着他们在任何大学物理系都会做的工作。

力学在现代物理学和天文学中有众多的分支学科，因此完全有理由将"力学"这一学科进行细分。但无论是在伊利诺伊大学还是其他地方，理论力学和应用力学都被看作工程学的一部分，而不属于物理学。因为力学的研究对象不是自然界中已经存在的事物，而是工程界中人类设计制作出来的产物。因此，理论与应用力学学院的教师和学生们都在研究有关结构和材料的理论，以及像横梁、支柱一类的大型部件。他们有时也会研究环境——例如水和泥土——与设计物之间的交互关系，以及如何将理论应用到实际工程问题中，比如大楼和大桥的特性。工程力学一些子学科的名称标志着它们研究的内容非常实际，例如结构力学、土力学、流体力学、固体力学和生物力学。尽管力学在物理和工程学上有着共同的起源，他们的从业者却有不同的兴趣和目标。当然，像汽车修理（Auto Mechanics）这种，既不是物理学也不是工程力学的一个分支。①

20 世纪 60 年代，塔尔博特实验室走廊上挂着塔尔博特本人以及其他在力学与水动力学方面做出杰出贡献的人物照片。当我第一次走进实验室大楼时，吸引我的并非这些照片，而是这座非同寻常的大楼本身。楼中大厅非常特别，它们通常只在一侧开设通往办公室或教室的门。实验室一楼的大厅里，正对着教室门和办公室门的那面，是没有墙的——里面是一间巨大的机械室，它从地下室一直延伸到大楼的露天楼顶。2 楼和 3 楼相同的位置，是两面没有门的墙，墙上装有窗，透过窗玻璃可以看见贯穿整栋大楼的机械室内部。这些窗户仿佛是用来帮助从大厅经过的管理人员随时进行观察。在建筑中庭的三面墙都是这样没有门的墙壁，而中庭的第四面墙则是一面完全封闭的外墙。实验室的这个设计出现时，酒店那种直达顶层的中庭还没有流行起来。塔尔博特实验室巨大的室内"中庭"也不像酒店那样装饰有喷泉或树木，而是摆放着用来测试大尺寸钢筋、混凝土等建筑结构的大型机械设备。在一个大型高架起重机的帮助下，这些钢筋、混凝土部件在大楼底层频繁抬进、抬出。实验室的中庭空间实际上是一个巨大的起重机架。

塔尔博特实验室完工不久后，地下室就安装了测试能力达到 300 万磅的萨瑟克—埃默里万能测试机（Southwark-Emery Universal Testing

---

① 汽车修理的英文是 Auto Mechanics，而力学的英文是 Mechanics。——译者注

Machine）。这台测试机由鲍德温—萨瑟克公司（Baldwin-Southwark）与 A. H. 埃默里公司（A. H. Emery）合作完成。和所有重要的工程企业一样，测试机生产企业背后也有一个关于企业是如何诞生的故事。这两家公司的故事，简单说就是：1831 年，成立于费城的鲍德温机车厂最终设计出能够测试蒸汽机车大型部件强度的机器；之后，鲍德温—萨瑟克公司与新兴材料测试公司——埃默里公司合作，开始生产更多测试机。

　　安装在塔尔博特实验室的萨瑟克—埃默里测试机填充了实验室的内部空间。它的作用与柯林斯柱在华盛顿特区养老金大厦（目前的美国国家建筑博物馆）起到的作用类似。在厄巴纳，这个巨大的机器是城市中最高的建筑，有 4 层楼高。从某些角度看去，测试机和楼顶的桁架合成了一体。大多数时候，它就像雕塑一样静静地立在那里。测试机机身颜色鲜艳，像一条变色龙，不同的颜色仿佛是它的伪装：用来施加压力的巨颚是亮黄色，载着技术人员上下的升降电梯是大红色，而支撑整个机器的框架则是军舰一样的灰色。在最初使用测试机时，技术人员并没有频繁地调整机器，他们更倾向于使用它本身的功能。通常测试机的工作是将那些其他实验室难以分割的过大材料切割成小块。工程工作本身的性质要求工程师必须了解各类建筑结构部件的强度。理论上，工程师具备根据样本的强度判断材料强度的能力，但当某个需要测试的材料在形式上过于复杂，或是待测部件采用了之前没有见过的创新型结构时，测试其强度的唯一方法就是以各种方式破坏它，看它在什么情况下会屈服于外力。即使在普遍使用计算机建模模拟的今天，大规模测试对于验证和校准复杂部件与复杂模型仍然必不可少。

　　塔尔博特实验室、实验室中巨大的萨瑟克—埃默里测试机，甚至理论与应用力学学科本身都在提醒我们，失败在工程学中扮演着重要角色。巨大的测试机既有实际作用，又有象征意义。它随时可以用自身力量肯定或否定某个与材料强度有关的理论预测，它是有争议的理论、有

伊利诺伊大学塔尔博特实验室里的大型试验机，能够施加 300 万磅的力以破坏钢筋混凝土制成的大型结构部件。它就像一个站在大楼中间的巨兽，工作人员在它的脚下成了小矮人。除了实际用途，试验机也在提醒着工程师，无论什么样的设计或建筑，都存在着发生故障的可能性。

矛盾的预测之间最后的仲裁者。走廊中那些著名科学家和工程师的照片仿佛在看着测试机验证自己的理论。萨瑟克—埃默里测试机也确实一直静静地立在那里，每当著名的科学家或某些将要成名的科学家有争议时，它随时都能给出明确的仲裁结果。在确认成功的过程中，失败是不可或缺的反例，而建立理论与应用力学学科的基础，就是失败和对失败的研究。但这一切，是我离开厄巴纳几年之后才意识到的。

当时，像我一样的以理论为核心的研究人员，常常梦想有一天能带着一个新建的方程冲向那些羞怯的实验者，使他们的实验变得不再必要。而那些勤于实验的研究者容忍了有我们这类想法的人，因为他们知道，在材料科学这个领域，他们面临的那些"失败"是无法通过理论来预测的。就像一位理工科学生观察到的那样，"科学的进步不是在寻找真理的过程中发生的，而是在人们寻找错误的过程中实现的"。对工程的理解也是如此，正是人们对失败的了解促进了工程学的进步。在一次以技术创新为主题的会议上，一位企业主管的演讲也与这个结论相呼应："对事物的理解来自失败，而成功来自对失败的理解以及对这类知识的运用。"这正如中国的一句古话："失败乃成功之母。"

工程中经常用较小尺寸的模型来测试材料性质，但有的时候则必须进行全尺度测试。每当进行这样的测试时，你都很难忽视实验进程，毕竟被测试的部件通常都非常庞大。实际上，要分辨一场测试是否正在进行并不是一件容易的事。测试机巨大的颚部移动得极其缓慢，很难通过肉眼观察来判断它是正在撕裂一个样本还是并未启动。为了提醒人们实验正在进行，塔尔博特实验室特意设置了警铃。当测试机开始压碎某个样本时，整栋大楼都会铃声大作，这种和爆炸声一样刺耳的噪音使得大地也为之震动。尽管整个理论与应用力学学科都是以对失败的研究为支撑点的，但相关专业的学生却并未对实验投入额外的兴趣，理论力学的研究生对这些铃声充耳不闻，应用力学的研究生大部分时候也只是待在放置小型检测设备的 3 楼，居高临下地看着测试机。

有时人们会用这个庞然大物来破坏比它小得多的东西，但并非每个被测试的部件都很小。这些要被压碎的物品，就像一个空的铝制易拉罐一样，常常被放在机器的可动台板和坚硬的楼层地板之间。在所有的测试中，测试机最常见的用途是测试大型混凝土圆柱体的强度。圆柱形试样是混凝土试验中的标准试样，相对来说，圆柱形试样也比较容易做成，只需要将湿混凝土倒入圆柱形模具，等待其固化即可。圆柱形也正是柱子的造型，而柱子是应用最为广泛的基础建筑结构。在测试机中压碎圆柱，工程师就能够确定圆柱的强度，并进一步确定组成圆柱的材料的强度。现代混凝土的极限强度取决于混凝土的成分，这些成分的比例，以及试样的存在时间。极限强度最低约为每平方英寸 2500 磅[①]，最高可以达到每平方英寸 10000 磅以上。对于公寓楼、停车场这类常规建筑，通常采用直径 6 英寸、高 12 英寸的标准试样——尺寸比罐装番茄汁略大一些，当然也比番茄汁重得多。压碎混凝土圆柱所需的力的范围在约 7 万磅到 30 万磅之间。这项测试工作也可以让较小的设备来完成。制成圆柱的混凝土与在建建筑项目所用混凝土为同一批，这些混凝土在严格控制的条件下保存，并分阶段进行测试，以监测用于修造建筑的混凝土随时间发生变化的情况。

对于大型建筑项目，比如利用水力发电的大坝，用来进行材料测试的混凝土圆柱体直径就远远不止 6 英寸，这是因为这类建筑使用了较大尺寸的骨料。在制作混凝土时，人们通常把石子和砾石组成的骨料与水泥、沙，以及水混合在一起，以减少其中价格较贵的水泥的用量。用来当骨料的石子既可以是河边那种圆润的卵石，也可以是有棱角的岩石石砾，而骨料的大小取决于所要修建的建筑的规模。修建常规建筑时，骨

---

① 每平方英寸 1 磅约为每平方米 703 千克。

料的直径通常为半英寸左右，但修建大坝的骨料直径通常达到 6 英寸—8 英寸，这已经超过了标准测试水泥柱的直径。

测试的其中一个原则是，用于测试的水泥柱的直径，至少应该达到最大骨料颗粒直径的 3 倍。例如，胡佛水坝采用的骨料直径为 8 英寸—9 英寸，因此测试水泥柱的直径必须达到 2 英尺左右，这样的试样更像是一个 55 加仑 [①] 的油桶而不是一个小小的番茄汁罐头。每一个试样的重量超过 3 吨，移动它们也需要耗费一番功夫。如果试样是由普通混凝土制成，那这就需要超过 100 万磅的力才能将之打破。这正像是塔尔博特实验室中的大型测试机有时要做的事情。如果试样由高强度混凝土制成，例如能承受每平方英寸 10000 磅的力，那么破坏试样所需要的力将超过 4 亿磅，显然，就连塔尔博特实验室中的设备也没有这样的测试能力。人们发现一些由胡佛水坝所使用的混凝土制成的圆柱试样，在制成60 年后，材料仍然具有超过每平方英寸 9000 磅的强度。这意味着，如果想要破坏试样，需要的力将远超 300 万磅。这便是填海实验室的测试机存在的意义，这些测试机最多能够产生 500 万磅的力，当有需要时，就能用它们进行测试。那些在研究工作中没有直接接触混凝土的研究生可能感受不深，但对于像我这样经常与混凝土为伍的研究生，架上的测试机本身就是力量的终极象征。

尽管如此，除了在亲戚朋友参观实验室时对测试机的惊人功能进行介绍以外，我们很少提起这个 300 万磅的庞然大物。而实验室中高耸的测试机，也的确给前来参观的亲友留下了深刻印象，与之相比，我们写在纸上的那些演算方程根本不值一提。我们这些几乎每天都看到它的研究生可能对它的存在已习以为常，但第一次见到它的客人们并不这么认为，他们想知道它的名字、它的重量，以及它有多么强大。我们所能够

① 1 加仑约为 3.7 升。

告诉他们的是，这是一台萨瑟克—埃默里测试机，最大能达到 10000 马力——至少在最初投入使用时，它能达到。一种说法是，在一个特别困难的测试过程中，它的一个锚定螺栓损坏了，因此它再也无法达到曾经的最大马力。现在，这个巨大的机器被困在由地下室和实验大楼大厅组成的笼子中，尽管人人都能看到它，但很少有人能看出它的重要意义。正是为了研究过去和将来的失败，这个机器才会存在。不仅如此，这些失败也是塔尔博特实验室，理论与应用力学系，理论与应用力学系的教师、学生以及他们的研究工作存在的理由。如果没有萨瑟克—埃默里测试机和与它类似的其他机器来压碎那些最难被破坏的建筑材料，我们这些研究建筑失败原因与过程的人，自然也无法获得确凿的证据来支撑我们的理论。但也许正是由于大多数时候，测试机都毫无表情地立在那里，所以我们便很少谈起这个庞然大物。

我在塔尔博特实验室的第一个办公室在 3 楼的东北角，这是整栋大楼内离测试机所在位置最远的一间办公室。但我在这间办公室中，仍然能听到铆接钢被拉得四分五裂时发出的声音，仍然能感受到由于试验产生的反弹力以及由此造成的大楼持续震动。我和另外 3 位担任助教工作的研究生以及一位助理教授分享这间办公室。由于办公室紧张，别处没有更多的空间，这位新助理教授只好和我们一起待在力学系这个偏僻的角落。大部分研究生每天在自己的办公桌前学习、备课，或是批改试卷，从清晨到深夜。即使没有和教授们在同一间办公室，很多研究生也和常驻实验室的教职工保持了密切的关系，他们常常一起喝咖啡、吃午餐，或是在晚上一起喝酒。正是在这些非正式的社交场合，我们这些理论力学的研究生才对应用力学有了浅显的了解。

其中最常和我们一起去酒吧、一起烧烤的是乔迪·莫罗（JoDean Morrow）。研究生们一般都称他为乔迪或乔莫，有时干脆就叫他乔。和理论与应用力学系的很多教职工一样，乔迪出生在中西部，并在那里接受教育。他是爱荷华州本地人，10 岁时，他随家人搬到了印第安纳州。乔迪曾在特雷霍特（Terre Haute）的罗斯理工学院（Rose Polytechnic Institute）学习土木工程，1950 年获得学士学位，随后在印第安纳州高速公路委员会工作了大约 1 年。1951—1953 年，乔迪在军队服役，接着成为理论与应用力学系的研究生。在进行硕士论文研究时，乔迪用塔尔博特的巨型测试机收集了全尺寸钢筋混凝土框架结构的数据；在博士研究期间，他用小一些的测试机研究小样本循环载荷。乔迪在 1957 年取得博士学位，毕业之后成为理论与应用力学系的助理教授。我在伊利诺伊大学读研究生期间（1963—1968 年），理论与应用力学系至少有一半教职工是由完成了课题工作后，继续留在塔尔博特实验室任教的研究生组成。

工作之外，乔迪似乎常常试图吓唬年轻的研究生。一次深夜研讨会结束后，乔迪主动提出送我回家，用他的 MGA 跑车——当然，我是后来才知道这辆车的品牌。不出所料，这辆车像我想象中的跑车那样，发出很大的噪音，并在转弯时左冲右撞，跑车左转时的离心力将副驾驶座上的我推向侧门，右转时，则将我推向乔迪。乔迪在转弯时开得越来越快，还时不时问我是否已经受不了了。车上并没有安全带，我自然也很担心车门会被我突然撞开，但我更不希望自己看起来像一个纽约来的窝囊废——我从小生活在纽约，成年以前从未拥有过、驾驶过甚至乘坐过一辆私家车，更不用说跑车了。所以我绝不能让他看出我已经被吓坏了，我告诉他，我没事。然后他开进了一个空旷的停车场，展示出更高超的驾驶技术，我尽力保持镇定，只是希望我们不要翻车，也不要引起警察的注意。我想我当时肯定通过了乔迪的测试，因为自那以后，乔迪对我的态度热情了许多，而我也被他的生活方式所吸引。

一天晚上，乔迪没有问我是否需要他送我回家，而是邀请我到他的办公室和实验室。他想向我展示他在那的实验工作。材料工程研究实验室占据了塔尔博特实验室 3 楼的西北角，从空间上，实验室离我所在的一侧仅几步之遥，但在观念上，这却是很长的一段路——我当时认为我的办公室所在的那一侧是力学系"理论的一侧"。当我不在塔尔博特实验室上连续介质力学和壳理论课程时，我就在格林街对面的奥尔特盖尔德礼堂上偏微分方程或复变函数课程。我和我那些志同道合的理论力学同事一样，没有上过实验技术或材料工程的相关课程，我们对此也不感兴趣。

作为理论家，我们常常认为自己比实验者高出一等，因为那些做实验的人不过是在运用我们的理论罢了。但实际情况并非如此，人们往往是由实验工作推导出理论。作为一个喜欢阐述人类心理和社会行为的人，乔迪当然明白这一点，他也尝试过劝告我们放下偏见。他曾提醒我们："理论力学是为模糊的问题寻找精确的答案，而应用力学则是为精确的问题寻找相对最好的答案。"尽管我花了一些时间才明白这句话的含义，但我逐渐谨慎地开始尊重乔迪在实验室的工作。乔迪的实验室曾是金属疲劳实验室，这个实验室中，一个用来模拟铁路车轴使用情况的旋转机械钢梁，最高能达到 10 亿转的转速。他向我展示了这台使用当时最先进技术并用电脑控制的测试机，它能用复杂的荷载模式来测试样本，并自动计算低周疲劳过程的周期数。与萨瑟克—埃默里测试机相比，这台测试机显得相当袖珍。但它仍然给我留下了深刻的印象，不仅因为测试机复杂的部件，还因为测试机的设计显示了对实验过程的周全考虑。当然，这些都是乔迪讲给我听的。乔迪显然对材料的性质及样本如何发生损害有着极深刻的认识，但他仍然认为需要学习的东西还很多。他是一个谦虚的人。

理论与应用力学系的研究生办公室经常在内部进行再分配。"TAM"我们发音为"tam"，有点像英语中苏格兰人羊毛帽（tam-o'-shanter）这个单词的第一个音节。一些老一点的教授坚持使用 T & AM 这个缩写，

塔尔博特实验室 3 楼放置着故障检测测试机，这台测试机尺寸比较小但非常灵敏，与怪兽般的重型机器形成了鲜明对比。这张照片拍摄于 1974 年，当时乔迪·莫罗教授（1929—2008）正在向其他人展示一台由电脑控制的全新试验机。图上（从左一到右二）几人分别是：伊利诺伊州大学理论和应用力学系的系主任理查德·希尔德（Richard Shield）；MTS 系统公司代表赫布·约翰逊（Herb Johnson），MTS 系统公司正是这台试验机的制造公司；工程学院院长丹尼尔·德鲁克（Daniel Drucker）。

但这个缩写无法像一个单词那样发音，那它便不能算作一个真正的"缩写"。当曾经的研究小组解散，或又组建了新的研究小组时，学生们通常需要更换办公室。但教职工一般不会因为研究组的变更而搬离原来的办公室，他们似乎可以一直占有一间办公室，直到能够搬到更大的办公室。我的第二个办公室在 3 楼东南角，是一个研究机械振动的松散的小组。机械振动包含了地震时发生的那种震动，这样的震动也能推倒一幢建筑。我还记得当年在这间办公室里谈论政治时的情景，尤其是和系上的另一位研究生。当时巴里·戈德华特（Barry Goldwater）正在竞选总统，而这位研究生同学对巴里的支持也广为人知。我在这间办公室待的时间不长，但我觉得这是一件好事。当时我的办公桌位于办公室中间，周围没有屏蔽物，在这种情形下，我几乎没有办法安静学习。

我的第 3 个办公室更合我胃口。这间办公室在 1 楼的东南角，混凝土实验室旁边。去往这间办公室的必经之路上有一个大厅，正常情况下，一座建筑物大厅的前台都有一名接待员负责接待工作，但也许是由于资金问题，这间大厅接待处的桌子常常是空的。教工办公室在这个大厅的一侧，大部分研究生办公室都在大厅背后的角落。其中最好的办公室是单人间办公室，被研究小组中的高年级学长们长期占据着。我被分到的是一个三人间的大办公室，另外两位和我一起使用办公室的研究生也有助教工作，因此，他们并没有被分配到某个研究小组。其中一位研究生是意大利人，他常常给报纸和新闻期刊的编辑写信，其中有一封曾发表在《时代周刊》（ _Time_ ）上，这位研究生同学对此十分自豪。他的论文是圆柱薄壳，当时无论是铝制易拉罐还是火箭的圆柱形外壳都是新鲜事物，所以需要更多的研究来帮助人们认识圆柱薄壳的性质。之后他去了维也纳的国际原子能机构（International Atomic Energy Agency）继续这个方向的研究。另一位研究生来自西弗吉尼亚州，他已经结婚并有几个孩子，因此晚上他通常都待在家里。他的论文是变形弹性壳的稳定性，例如易拉罐的铝制半球形罐底就是一个变形弹性壳。毕业后他去了马里兰大学（University of Maryland）任教。尽管我们三人的研究方向各不相同，但相处得非常融洽。因为大部分时候，我们在办公室工作的具体时间都是彼此错开的；当我们同时都在办公室时，我们也背对彼此坐着，安静地进行自己的研究工作。

和许多研究机构一样，我们也经常聚在一起喝咖啡。研究生和教工们就在茶水间谈起自己的研究和想法。混凝土研究组的茶水间就是一间摆满了化学试剂和各种仪器的实验室。在这些试管和离心机中间，我经常与同事们争论理论力学和应用力学的区别。在本科期间，我初步了解到科学史与科学哲学，研究生期间我利用自己的空余时间继续学习这两方面的内容。这些课余时间获取的知识很好地与我的研究工作融合在一起，它们帮助我用公理化的方法来研究连续介质力学。这些研究引起了我的导师唐·卡尔森（Don Carlson）的注意。唐·卡尔森来自中西部，出生于伊利诺伊西北部的小村庄坦皮科（Tampico），这个小村庄同时也是罗纳德·里根（Ronald Reagan）的出生地。唐在伊利诺伊大学的理论与应用力学系完成了本科学业，并获得工程力学学士学位。在布朗大学取得博士学位后，唐以助理教授的身份回到理论与应用力学系。而布朗大学的工程学研究与应用数学系联系非常紧密。

唐研究并教授的连续介质力学和数学几乎没有分别。就像"连续介质力学"的名字所暗示的那样，它研究的是连续物体中力、运动和物体形变之间的相互关系。在我就读研究生期间，连续介质力学的主要研究内容是用理论阐明学科基础，这意味着要在这一学科中注入严格的数学结构。唐阐述的方式是在黑板上写出公理、定理、引理和其他类似的东西，之后像数学课那样加以证明。这些证明过程有着严密的数理逻辑，学生和老师们也跟随着这些严密的证明过程得到最终答案。当无法通过数学方式证明结论时，我们通常以做实验的方式获取数据和答案。

无论是在与连续介质力学有关的课程和论文中，还是在受到推崇的专业书籍中，我都没有见过"失败"这个词。至少，我并不记得我见过。数学定理是不会出错的。无论是写在黑板上，还是抄在笔记本中，数学定理的确定性、正确性和完整性都不会因外界条件的改变而发生变化。数学定理从最初的假设到最后的证明都如此优美。这些优美的公式、永远不会出错的笔记和实验室中的实验、粉碎在测试机下的试样，泾渭分明地成为力学系中完全不同的两部分。在此期间，我们与"失败"这个概念最接近的一次，不过是用反例来否定一个假设。许多数学

唐纳德·E. 卡尔森（1938—2010），伊利诺伊大学理论与应用力学教授，任教 42 年，是笔者的论文导师。唐纳德的兴趣和特长是普端极值理论，而"失败"一词的确从未出现在这位教授的字典中。

符号，比如用来表示力、质量、加速度的那些符号，看起来和工程学、力学使用的符号几乎没有分别，但对我来说，这些物理名词更像是符号的名字，而不是与之对应的物理概念。

连续介质力学中有很多难题，其中一个便是如何称呼我们这些研究它的人。如果我们称自己为"力学师"（mechanic），则有可能被人认为是机械修理师一类的体力劳动者[1]。一些人喜欢"力学家"（mechanician），但这也只不过听起来比"力学师"高级一点罢了。一些对历史有研究的同行建议我们自称"几何家"（geometer），可这听起来一点都不像力学领域的名称，而且这个过时的称呼更容易让人联想起地理学（geography）。我们当然也可以称自己为工程师，但我们这些研究

---

[1] Mechanic 也有机械师的意思，意为修理、操作机械的人。——译者注

理论力学的人总是想方设法撇清与工程的关系，于是这个称呼根本就不在考虑范围内。更何况，工程师这个词也有让人尴尬的联想——它容易让人想起戴着蓝白条纹帽的火车司机。

实际上，为自我称呼问题烦恼的只有以理论为研究对象的力学研究者。因此，一些理论工程师，都称自己为科学家。很多工程专业的本科生获得的学位也都是"理学学士"（bachelor of science）。这样看来，称自己为科学家（scientist）似乎是一个不错的选择。另外一些理论的工程师认为自己是研发工程师，这个称呼将他们和机车司机以及以设计为主的工程师区分开来。自称研发工程师显然是将自己与研发工作紧密联系起来，这可能是因为他们不希望自己与"设计"的关系过于密切。人们普遍将研究与成功联系在一起，其实这不过是幸存者偏差——人们不去提那些不成功的研究，这才让大家以为几乎所有研究都是成功的。在研究发展的过程中，一个新的定理可能在真实的世界中被证实，也可能被否定。科学家总是因为严密的逻辑而成功，而工程师则有可能在真实的世界中失败。但我们不应该忽略开尔文勋爵的话："蒸汽机对科学的贡献，远远大于科学对蒸汽机做出的贡献。"

研究生期间，我一直依靠助教工作的收入维持生活。这不仅意味着我不属于任何一个研究小组，也意味着我没有一个固定的研究场所。无论我在哪间办公室，我都像是一个外来的陌生人。尽管如此，当我在混凝土实验室旁的办公室工作时，我也很自然地被同事们休息时的谈话所吸引。我们在实验室里的争论，就在长凳、化学仪器、砾石筛、桌面测试机和无处不在的水泥粉尘中展开。这些设备都很好地展示或利用了牛顿定律。大部分情况下，我们谈论的内容都很难让对方接受，可以说我们的沟通相当失败。当我们一起谈论"失败"时，谈得更多的是个人在各种考试中失败——也就是不及格。而在一次考试中真正出现不及格的情况，比谈论到不及格的概率要低得多。

因为经常在混凝土实验室旁边工作，所以我了解到理论与应用力学系与"应用"和"工程"密切相关的一面。无论是理论力学还是应用力学，力学与工程之间的差异都并不明显，尤其是在课堂上，两者的差异更是微乎其微。但在校园之外，工程和力学的差异却是巨大的。哪怕是在谈论相同技术话题，理论与应用力学系和土木工程系的学生可能使用相同的词汇，但他们对话题的关注点却有天壤之别。很少有力学专业的人认为自己是工程师，他们大部分都将自己视作科学家，或者至少是工程类科学家。与之相反，工程师们都对自己工程师的身份感到无限骄傲。

随着理论与应用力学系的扩大，教师数量增加，塔尔博特实验室的办公空间开始显得紧张起来。和我一样不需要经常接触实验设备的研究生被"流放"到对面那栋被称作"木工厂"（Woodshop）的大楼。从这栋大楼的名字不难推测出它早期的实际用途，但第二次世界大战后的工程学已经演变成一个更加依赖科学基础的学科，几乎不再需要将整栋楼都用于木工的相关工作。于是，木工厂的前半部分被改造成教室和研究生的办公室。工作之余，我仍然会花很多时间在塔尔博特实验室检查我的信箱，参加研讨会，和导师见面，或者与实验室的某位同事一起喝咖啡或啤酒。

在伊利诺伊，尽管与疲劳研究、水泥研究有一些非正式的接触，但我在之后的 10 年中仍然坚持自己在"理论"力学阵营中的位置，在那些我认为是杰出期刊的刊物上发表数学运算结果，拥有了一个我认为还不错的简历。这段时间里，有一个问题反复出现在我的脑海中——尽管我认为自己对工程科学已有足够的了解，但实际上，我可能从未完全理解工程本身。最终，我在美国阿贡国家实验室（Argonne National Laboratory）学到的东西，将我从对方程和理论的严格坚持中拉了出来。

我应邀去阿贡国家实验室举行的一个研讨会上汇报我的工作，我之前也给材料科学部的研究人员做过这样的报告。很快我就发现，听报告的研究员都能很好地理解我的数学运算，但我却没有办法很好地回答他们提出的那些问题，这些问题来源于对现实世界的物质材料和材料损坏过程的深刻理解。他们想知道我提出的这些数学量是如何与真实的材料互相联系起来的。这些数学量和算式很好理解，但真实的材料却不像算式那么容易操作。由于缺乏实验室工作经验，又没有真正参与过工程项目，对于这些问题，我无法给出一个令人满意的回答——至少，我自己无法对这些回答感到满足。

当时，阿贡国家实验室的主要任务之一是开发一种被称作冷却核反应堆的液态金属，这种核反应堆能够产生的能源比它消耗的能源更多。这显然是一个实际的工程问题，解决这个问题需要核物理学家、材料科学家、机械师流体、结构工程师，以及其他专家团队相互合作。在大学里，教师和研究生组成的研究团体往往在各自的实验室中完成彼此分离的研究，很少合作。而阿贡国家实验室中的工作则迫切需要真正的跨学科研究，大家共同承担工作中的成功和失败。

与各个学科的科学家和工程师为一个共同目标而努力工作，这对我来说充满了吸引力。能够看到工程师和科学家的互相配合，也是其中一个诱人的因素。核反应堆的研究、开发以及演示等项目很自然地将理论力学和应用力学联系在一起。在得知阿贡国家实验室给我提供了一个职位后，我迅速接受了这份新工作，我相信，这将会是一个全新的学习环境，一个我在大学里无法获得的环境。

我在阿贡国家实验室的正式头衔是机械工程师，我的工作部门是反应堆分析与安全部。就像我认为的那样，这个部门主要负责分析发生在反应堆核心部分的核反应，以及了解核电站中可能会发生的各种故障（和 NASA 一样，核工业中也常常用"故障"代替"失败"）。这些故障几乎涉及了你能想象到的所有情形，可能是控制杆的意外移动，也可能是反应堆温度突然升高（伴随着冷却剂流量的突然中断）。第二种情况的确有可能发生，比如某一条冷却剂主管道上的小裂纹变成了大裂缝，于是从管道中流出了较多的冷却剂，使其无法正常发挥冷却功能。这当然是一种非常危险的"故障"，或者失败模式。阿贡实验室对于所谓的假想性核心损坏事故也投入了很大的关注，假想性核心损坏事故简称HCDV（Hypothetical Core Disruptive Accident），是最让人担心的一种故障。如果一连串的事故最终导致熔化的核燃料和液态钠发生反应，将会产生破坏性的气泡，并最终导致爆炸，这就是HCDV。作为一个概念，HCDV将理论和应用结合在一起，尽管这个概念是假想中的，但事故造成的后果确实潜伏在真实世界中。其中的一个核心问题就是核反应堆核心所在的钢制压力容器是否会在事故发生时破裂。在阿贡国家实验室，人人都将注意力放在失败以及失败带来的后果上。

由于反应堆分析与安全部没有人的专长是分析开裂或者破损管道，所以由我来负责建立和领导一个研究断裂力学的小组。1975 年我搬到阿贡时，断裂力学还是一个相对较新的研究领域，大部分大学尚未开始教授断裂力学的相关课程。但对这一领域集中的研究从 20 世纪 50 年代就开始了，相关的理论研究最早是在 1952 年成立的期刊《固体力学与物理学期刊》（*Journal of the Mechanics and Physics of Solids*）上发表。而《断裂力学工程》（*Engineering Fracture Mechanics*）这本更偏向应用的期刊出现于 1969 年，《国际断裂期刊》（*International Journal of Fracture*）则在 1973 年创刊。一直要到 20 世纪 70 年代中期，断裂力学的专业教材才终于面世。对我而言，这些期刊和教材都是了解断裂力学的很好资源。在研究生阶段，根本没有人提及断裂力学的相关内容。

早期的断裂力学专著和教材总有部分章节专门介绍相关的背景知识。这类介绍给我留下了深刻的印象，它们表明，自古以来"失败"就根植于工程中，更重要的是，关于断裂的概念并不是来自理论研究，而是来自实际工作。在 1977 年第一次出版的《建筑中的断裂与疲劳控制》

（*Fracture and Fatigue Control in Structures*）中，作者斯坦利·罗尔夫（Stanley Rolfe）和约翰·巴森（John Barsom）就对一些标志性脆性断裂事件进行了回顾。所谓脆性断裂是指建筑或机械部件毫无预兆地突然断裂或发生分离的现象。书中回顾的脆性断裂事件包括了 1919 年波士顿的"糖蜜灾难"——糖罐破裂时，200 万加仑的黏性糖浆突然奔涌而出，造成 12 人死亡，40 人受伤；诞生于第二次世界大战期间的 200 艘焊接制造的自由舰轮船面临着严重的"脆性断裂"困扰，其中一部分船只突然断成两截；20 世纪 50 年代中期，哈维兰彗星型喷气客机在飞行途中神秘解体，导致了灾难性后果，事故中没有一位幸存者；1967 年波因特普莱森大桥（the Point Pleasant Bridge）突然倒塌，正在通过大桥的人坠入俄亥俄河（Ohio River）中，46 人因此遇难。这些事故如此的戏剧化，又如此悲惨，它们无一不表明，建筑和机械的疲劳与断裂不仅仅是单纯的学术问题。

但这并不是说理论和应用研究不重要，实际上，正是由于研究工作的帮助，我们才能理解裂缝为什么会变大，建筑为什么会倒塌。钢质船舶的脆性断裂，带动了工程师对结构性材料化学构成的研究；而焊接对材料抗断裂的影响，也直接推动了相关领域的探索。20 世纪 70 年代，我刚进入这个领域时，与断裂打交道的人中，最突出的那些研究者都加入了美国材料与测试协会（American Society for Testing and Materials，缩写为 ASTM，成立于 19 世纪末，其主要工作是处理铁轨慢性变形和车轴断裂问题）。美国材料与测试协会几乎就是另一个塔尔博特实验室。由于罗尔夫和巴森反复提到这个协会的《特殊技术刊物》（*Special Technical Publications*）[1]，我才开始了解它。现在，这个协会已经成为

---

① 由专家参与的研讨会上，大家通常围绕一个主题进行讨论，之后会将相关议题的论文收集成一本刊物，《特殊技术刊物》就是这样一本刊物。

"世界上最大的自愿制定标准的组织"。很多年前，我们总是在科技图书馆的书架上寻找美国材料与测试协会年鉴这类资料，如今这些小册子很大一部分已经被彻底电子化。而协会定期举行的会员会议，却没有被科技取代，大家仍然通过面对面的交流方式进行工作。关于疲劳和断裂的 E08 次会议也是以这种方式进行，这次会议的主题就是材料的"失败"。

　　1979 年，宾夕法尼亚州三里岛核电站发生了核事故，大量放射性物质外流。这使得阿贡国家实验室的核反应堆研究迅速失去价值，研究人员也随之离开。1980 年，我搬到杜克大学，当时我的事业正处在一个十字路口：学校聘用我是为了填补理论连续介质力学的空缺，但我的研究兴趣已经转移到应用断裂力学。我在杜克大学继承了一个未充分利用的结构工程实验室，它大约建于 1960 年，最初是用来测试全尺度钢筋混凝土梁的强度。实验室的地板极其坚固，因为无论测试什么材料，被测物都要放在这个地板上，地板承受的力和被测物几乎完全相同。这么说来，这个地板本身其实也是巨大测试机的一部分。实验室建成 20 年后，杜克大学和伊利诺伊大学一样，不再偏向大尺度测试，尽管它们都有大尺度测试的优良传统，但最终也都对大尺度测试失去了兴趣。现在实验室坚固的地板上放置的是由电脑控制的小型试验机。这些仪器是 15 年前乔迪·莫罗给我介绍的那些仪器的升级版，它们的使用者是一些生物工程学的研究生和教师。我的研究生也用类似的仪器来测试裂缝的增长和混凝土断裂。

　　与此同时，我对日常生活中的失败案例也产生了日益浓厚的兴趣。那些历史上和当代的著名失败案例，由于事故重大，自然引起了许多工程师与非工程师的注意。除了裂缝和疲劳性故障，还有一些故障是源于最初的设计。无论是出现在 1940 年电影中桥面断裂的塔科马海峡大桥，还是 1981 年堪萨斯城凯悦酒店倒塌的人行天桥，都迫切需要有人对其中的人为问题、技术问题做出解释。我们需要一种全新的方法来解释这类事故，而这个方法是实验室的机械测试所不会采用的。

我尝试解释事故和失败为什么发生，于是创作了《设计，人类的本性》这本书。书中描述了大量的案例，既包含了破碎的玩具，也没有漏掉倒塌的大桥。我通过这些案例来阐明事故发生的一般原理。各种各样的事故持续吸引着我注意，例如断裂的铅笔尖和不能满足需求的表格（从表格的作用来说，这种表格就是"失败"的）。这些生活中的细节促使我写了《铅笔》（*The Pencil*）和《日用器具进化史》（*The Evolution of Useful Things*）两本书。由于写作了这几本书，几年之后我很幸运地被邀请回厄巴纳接受一个杰出校友奖。领奖时，我应邀在塔尔博特实验室演讲。我还记得，我第一次上课是给建筑工程学生讲授一门专业课。而让我十分惊喜的是，这次演讲正好安排在我第一次授课的教室。演讲快结束时，我没有选择讲解我在研究生阶段非常沉迷的数学理论，而是以回形针设计的发展结束了讲话。演讲中，我告诉我曾经的老师们，我已经完成了从理论力学到应用力学的过渡。

这次返校对我来说是一次苦乐参半的经历。塔尔博特实验室中几层楼高的萨瑟克—埃默里测试机已经消失，取而代之的是一些办公室、新教室和新添置的小型台式试验机。学生们在通过楼下大厅时再也看不到那架昂贵的机器，塔尔博特实验室也终于拥有了传统的两壁走廊。这间我上过课的教室如今看起来舒适漂亮，但重回讲台的我却有一些迷惑。这里曾经是一个开放的空间，上课时常常会听到从实验室传来的警铃声，这个警铃提醒着在塔尔博特实验室学习、工作的人们，一块巨大的钢材或混凝土部件马上就要被破坏了，而在这些材料被压碎时，整个大楼都为之震动。20 年以后的今天，理论与应用力学系也已经不存在了。2006 年，理论与应用力学系与机械工程系合并，组成新的机械科学与工程系。不知道这个新系的学生是否会讨论系名中"机械科学"

和"工程"两部分的含义与区别。我也很好奇他们对于"失败"的个人认识。

第五章 反复出现的问题

最近，我专门去了一个新开的牙科诊所洁牙。我突然意识到，其实牙科医生和工程师（尤其是结构工程师）的技术点在很多地方是重合的。当牙医问到我的职业时，我说我在教工程学。他笑着说，牙科就是口腔中的工程学。我对此完全同意，但由于当时情况特殊，我只能点点头再加上模糊的一个"嗯"来表示赞同。这位牙医说，他儿子在大学阶段本打算学工程学，但最终还是决定成为一名牙医。这个故事让我想到了曾经的一位学生，他的学期论文写的是南卡罗来纳州查尔斯顿的库珀河大桥，并且还与人合著了一本论述该桥原始结构的书。在从事工程工作 7 年之后，这位学生选择了去牙科学校学习。但奇怪的是，我还从未见过谁在当了一段时间牙医后转行学习工程学的。

尽管工程和牙科的学科分类不同，但无论是工程师还是牙科医生，他们都必须了解结构、材料和维护的相关知识，在这一点上，两者非常相似。他们的工作目标都是调整桥上起作用的力，这可能是 2 颗坚硬的牙齿之间的连接桥，也可能是松软的 2 个河堤之间的桥。牙医需要了解汞合金和环氧树脂的强度，工程师则必须了解钢筋和混凝土的强度。他们还都要掌握防止材料恶化的方法，要么采取措施预防龋齿，要么在钢材上涂漆以避免锈蚀。但单纯的预防措施肯定是不够的，护理牙齿中的一项重要工作是去牙科诊所定期检查口腔，而这给工程工作带来了很大启示。即使是对牙科知之甚少的外行人，也都明白全面口腔检查的重要性。同理，我们的公共设施，也一样需要进行定期检查。在对牙齿的常规检查中，我们用牙签和探针检查口腔中存在的细小缝隙，这些小缝隙可能是更大问题的先兆，发现之后就能被及时修补，如果听之任之，那么最终失去的将会是整颗牙齿。通常的检测方式是每年都用 X 光来扫描口腔内可能会出现问题的区域，并与之前的 X 光片进行比对。鉴于我们每个人都有牙齿（至少都有过牙齿），所以，这些措施我们一定不会感到陌生。

许多人都经历过牙疼，这种痛苦告诉我们，如果忽视牙齿出现的问题，那么最终的后果可能难以挽回。但个人经历却很难让我们体会到，对于桥梁、道路以及其他公共工程而言，类似的道理也是适用的。看牙时我常常想起那些从良好的工程项目中积累下来的知识和经验，如果没有去牙科诊所看牙的经历，我通常很难想起这些工程。牙齿断裂就是一个典型的例子。很久之前，牙齿中出现了一条裂缝。最初，这条裂缝非常细小，即使是专业牙科医生也难以发现牙釉质上的这个问题。但随着时间的推移，我们对牙齿的使用越来越多，这条裂缝也在逐渐增大。如果用力学术语解释这个过程，就是在咀嚼的过程中，咀嚼对牙齿施加的力导致了牙齿裂缝交替开合，这样的反复作用使得裂缝缓慢扩大。只要我们不突然使用牙齿啃食东西，不像用钳子那样用牙，裂缝通常会保持稳定增长，而不会突然变大。但当裂缝达到某个尺寸时，只需要用很小的力，就会使它"加速扩张"——就像一块已经布满裂纹的玻璃，你只需要用手指轻轻碰一下，它就会碎成上百块玻璃碎片。

即使是健康的牙齿，也会因反复施加的外力而变得脆弱。冷热液体的交替影响、咀嚼食物时的反复冲击，以及我们睡梦中磨牙的行为，都会对牙齿产生负面影响。这些行为可能正是细小裂缝出现的原因，也是致使裂缝扩大的罪魁祸首。我们咀嚼时无意咬到的小块骨头或贝壳碎片等硬物，也都削弱了牙齿的强度，为最后牙齿的断裂埋下了隐患。无论这个过程是怎样发生、怎样结束的，本质上牙齿的损坏都是由于疲劳而产生裂缝，然后发展扩大，最终断裂的过程。这个过程也是工程师在设计桥梁和道路时应该考虑的，桥梁和道路上频繁通过的车辆也会对它们产生负面影响。季节交替所造成的冰冻和解冻，汽车通过时对路面的摩擦和挤压，都会使混凝土或沥青路面产生裂纹，这些裂纹逐渐扩大，最后导致路面变得坑洼不平。

有一次，我在波士顿机场午餐时，突然发现一颗门牙松动了，这是一颗烤瓷牙。在我还是青少年时，因为意外，我摔断了 4 颗门牙，牙医用烤瓷牙修补了它们，这就是其中的一颗。使用这几颗牙的时候，我非常小心，从未用它们去咬过硬的苹果、饼干，甚至连太妃糖我都没有再吃过。回家后，我立刻去看牙医，医生告诉我，这颗牙已经无法修补了。烤瓷冠是通过不锈钢丝固定在我原有牙齿上的，但 X 光片显示，我自己的牙齿已经沿着钢丝的插入点断成了两截。当我问到为何只有这颗牙齿断裂，而另外 3 颗完好无损时，医生用 X 光片向我说明了这个问题：安装烤瓷冠时，在真牙上钻的槽太接近牙根边缘，因此从一开始，这颗牙就比另外 3 颗更脆弱。

但是，鉴于多年以来对这些"义齿"的小心呵护，我这颗牙本应该在更长时间之后才出现问题。经过思考，我最终得出了一个令自己满意的答案。数年以前，那时我的儿子还很小，我打算在车库上方为他安装一个篮球架。在我安装楣板时，用来拧螺丝的扳手意外地掉了下来，正好砸到我的上唇。我去医院缝了几针，这次事故也在我的上唇留下了伤疤。我并未在意这件事，唇上的伤疤也被我当作为家庭做出贡献而获得的荣誉勋章。当时我很庆幸扳手没有砸到我的几颗烤瓷牙，但我从未想过扳手的这一击，透过皮肤，作用到牙根。我怀疑正是这次事故，导致牙齿出现了小裂缝或者细小的坑洼，它们随着时间缓慢扩大。结果在波士顿机场吃饭时，我失去了这颗门牙。

几十年里，我每天都要进行上百次的咀嚼，这些咀嚼活动对我本就脆弱的牙齿施加了上万次应力。这正是裂缝产生并扩大的完美环境，而我的牙齿也最终因此而松动。与之类似的，我们的心跳大约是每天 10万次，10 天 100 万次，这样频繁的运动可能导致我们年老之后，需要在自己的心脏中植入震颤器或起搏器一类的设备。心肌有很强的弹性，但夜以继日的持续跳动可能会使微小裂纹逐渐扩大，最终危害到我们的健康——这个裂纹最初可能只是在植入起搏器时，不小心由手术器材划伤的。除此之外，血液也具有一定的腐蚀性，这又会加重起搏器或是导管的疲劳和弱化。这类现象几乎无处不在。

事物的损坏一直存在。我们的祖先知道石头和棍子可以敲碎骨头，他们也知道如何通过砸碎石头来制造石斧和箭头。方尖碑和船只的自发性损坏给伽利略带来了灵感，他因此开始进行材料强度研究。但直到人们开始兴建铁路，并广泛使用钢铁时，裂缝和断裂的零件才引起工程师们更普遍的重视。钢铁制成的车轴、铁路、车轮，甚至是房梁或大桥往往毫无预警地损坏，造成不少损失惨重的事故，甚至有人因此丧生。为了避免人员和财产的损失，理解这类事故为何会发生就变得非常重要。

苏格兰土木工程师和物理学家威廉·约翰·麦夸恩·兰金（William John Macquorn Rankine）是早期研究铁路断裂的工程师之一。1843 年，兰金刚刚二十出头，就在一次土木工程学术会议上提交了一篇论文，论文题目非常具有 19 世纪 40 年代的特色：《铁路车轴意外损坏的原因及如何通过观测的连续性预防此类问题发生》。在缺乏理论研究支撑的情况下，这是一篇非常典型的事实分析论文。论文中，兰金采用了当时普遍接受的假说：在反复使用的过程中，当铸铁的纤维结晶化，该铸铁件在纵向上的强度就被削弱了，此时对其施加外力，铸铁极易损坏；而同样的钢铁在纤维状态下却不会因此损坏。兰金承认这是一个很难证明的假说，因为车轴可能在一开始就已经存在结晶组织了。尽管如此，兰金依然提出了在生产车轴时应该逐渐改变车轴直径，以保持金属纤维连续性的观点。换言之，他意识到部件几何形状的剧烈变化会对其产生不利影响。生活中有很多类似的例子，例如报纸的四角总是最先卷曲。好的设计通常会设法避免这类不利的形状变化。

尽管兰金对这个假说仍有疑虑，但在 19 世纪下半叶，脆性断裂（指物体破损前，其表面未发生可见形变的断裂）的发生原理已经被解释清楚，所以人们很容易就接受了"钢铁在反复发生的重压下会结晶化"这一假说。这也解释了为什么一个摔碎的瓷器，只要能找到所有的碎片，就能照原样复原。当我们把这些碎片粘在一起时，只有连接处若隐若现的裂痕显示出曾经的断裂点。

1847 年，英格兰切斯特（Chester）的迪河（River Dee）上发生了一次著名的脆性断裂事件，当时一列火车正驶过河上的铁路桥。该铁路桥是伦敦到霍利黑德（Holyhead）的重要交通节点，它联通了威尔士和爱尔兰海，对英格兰和爱尔兰的交通起着至关重要的作用。迪河桥是一座复合设计桥，由铸铁桁架和锻铁杆共同构成。铸铁是脆性材料，很容易发生断裂，根据设计的不同，铸铁梁最长能达到 35 英寸—60 英寸。因此，跨度达到 100 英尺的迪河桥采用了三段首尾相接的铸铁梁，并用锻铁杆来支撑和连接三段梁。这些锻铁杆也是一种保险措施，在铸铁梁出现裂缝时，它们可以防止桥体倒塌。自 1831 年起，类似铸铁桁架的设计就一直使用在铁路建设上。许多年来，这类桁架一直提供着可靠的服务，于是它们被用在跨度越来越长的设计中，但这也使得该结构的安全性越来越低——这似乎是各类工程结构的发展趋势。迪河大桥（the Dee Bridge），就是使用这种桁架的桥梁中跨度最长的。

据称，在这次事故中总共有 5 人丧生。事故发生后，铁路委员会立刻组织了调查。他们发现，其中一个桁架在事故发生前已出现多处断裂。为了更好地了解事故是如何发生的，人们在使用该结构的其他桥梁上进行了实验，并记录火车通过时对桥梁造成的影响。结果发现，当列车只是停在横梁上方时，桥体受到的压力较小，但当列车驶过时，大桥支撑结构就会发生偏转，并带有明显的振动。最后调查委员得出的结论是，在重大荷载的反复作用下，"铸铁梁受损，强度减小"。这个简单的报告描述了后来被我们称为"金属疲劳"的现象。

由于事故造成了人员伤亡，事后人们就事故展开了问讯。在桥上工作的油漆工证实，火车通过大桥时，桥体会出现大幅度的偏转，偏转量大小取决于火车的行驶速度。一位油漆工用尺子测到的最大偏转量为 4 英寸，另一位油漆工观察到桥上的一根梁出现了最大 5 英寸的偏转量，而这根梁事后由于损坏被更换了。调查组也询问了几位工程师，其中包括大桥设计师罗伯特·斯蒂芬森（Robert Stephenson）。他设计了很多类似结构的桥，其他桥都比迪河桥跨度小，而且它们都非常成功。罗伯特·斯蒂芬森坚称大桥的结构设计没有问题，是火车出轨并撞中横梁才导致了事故。但这种描述与目击者证词并不吻合。

调查员发现了斯蒂芬森工作中的疏漏，而评价桥梁问题的却是陪审团成员。陪审团认为："梁并非由于来自机车或其他物体的横向撞击而损坏，桥梁倒塌也不是因为桥墩或桥墩基座的缺陷，而是因为自身的设计缺陷，导致其无法承受快速经过的火车造成的压力。"陪审团进一步表示："以后的桥梁修建工作中，不能只使用铸铁这类脆弱易碎的材料做梁。尽管铸铁桁架上有锻铁杆支撑，但对于快速经过的火车来说，这样的设计仍然不够安全。"陪审团担心那些设计上与迪河桥类似的上百座其他桥梁也并不安全，于是他们建议政府对这些桥的安全状况进行调查。政府组建了调查组，并发现反复施加的荷载的确会减弱钢铁部件的强度。调查委员会在 1849 年发布的报告显示："断裂的铸铁梁结晶化，失去了韧性。"这无疑证明了兰金在 6 年前进行的相关研究的预见性。

严格地说，事故分析是建立在一堆假设上的假设。大桥的设计、修建过程、维护和使用方式都可以用来解释桥梁倒塌，官方和民间的记录又会为这些解释提供可参考的内容。一般来说，破碎的部件可以为事故发生的原因提供有价值的线索，但调查事故时，它们只是参考因素。关于事故原因的假设，我们很难完全证明它是否真的就是该事故发生的原因。由于建筑物已经损毁，我们无法复原事故发生时的场景，也就无法在原来的条件下对建筑物进行测试，因此我们从残骸中发现的证据通常是不完整的，或是已经被污染的。以迪河大桥事故为例，其中一部分铸铁梁掉在河中，最终未被找到。即使能够找回所有的损坏部分，也可能因为处理不当，又或者在倒塌过程中受到了冲击，断面和发生断裂时不再相同。这时候，用发生了改变的断面来推断结论，自然是值得怀疑的。因此，人们很有可能在事故发生后的一段时间内，都在修改事故调查报告。而这段时间可能是几年，也可能是几十年甚至几个世纪。在报告被不断更新的过程中，我们也能从中学到新的东西。

有时，事故发生前会出现一些征兆。在迪河大桥倒塌之前，大桥铁路的路面被铺上了 5 英寸厚的碎石，以防止经过大桥的火车喷出的余烬点燃木质轨枕。新增的碎石加重了大桥的负担，所以火车的重量只是压倒大桥的最后一根稻草。另一个推测是，由于大桥上的铸铁梁内部凸槽使用木板来支撑，结果在火车经过时，梁受力不均，因此而扭曲变形。变形的梁破坏了大桥原有的稳定结构，使得主梁间的连接点松动，最终导致大桥倒塌。这是最初几十年中人们普遍接受的一种解释。

一个半世纪后，由于彼得·刘易斯（Peter Lewis）和他的同事科林·嘉格（ColinGagg）在《材料鉴定工程学》（Forensic Materials Engineering）——一本关于失败案例的书——中提出的观点，人们对迪河大桥事故的发生原因又有了新的推测。经过长时间研究，刘易斯和嘉格发现大桥的铁梁上铸有繁复纹饰，这些因为美学追求而出现的花纹，正是导致迪河大桥灾难的根本原因。铸有纹饰的区域造成了铁梁几何形态上的突变，使得压力集中在这个区域，而铸造过程中的任何细小裂纹都会因此扩大。最初添加花纹不过是期望这个功能性建筑在视觉上更具有吸引力，这一点看似无害的想法，竟然在不到一年的时间里，就造成了难以挽回的严重后果。臭名昭著的塔科马海峡大桥之所以设计成细长结构，部分原因在于这类样式的桥体，代表了 20 世纪 30 年代桥体设计中的流行趋势。当时人们认为这样的细长桥具有良好的审美作用。最终事实证明，塔科马海峡大桥的纤细桥面，就像阿喀琉斯之踵一样，薄弱不堪。

刘易斯与嘉格想象的情景如下：在建筑过程中，垂直梁腹与水平下法兰连接处专门采用了凹圆线脚（a cavetto molding）的方式来成型。相似的处理方式我们也能在垂直墙面与水平天花板交接处看到。木工很可能参与了铸铁梁的制作，他们也许认为在这个交接处加入纹饰，不仅能使得大桥更美观，还能提供更好的咬合作用。不幸的是，凹圆线脚两侧的尖角成为应力集中的区域，也为灰尘的堆积提供了场所。如果铸铁梁上有任何缺陷，例如一个细小的空隙、缺口或者别的缺陷，每当列车经过时，这个缺陷都会一点一点往外扩大，这种现象就被称作疲劳裂缝增长。随着时间的推移，裂缝的尺寸越来越大，逐渐达到临界值，于是引发了最终的事故。毫无疑问，给建筑增加美感不应以牺牲结构强度为代价。

迪河大桥事故是否应该归罪于设计师，这取决于一个人对设计师责任的划分——设计师究竟需要在多大程度上预见未来可能发生的问题。修建迪河大桥时，该桥的桁架梁设计已经使用了近 20 年，而罗伯特·斯蒂芬森本人也在设计中应用这种结构超过 10 年。史蒂夫森和别的工程师对此类结构的关注点是如何解决铸铁在压力下弱化的问题——这类问题通常出现在横梁下侧，他们试图通过使用桁架来解决这个问题。那时人们已经开始认识到金属疲劳问题，但并不完全理解金属疲劳产生的机制。由于众多的成功案例，工程师们对使用梁与桁架结合的部件充满信心，在这种情况下，工程师认为自己已经掌握了该结构的奥秘，似乎也合情合理。英文中"fatigue"一词源于17世纪，本意是指人的疲惫感。19世纪时，人们逐渐开始用它来表示金属部件在荷载反复增减的情况下被削弱甚至断裂的现象，即"金属疲劳"。在"金属疲劳"一词出现之前，工程师如果忽视了这个词语指代的现象，还情有可原；但当"金属疲劳"已经被定义为设计的大敌时，再忽略移动部件产生金属疲劳的可能性，就是不可原谅的行为了。

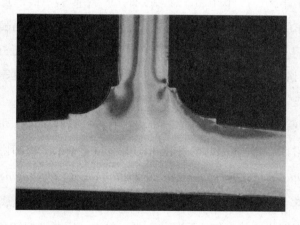

迪河大桥横截面的透明塑料模型展示了所谓的"凹圆线脚"——垂直的腹板与水平翼缘相交的地方。火车通过大桥时，翼缘由于受到不对称载荷而倾斜，图中的明暗变化显示了火车经过凹圆线脚时大桥所受应力发生的变化。现在我们知道，建筑所受的压力会集中在锐利的凹圆线脚内部。如果铸造过程中凹圆线脚存在一些不易察觉的小缝隙，那么在压力的作用下，裂缝会因为金属疲劳而逐渐增大。当裂纹尺寸达到临界值时，大桥的梁就会突然断裂，整座大桥随即垮塌。

在铁路刚出现时，铁路事故就开始发生了。1830年9月15日，利物浦到曼彻斯特的火车线路开通，开通仪式中，一名议会成员散步时被一辆向北行驶的列车撞中，伤重而亡。

在早期铁路建设中，铁路事故发生量随着铁路网络的扩张而增大，其中很多受害者是偶然走到铁路上的流浪动物，有些时候酒醉的路人也会不慎跌倒在铁轨上，甚至有一些铁路工作人员会忘记自己行走的那条铁路即将有火车经过。但是，随着车辆里程累积和机车的磨损，越来越多的事故变成了设备故障导致的事故。其中，一次特别可怕的出轨事故，就发生在 1842 年的法国。为庆祝当时的国王路易·菲利普的生日，游览列车将载着那些对国王怀有良好祝愿的人进入凡尔赛宫。其中一辆列车有 2 个车头，17 节车厢，总共载有 768 名乘客。在经过一座桥后，该列车机车侧翻出轨，部分乘客在这一过程中当场死亡，而随后发生的大火也使得车厢和其中的乘客面目全非。此次事故总共有 56 人死亡，约 50 人受伤。据研究该事故的专家称，是火车头车轴断裂导致了这次事故。

并非只有大桥横梁和火车车轴会发生自发性断裂。1854 年，弗雷德里克·布雷斯韦特（Frederick Braithwaite）在《土木工程师协会议事纪要》（*Minutes of the Proceedings of the Institution of Civil Engineers*）上发表了一篇名为《金属疲劳与断裂》的论文，文中指出："金属疲劳可能由各种原因造成，其中包括反复的劳损、打击、震荡、扭转和拉伸等。"布雷斯韦特认为，许多神秘事件中，让人难以理解的状况正是金属疲劳所造成的。比如位于酒桶下方的铁架突然断裂，很可能就是由于酒桶不断被注满，之后又被逐渐放空，反反复复的过程造成了金属疲劳；一些啤酒厂的铜管焊接处漏水是因为金属疲劳；另一些啤酒厂中水泵上曲柄的反复断裂也是因为金属疲劳。在论文随后的讨论中，布雷斯韦特将"金属疲劳"一词的使用归功于咨询工程师约书亚·菲尔德（Joshua Field）。菲尔德的研究方向是船用发动机，他建议用"fatigue"一词来表示上文提到的这种"金属恶化的情况"。而同样研究金属疲劳的兰金在这篇论文中肯定了自己 10 年之前的相关研究工作。当然，还有另一种说法认为第一个用"fatigue"一词表示金属弱化情况的人是法国机械师让－维克托·蓬斯莱（Jean-Victor Poncelet），他在梅斯（Metz）的军事工程学校演讲时就用到了这个名词，并在 1839 年写道："随着时间的推移，即便是最完美的弹簧，也会屈服于金属疲劳的力量。"

迪河大桥倒塌一个半世纪后，彼得·刘易斯和他的另一位工程鉴定学同事肯·雷诺兹（Ken Reynolds），重新梳理了 19 世纪的一桩著名桥梁事故。这个事故长时间以来都是人们谈论的对象，事故发生后人们也进行了多次调查。事故发生在苏格兰，当时英国北方铁路公司计划在邓迪（Dundee）建一座横跨泰河（Tay River）入海口的大桥，这样该区域就有一条不需要借助渡船便可通行的交通道路。泰河在邓迪的那段河面宽阔，河水较浅，因此设计师托马斯·鲍奇爵士（Sir Thomas Bouch）提出用多桥跨、多桥墩的结构修建大桥。泰河大桥（Tay Bridge）在 1878 年完工，总长 2 英里，是当时世界上最长的大桥。

尽管大桥总长很长，但每跨使用的桁架长度却并不是特别长，其中最长的一个是 245 英尺，在当时，这样长度的桁架并不少见。该桥跨度最长的桁架是大桥的高梁，高梁预留的空间是河面船只能够通行的最大高度。桥梁设计中，列车通常是从大桥的桁架系统上通过，但泰河大桥的设计是火车从高梁上通过。大桥供各种火车平安行驶了大约一年半，1879 年 12 月 28 日晚上，在一列火车通过时，泰河大桥高梁突然倒塌，列车上 75 名乘客全部遇难。

事后，贸易委员会委派了一个裁决小组调查事故原因，确认事故责任。这个裁决小组由 3 名成员组成：英国土木工程师协会（the Institution of Civil Engineers）会长威廉·亨利·巴洛（William Henry Barlow）；英国铁路总督察威廉·约兰（William Yolland），他同时也是一名工程师；以及裁决小组组长亨利·卡多根·罗瑟里（Henry

Cadogan Rothery），他是政府的相关事务专员，但不是一名工程师。他们在调查中收集了大量证词，这些证词反映出一些与大桥设计和操作有关的信息，比如：铸铁桥墩存在大量问题；梁和桥墩并未很好地固定，以至于无法承受强风；火车经过时，大桥出现了剧烈的振动；等等。对于事故发生的过程，以及责任方的认定，3名成员的意见并不相同。

但3人在事故原因方面达成了一致，他们认为："大桥的设计与建设都非常糟糕，同时也未能进行良好的维护，高梁倒塌是源于大桥结构中存在的固有缺陷，该桥出现故障是迟早会发生的事情。"但认定事故发生的过程时，两位工程师认为"没有完全可靠的信息来模拟事故发生的具体过程"，因此并未指出事故发生的具体情况。而罗瑟里则不同意两位工程师对事故发生顺序的判断。因此裁决小组的最终报告由两份组成，一份反映了巴洛和约兰保守的看法，另一份表达了罗瑟里的更为激进的态度。尽管如此，对于大桥设计师托马斯·鲍奇爵士负有主要责任这一点，3位成员倒是毫不含糊地达成一致意见："鲍奇对设计中出现的问题负全部责任；对于建设过程中出现的问题，鲍奇未能称职地进行监督工作，他应承担主要责任；对于大桥维护的问题，由于这类结构的大桥必须进行定期检查，但鲍奇忽视了这项工作，因此即使鲍奇不需要负全部责任，也应承担主要责任。"在大桥完工时，鲍奇被授予爵位，事故调查报告出来后，他退出了大众视野，4个月之后，鲍奇去世，享年58岁。

关于泰河大桥事故，一个多世纪以来的传统观点是，大桥倒塌的主要原因是桥面受到了风力影响。火车经过高梁时，形成了一大片风力受力面，而这次事故便是在大风的作用下发生的。据报道，事故发生当晚有强风。按照蒲氏风级，如果风力达到9级，就会引起轻微的结构性破坏，例如导致烟囱断裂——事故当晚的确有类似的事故报告。但事故发生后的照片清楚地显示，大桥背后邓迪黄麻厂高耸的烟囱仍然完好地直立在河边。9 级大风能够施加约每平方英尺 7.7 磅的平均压力，压力绝对值最大可达到每平方英尺 10 磅。作为专家证人的本杰明·贝克（Benjamin Baker），在调查过当地建筑的损坏程度后，得出的结论是大风造成的风压不超过每平方英尺 15 磅，这样的风力是无法吹翻大桥的。

照片拍摄于 1880 年初，地点是苏格兰邓迪。1879 年 12 月的一天晚上，泰河大桥上一列火车经过时，大桥高梁断裂。照片背景中仍然直立的烟囱为事故发生时的情形提供了证据，这说明当时风力并未强到足以吹翻火车，大风自然也不可能是高梁断裂的原因。

　　这张意外显示了无损烟囱的照片，来自一名专业摄影师。他在事故发生一个星期后，专门为倒塌的大桥拍摄了一系列照片。调查过程中，法庭下令将这张照片作为证据，并在诉讼过程中用来帮助目击者回忆当时的情形。照片中除了完整的烟囱，还显示了泰河大桥倒塌的高梁，以及曾经支撑此段高梁的 12 座桥墩，大桥的上部结构也随着高梁的倒塌一并坠入河中。摄影师从各种角度捕捉了倒塌桥墩的状态，也拍摄了大桥仅存的未倒塌部分——既有用长焦拍摄的相邻桥墩，也有近景拍摄的倒塌大桥的残骸。

读到事故调查报告后，彼得·刘易斯第一次知道泰河大桥事故存有照片记录。事故现场的图片往往能显示出相当多的细节，甚至能反映出工程中出现的问题。刘易斯希望能够找到原始照片，最终他在邓迪市图书馆中找到了一些。刘易斯对这些照片进行了高分辨率扫描，并仔细研究了扫描出来的数字化图像。他在照片中发现了一些碎片，经辨认，这些碎片是和大桥高梁支柱铸接在一起的耳状凸出。刘易斯还在照片上发现，大桥上的螺栓孔并不是在部件成型后钻的孔，而是在铸造时直接在这些耳状凸出上成型的。如果是钻孔，钢铁部件会呈现一定的圆柱形延伸，这将给螺栓轴提供相对较长的平行支撑面；而直接铸造成型的孔，略呈锥形，螺栓只能松动地嵌入其中，结果施加在耳状凸出上的力集中在一个较小的接触面上。每次火车经过大桥时，耳状凸出上的应力就会增大。此时大桥的重心在高梁上，于是整个大桥变得头重脚轻。增大的应力使得耳状凸出上存在的任何裂缝都加速扩张，当裂缝达到临界值时，耳状凸出就被破坏了。换句话说，这些耳状凸出是由于金属疲劳而损坏的。一些能够看到断裂面的照片也证实了这一点，这些断面均表现出独特的裂纹增长模式。

在设计中，这些耳状凸出被用来固定大桥支柱之间的 X 形锻铁支架。桥墩附近散落的大量耳状凸出意味着，随着时间的推移，许多 X 形支架已从大桥支柱上脱落，因此大桥在横向上容易受力移动，而这也正是列车行驶的方向。随着部件的老化，越来越多的耳状凸出受力脱落，大桥在横向上的"可移动性"则会变得愈加严重。列车引起的振动导致疲劳裂纹扩张，进而导致更多耳状凸出脱落，这又使得大桥发生更大的振动并产生大幅度横向偏移，于是进一步加速了大桥整体结构的恶化。

根据刘易斯的判断，事故发生前大桥结构已经恶化到一定程度，再加上当时的强风，导致支柱和高梁向一边偏转，最终造成了后面的悲剧。

19 世纪 70 年代，人们仍不能完全理解金属疲劳和金属断裂，即使是"金属疲劳"这个词也被认为是新生事物。1873 年出版的一本关于大跨度铁路桥的工程学专著，在使用"金属疲劳"一词时加上了引号。即便当时人们已经在工程理论和工程实践上取得了巨大进步，但这些工程仍不能完全消除由于反复承受荷载所带来的危险，时至今日，这样的事故仍时有发生。1998 年，德国一列高速列车由于车轮的金属疲劳，结果发生事故，据称上百人因此而丧生。2000 年，英国一列火车由于金属疲劳脱轨，导致铁轨碎成上百片。一架使用了 50 年的水上飞机在 2005 年坠毁，事后马上有人怀疑事故的原因就是金属疲劳。而最近一次令人尴尬的金属疲劳事故是旧金山—奥克兰海湾大桥眼杆（两端有孔的直金属杆）出现的裂缝，以及失败的眼杆修复工作。

大桥各部分部件都需要配合彼此进行相互运动，以发挥作用，从这个意义上讲，一座桥与一架机器没什么不同。大桥的运动通常幅度不大，未经训练的人通常难以用肉眼识别这些运动。尽管肉眼难以察觉，但每当车辆经过时，桥梁的确会发生位移。而对旧金山—奥克兰海湾大桥来说，这样的移动每天要发生大约 25 万次。桥梁也会因为受到其他力而移动，就像直升机被气流影响一样，桥梁也会受到大风影响。1989 年发生的洛马普列塔地震使得海湾大桥上层的一块桥板脱落，掉在下层桥面上，导致 1 人死亡。这次事故后，人们改变了东岸桥跨的设计，而这个项目持续了将近 20 年。

如前文所述，随着时间的推移，重复的动作可能会使钢质部件上的裂缝变大。如果没有在裂缝变大的过程中发现和修补这个损害桥体的变化，大桥就可能因金属疲劳导致的问题而倒塌。因此，定期检查和适当的预防性维护极其重要。我曾经拥有一辆大众的甲壳虫轿车，每天都开着这辆车上下班。这辆车当然远不如海湾大桥重要，但它和其他所有机器一样，也是由运动着的、会发生振动的部件组成的。在这辆小车上，我能明显地感觉到阵风吹过时它承受的压力，经过坑洼路面时也有明显的颠簸。这些在我家较重的那辆家庭旅行车上是无法感受到的。

一天早晨开车时，由于感受到比平时更大的噪音和震动，我下车检查汽车，看它是否出了什么状况。我打开发动机盖时，发现发动机松动了，连接引擎的钢带几乎断成两截。这个场景就是一个经典的金属疲劳案例。由于附近没有汽车用品商店，我只好在一家五金店中寻找能够修理汽车的东西。不幸的是，这家店里并没有能够代替钢带的材料，我只能用那种固定烘干机排气管的临时夹固定住钢带和引擎，之后继续开车上班。这件事并未给我留下太深的印象，我很快也忘记了这次上班途中的小插曲。但是，很快，就像报复之前不完善的修理一样，噪音和震动又回来了。简易修理时使用的临时夹比标准夹要薄一些，因此在应力作用下，这个临时夹更容易受损。使用了两周之后，临时夹就无法继续工作了。我更换好新的临时夹，并发誓一定要在周末去一家真正的汽车修理店换一个真正的固定设备。

发现海湾大桥疲劳裂缝后的一个周末，一个快速修复方案也得以采用——这座交通频繁的大桥需要能够尽快再次投入使用。就像我的汽车一样，这座大桥也采用了"临时夹"来修复裂缝，这"临时夹"看起来有点像钢带加吊杆，人们用这个装置将裂缝两侧固定住，以防止裂缝扩散。就在修复完成的两个月后，一对 5 吨重的吊杆在交通高峰期落到了桥面上。吊杆砸坏了一些车辆，但好在没有人员伤亡。这次修整幅度自然比之前更大一些，大桥被关闭了整整一个星期。经过多次检测和研究，大桥增加了减震设计。安装相应设备后，大桥因为车辆通行产生的震动将会减少，从而降低眼杆断裂的风险。这些由于金属疲劳产生的裂纹出现在早期铁质铁路桥上，也威胁着现代钢制高速公路桥的安全。了解一个问题发生的原理，并不意味着一定能解决这个问题。

当自己使用的机器需要维护和修理时，我们偶尔会选择走捷径的方式来处理问题。这样冒险地选择"捷径"，往往将我们自己的安全、生命，甚至是他人的生命置于危险之中。我们并不希望大型公共设施建设的承包人，也在修建工程中"走捷径"，因为这是对那些相信公共建筑或机器能够良好运行的人的不负责任。我们期望并且相信公共设施的负责人能够比我们自己更有责任心，并认为他们在处理相关项目时不仅应该考虑到过去发生过的案例，也应该对未来可能会发生的状况进行一定程度的预测。

这种能够预测未来的思维方式，要求工程师能够预见所有可能出现的故障情况，而不仅仅是那些最显而易见的故障方式。在泰河大桥的灾难性事故中，人们寻找事故发生原因时，很容易去质疑大桥糟糕的设计、施工和维护。而当泰河大桥同时具备这三个因素时，大桥倒塌的原因似乎已经确凿无疑。设计师鲍奇组织建造泰河大桥时，尽管金属疲劳现象广为人知，并为人所惧，但人们并不完全清楚金属疲劳的发生机制。人们对现象本质的不解，并不意味着这个现象不会发生。刘易斯在桥墩上发现的耳状凸出碎片证实了他的猜想，不难推断，在事故发生前，一些耳状凸出已被破坏。而这些碎片却被最初的调查小组忽略了。当然，这些耳状凸出出现的问题也可以归到"维护问题"上，只是事故发生的根本原因本应该引起人们更多的思考。如果当时的调查小组这么做了，也许我们现在就不需要等待一个多世纪才看到最终的调查结果了。

第六章　新与旧

　　经常有人问我"一座大桥能够存在多久"。这个问题更精确的说法是"一座大桥从建成到失效需要多长时间"。答案可以是几天、几个月、几十年，也可以是几百年、上千年，甚至是更长的时间。一座大桥究竟能存在多久，取决于设计、施工、材料、维修等多种因素，而这些因素又在很大程度上受经济、政治、腐蚀、气候、使用状况，以及运气的影响。

　　大桥存在的时间也取决于我们对"失效"一词的定义。相关的例子不胜枚举。1907 年，魁北克大桥（Quebec Bridge）还在施工中，就发生了倒塌。2000 年完工的伦敦千禧桥（Millennium Bridge），开通了仅仅 3 天就被迫关闭：由于桥面剧烈晃动，相关部门必须进行调查。1940 年，塔科马海峡大桥在使用了 4 个月后被大风吹断。1967 年，横跨俄亥俄河的一条高速公路桥于交通高峰期倒塌，此时距离它修建完成已经过去了 40 年。2007 年，一座横跨密西西比河的州际公路大桥，也在它投入使用的第 40 年掉入了河水之中。尽管 40 年是一个不短的时间，但一些存在时间更长的桥梁仍然完好地继续工作着。著名的布鲁克林大桥就已经在纽约东河上矗立了 125 年。英国第一座铁桥建成于 1779 年，如今仍然在塞文河（River Severn）上供人通行。而法国南部的加尔桥（Pont du Gard），建于罗马时期，迄今已有两千年历史。因此，一些工程师也许会说，结构良好并定期维护的桥梁几乎可以永远存在下去。

尽管桥梁的使用期限难以预测，但按照设计工作的要求，工程师在给出大桥初始设计方案时，就需要在方案中注明大桥的预计使用年限。设计桥梁需要考虑的众多因素中，使用什么材料是最主要因素之一。历史上，人们通常使用木材和石材建造桥梁，而石材自然比木头更耐用。如果加尔桥采用的材料是木头，那我们今天就看不到它了。既然木材如此易损，为何人们还要用木材造桥呢？主要原因是木材更易获取，木桥修建更快捷，并且与石桥相比，它们的花费也更低。总的来说，修建一座木桥，比石桥更轻松、耗时更少，也更加便宜。但木材易腐，又容易着火，因此，一座长期使用的木桥经常需要维护翻修。

一座石桥则需要更多时间和精力来打造。实际上，修建石桥需要事先搭好木质脚手架。这些木质临时结构是建造石桥过程中必不可少的，人们用它们来托起被称作"拱石"的一块块楔形石块，当所有拱石都就位后，这些石块彼此挤压，形成稳定的自支撑拱，接着就可以把脚手架撤掉了。由于石桥下方空间较小，往往无法供交通工具通行，因此重要的交通水道上往往不会修建石拱桥。当然，一座精心修建的石桥一经建好，往往会存在很长时间。

随着人们开始使用钢铁，这些新材料也逐渐被用在桥梁建设中。用钢铁修建桥梁，施工时间更短，桥体重量更轻。和木材一样，钢铁也会被腐蚀，因此这类桥梁必须采取相应的保护措施。这就是为什么那些处在易腐蚀环境（例如盐水湖、河流入海口和多雾区域）中的钢结构桥必须定期上漆。而被认为是石材代替品的混凝土结构，也无可避免地随时间恶化。混凝土在易腐蚀环境中容易受到损害，盐分较高的水能够通过混凝土表面的裂缝渗入内部，盐水接触到钢铁，使它们迅速生锈，生锈的钢铁对混凝土施加压力，结果造成混凝土表面剥落。这种情况就算没有导致大桥倒塌，也会影响大桥的安全性和美感。

无论一座大桥由什么材料建造而成，一个负责任的设计方案都应该具备定期检查和维护的详细方案。经验表明，每年的检修与维护费用大概占到桥梁总体建设费用 1.5%—2%。因此，在短短 50 年后，大桥累计的维护费用金额，将很可能超过桥梁建造成本。然而很多时候，尤其是财政紧张的时候，检修工作会由于政府预算问题而推迟，最终导致了灾难性后果。20 世纪 70 年代的纽约经历了财政危机，城中那些桥梁则成为这场危机的受害者。只有当桥体已经恶化到会直接威胁人的安全时，才会得到相应的维护，但这些维护工作往往又因为大桥长期缺乏修缮而变得相当昂贵。

沃尔多 – 汉考克大桥（The Waldo-Hancock Bridge）是一个经典桥梁案例，它一度被认为是建筑史上的杰作，但随着时间的推移，腐蚀作用降低了大桥的强度，使大桥变得面目全非，并且非常危险。这座桥梁位于缅因州，其名称来自它所连接的两个郡名。它横跨佩诺布斯科特河（Penobscot River），是美国 1 号公路的一部分。沃尔多—汉考克以南 80 英里的地方是肯尼贝克河（Kennebec River），1927 年，横跨肯尼贝克河的卡尔顿大桥（Carlton Bridge）竣工，沿海高速路只差佩诺布斯科特（Penobscot）段就全部竣工了。1929 年，缅因州议会提出了 4 项议案：其中 3 项是向不同公司提供优惠，方便其建设并运营私人桥梁，另 1 项是建造一座国家所有、国家运营的收费桥梁。最终，后者得以通过。在 1931 年沃尔多 – 汉考克大桥建成以前，如果要通过佩诺布斯科特河，要么再开 45 分钟的车从另外一座桥过河，要么依靠渡轮服务过河。很多人会选择绕道——尽管从班戈桥过河是绕行，却比等待渡轮更节约时间。

政府选择了罗宾逊与斯坦曼公司（Robinson & Steinman）来为沃尔多和汉考克设计这座连接两县的大桥。该公司是一家工程设计公司，总部设在纽约。公司中两位最著名的工程师（罗宾逊和斯坦曼）的合作开始于 1920 年。那时候还是一家设计公司高级合伙人的霍尔顿·罗宾逊

（Holton Robinson），由于要在一个桥梁项目中竞标，而找到了大卫·斯坦曼（David Steinman）。这个项目的目标是建立一座连接起圣卡塔琳娜岛（Santa Catarina）和巴西南部的桥梁。于是在当时非常具有创新性的弗洛里亚诺波利斯大桥（Florianópolis Bridge），便成为罗宾逊与斯坦曼公司的第一个大型项目，设计师们出人意料地将大桥悬索加入主跨的加劲桁架中。在大桥施工时，因为该桥的悬索是由钢丝扭合而成，所以悬索要先扭合成型，然后再被运送到工地。这是约翰·罗布林建造悬索桥时的施工方案，而今天我们仍在采用这种方法来建造桥梁。斯坦曼表示，对于跨度在 1500 英尺以下的桥，他的这种施工方式更节约时间，花费也更低。但沃尔多 – 汉考克大桥的跨度刚好是 1500 英尺，其中大桥中部的跨度大约是 800 英尺。

这座大桥的塔柱也有别于其他悬索桥，当时的塔柱要么是拱形，要么是对角交叉型，因为这样能够增加竖直塔柱的强度。但斯坦曼认为，大桥地处缅因州，而当地由岩石构成的自然风光，以及殖民地时期留下的众多建筑都已经足够复杂，所以大桥应该修建得简单一些。因此，他采用了一种以水平与竖直结构为主的塔柱，这种结构被称作空腹桁架。该结构的强度与刚度主要取决于竖直结构，而不是对角交叉组件。金门大桥（Golden Gate Bridge）的塔柱也采用了同样的结构，尽管塔柱上布满了精美的装饰，但它们本质上仍然是空腹桁架。

沃尔多 – 汉考克大桥是一个模范建设项目。它从 1930 年 8 月开始修建，到 1931 年 11 月完工，施工时间只有 16 个月。项目总共花费了 120 万美元，只有最初预计支出的 70%。一部分省下的钱被用于修建另一座桥，以连接沃尔多——汉考克东端的维罗纳岛（Verona Island）与位于大陆一侧的巴克斯波特镇（Bucksport）。另一些剩余的资金则用于周围公路的建设。大桥落成典礼于 1932 年 6 月 11 日举行，美国国家公路委员会（State Highway Commission）的首席工程师在典礼上汇报了大桥的财政支出状况。大卫·斯坦曼作为总工程师和大桥施工企业（同时也是大桥的设计公司）代表参加了典礼，将大桥交接给缅因州政府的代表——州长威廉·图尔多（William Tudor）。人们在塔柱上升起了旗帜，标志着新桥落成。这次典礼以歌声和祝福结束，随后还有乐队表演和棒球比赛。

在大桥正式落成典礼前，沃尔多－汉考克大桥就吸引了人们的注意。1931 年，美国钢结构研究所将当年的"最美钢结构桥"荣誉授予沃尔多－汉考克大桥。该桥是缅因州第一座大跨度悬索桥，它为从美国 1 号公路向北行驶的人们呈现了一幅极其美丽的景象，而乘船前往佩诺布斯科特的人，则能够从远处欣赏这座大桥的美（对于那些沿桥向南行驶的人，风景是在一个大转弯之后突然出现）。1985 年，沃尔多－汉考克大桥被收录为美国国家历史名胜。2002 年，这座桥梁被美国土木工程师协会认定为国家土木工程历史地标。

可惜的是，即便人们认为这座独特的建筑具有里程碑式意义，但大桥钢缆中的钢丝仍然以人们难以察觉的方式持续锈蚀老化，有些甚至已经断裂。大桥无可避免地走向老化。桥体这种恶化情况之所以难以察觉，一是因为大桥的钢缆由相当多条"相同"的钢丝组成，二是大桥缆线上覆盖的保护性材料使得钢丝内部的变化更难以显现。沃尔多－汉考克大桥第一次出现问题是在 1992 年，一条使用了 60 年的钢缆散开了。这条钢缆所在的地方接近中跨，离水面较近，于是很容易被河水侵蚀，并由于生锈而导致强度降低。事后人们发现，钢缆中有 13 条钢丝已经断裂。由于每根钢缆共由 1369 条钢丝组成，因此那 13 条断裂的钢丝对大桥强度的影响也相对较小。之前由断裂的 13 根钢丝负担的重量，被转移到了其他仍然完好的 1356 根钢丝上，毫无疑问，这些钢丝所承担的重量在原有基础上有了少量增长。每座桥都有一个安全系数，这个系数的值是大桥所能承受的最大荷载与大桥设计承担荷载的比值。沃尔多－汉考克大桥的安全系数值为 3，断裂的钢丝所承担的系统总负荷不到 1%，自然也不会对安全系数造成影响。但事实却是整条钢缆都受到了影响。

在美国，"安全系数"值通常大于 1，这个值越大，系统安全性越高。但在一些国家，"安全系数"一词可能与数字完全无关，并且其含义也与美国正好相反。例如在澳大利亚，"安全系数"是指"会增加安全风险的事件或状况"。换句话说，当一个安全系数存在时，这意味着发生事故的可能性增加了。例如在 2010 年，一架从新加坡飞往悉尼的空客 A380 飞机，起飞不久后发动机就发生了爆炸，该事件在澳大利亚运输安全局的报告中被称作一个"安全系数"。即使在处理技术问题时，始终铭记语言和风俗文化差异也是至关重要的。"失败"一词在不同语境下具有不同的含义，"安全"一词也是如此。初步的故障分析显示，引发 A380 客机引擎故障的是一个加工不当的涡轮部件，它的表面出现了疲劳裂纹，并且逐渐增长，当飞机从新加坡起飞后，裂纹尺寸就达到了临界值。在这种情况下，造成事故的疲劳裂纹就是一个"安全系数"。

无论这些故障的名称是什么，它们都会出现在那些静止不动的结构中。2002 年，沃尔多－汉考克大桥修复工作完成时，该桥北段的钢缆散开了。与 1992 年相比，在此次故障的钢缆中，有相当大数量的钢丝已经断裂。工程师对此毫不惊讶。人们对南段的钢缆也进行了检查，并通与 10 多年前的钢丝断裂情况进行比对，调查人员确定了钢缆恶化的速度（1992 年断裂的钢丝只有 13 条，但 10 年后人们找到了 87 条）。根据计算，此时钢缆的安全系数已下降到 2.4，并预计它可能在未来的 4—6 年内下降到 2.2 的危险值。钢丝断裂的其中一个原因是金属疲劳。与铸铁桥断裂的高梁相似，每当沃尔多－汉考克大桥上有车辆通过时，钢缆就经历一次受力循环，反复多次之后，钢丝上微小的瑕疵长成细小的裂缝，细小的裂缝又逐渐变大，最终降低了钢丝的强度。当钢丝的受力超过其能承受的最大强度时，钢丝就断裂了。

大型货车所载重量较大，它们经过时更容易使疲劳裂纹加速扩张，所以人们担心该桥可能会禁止货车通行。也许是感受到来自货车司机们的压力（这些以货运为生的驾驶员，他们的生计往往依赖于沃尔多－汉考克大桥），政府并没有立刻禁止货车通行，而是限制了通行车辆的载重：只有12吨以下的车辆才能从沃尔多－汉考克大桥上通过。2002年秋季，该州又规定重型卡车相互之间应该至少保持500英尺的最小距离。这就降低了该桥主跨上同时出现过多重型卡车的概率。不久后，两货车之间的最小距离扩展到800英尺，这进一步降低了太多大货车同时上桥的可能性；而且，如果货车司机都遵守这个规定，将不会有2个以上的重型卡车同时出现在大桥主跨上。除此之外，缅因州运输部还对超重卡车进行了严厉的打击。在设计沃尔多－汉考克大桥时，所谓的"重型"货车只有10吨重。然而现在，重达50吨的大卡车也出现在高速公路上，现实生活中，某些货车的载重甚至高于这个值。这样的超重车辆对大桥的损害可想而知。几十年后，施加在大桥上的荷载，已经远远超出了当初设计大桥时的预期，并加速了大桥的恶化。但更换大桥所有钢缆却并不是一个实际的选择。

2003年夏天，人们发现，即使限制货车通行，沃尔多－汉考克大桥的预期使用寿命也只剩下4—6年了。由于设计建造一座新桥也需要大约5—6年的时间，如果该地区想要继续享受便利的交通，很明显，人们必须对建设新桥的问题尽快做出决定，并采取行动。当地政府将此列为"需尽快完成的项目"，同时，缅因州规划部门认为，新桥也许能够在3年后就投入使用。新桥建设项目由缅因州的交通运输部发起，由菲格工程集团（Figg Engineering Group）设计，锡安布公司（Cianbro）与里德公司（Reed & Reed）负责施工建设。锡安布公司是一家工程遍布全美的大公司，里德公司则是缅因州本地的工程公司，工程项目主要集中于新英格兰地区。

在设计一座新的桥梁时，最重要的两个考虑因素分别是建桥位置，以及桥梁样式。由于旧桥尚未拆除，沃尔多－汉考克大桥所在的原址不可能再建一座新桥（这个位置是一个理想的建桥地址，至少在一段时间内是这样）。将新桥建在旧桥旁边似乎是一个合理选择，因为这样，只需做微小调整，就能继续使用现有的引桥。而沃尔多－汉考克大桥向北行驶的一段建在河堤较高一侧，汽车从此段上桥或下桥时会遇到一个90度的急转弯。如果在旧桥不远处的下游建新桥，则能够使开车上桥的人以更温和的方式进入大桥，不必经历之前那种90度的急转弯。至于要建哪种桥，基于当地的地形性地貌，一共有3个选择：再建一座悬索吊桥，一座拱桥，或是一座斜拉桥。

沃尔多－汉考克大桥已经存在了数十年，相邻地区的居民自然对这座他们熟悉的大桥有着很深的感情，他们担心新桥会对当地交通产生不利影响，也担心它会影响到当地优美的风景。沃尔多－汉考克大桥的设计师，大卫·斯坦曼，在设计桥梁之余，也出版了几本诗歌集，他对于自己能发现桥梁的美而感到自豪，也为自己设计的那些能与周围环境相协调的桥梁而无比骄傲。正如我们所看到的那样，在设计沃尔多－汉考克大桥的塔柱时，斯坦曼避开了柔和的曲线，而选择了强有力的垂直线和水平结构组成的空腹桁架，以呼应岸边的花岗岩峭壁和悬崖。与此同时，大桥被漆成绿色（斯坦曼认为这是设计中的点睛之笔），这使得桥梁本身与松树和该地区的其他常绿观叶植物完美融合在一起。斯坦曼在设计过程中，仔细考虑了桥梁与周围环境的关系（现在，缅因州最主要的钢结构桥梁都被漆成了同样宜人的绿色）。

当政府最终决定用新桥代替旧桥时，政府委员们、环保活动家们、古迹保护主义者，以及对这个工程感兴趣的所有人都希望能够了解，甚至参与到这个即将影响到当地景观和人们生活质量的项目中。即使要修建新桥，许多利益相关者仍希望沃尔多－汉考克大桥，这座著名的古迹能够被保留下来，希望它能够作为人行桥或者自行车道的一部分，与现在的新桥互相配合。但也有人担心，新桥的建设会毁了当地这片如画的风景。建造新桥与修复旧桥自然也涉及资金问题。如果人们的担忧引发了法律问题，这不仅会推迟新桥的开工时间，也会让政府在安全状况日益恶化的旧桥上实施更严厉的通行限制。为了防止这样的状况发生，项目规划者建立了桥梁工程咨询委员会，以促进当地居民与州政府之间的沟通，委员会主要由交通运输部组成。

人们清楚，如果钢缆按现有速度继续恶化下去，出于安全原因考虑，很可能在新桥建成前，旧桥就必须被迫关闭。于是缅因州交通部专门为此制订出相应计划——他们建议在沃尔多－汉考克大桥上增加新的钢缆，这样就能分担原有钢缆承担的部分重量。类似的措施在美国并不常见，尽管相关花费会增加整个项目的成本，但它也减轻了当地货车运营者的焦虑，并为新桥建设争取了更多时间。即使新桥的设计和施工遇到了不可预见的问题，也不至于影响当地交通运输。新增的钢缆预计将承受大桥约 50% 的固定荷载，如果大桥上行驶的货车载重不超过 40 吨，那么这些钢缆能够将大桥安全系数从 1.8 提高到 3.2。到 2005 年末，大桥成功地度过了两个冬天，新桥也建成在望，于是旧桥上再次出现了重达 50 吨的货车。

当地和周围区域的报纸都刊登了新桥的建设进展状况，同时，老沃尔多－汉考克大桥的拆除工作也如期进行。在铺天盖地的报道中，人们期望即将建成的"新桥"能够成为该地区的标志性建筑，而曾经风光无限的"老桥"几乎沦为脚注。修复老沃尔多－汉考克大桥以作为人行桥使用的方案价格不菲，因此，这座大桥很可能被拆除，拆迁费用大约是 1500 万美元。对新桥十分期待的当地人，似乎也越来越愿意接受老桥被拆除的命运。这样的命运对于一座国家土木工程历史地标建筑来说，似乎略显悲哀——由于被钢缆问题打断，"美国国家土木工程历史地标"的牌匾都还没有来得及安装，这座大桥就要被拆除了。

最终人们决定用一座斜拉桥取代旧的悬索桥，剩下的细节仍有待商榷，例如大桥塔柱形状的选取（这主要受审美因素影响），如何安排钢缆，以及如何安装、固定和保护钢缆等等。人们可能会认为钢缆是这座斜拉桥的薄弱环节。它们不仅会因振动而产生金属疲劳，在缅因州海岸这种恶劣的环境中，钢缆还很容易被腐蚀，而腐蚀正是造成沃尔多－汉考克大桥不断恶化的原因。新桥钢缆的安装与保护方式是该项目最显著的创新点。大多数斜拉桥钢缆的安装方式是将每根钢缆从塔柱的某处拉出，然后把末端连接在桥面上特定的地方。但这座新桥却将每根钢缆从桥面的一侧拉出，穿过一个专门的导管后，再连接到塔柱另一侧的桥面上。

桥梁钢缆系统的细节反映出设计师对可能发生的事故预期和应对方式。在传统的斜拉桥中，成对的钢缆被向下推出，这些钢缆并没有施加任何显著的净横向力或弯曲力，因此减少了混凝土结构出现裂缝的可能。在新桥的设计中，工程师则采用了专利技术，将一根完整的电缆分成由少数几根钢丝拧成的小股，分别固定在桥面上，并且让这些钢丝穿过一个个内嵌在大桥塔柱中的独立不锈钢管。以这种方式固定的钢丝，如果出现腐蚀、断裂，或其他问题，均能在不影响其他钢丝的情况下移除或者更换。更换钢丝的过程，也不会对桥上交通造成太大的影响。这种承重系统还能起到检验新材料的作用。例如，人们可以将少量的某种未经检验的新材料，做成丝状装在采用了这种结构的桥上，替代少量的钢丝以测试材料强度。这种测试与实验室中的不同，它是将材料放在真实的环境中去承受大桥实际的荷载。由于每根钢缆都是由几十股钢丝组成，即使参与测试的某股新材料出现问题，也不会对大桥整体的安全造成威胁。佩诺布斯科特斜拉桥是这个世界上第二座使用这种结构的建筑，在此之前仅有俄亥俄州托莱多（Toledo）的退伍军人斜拉桥（the Veterans' Glass City Skyway Bridge）使用过这种斜拉钢索。

这座新桥处在盐水环境之中，所以它的每条钢缆都涂有填充性环氧涂层，以保护钢索不被腐蚀。小股钢丝组成的钢缆外面也包有白色硬质塑料（高密度聚乙烯，缩写为 HDPE）外壳，这会使钢缆免于受到水、雪、冰等不良外部环境因素影响。为了确保系统正常工作，每根高密度聚乙烯管都在高压环境下填充了氮气，这一过程由电脑持续监控。填充氮气排除了氧气对金属缆线造成腐蚀的可能性，同时也能检查塑料管是否漏气。如果在填充氮气的过程中出现突然降压的情况，破裂点也将很快就被找到。

大桥奠基仪式在 2003 年 12 月举行，当时，预计工程在两年内完成，总建设费用约 5000 万美元。到 2005 年的秋天，竣工日期延后了一年，建设成本也上升到 8400 万美元，这相当于当初建设沃尔多 – 汉考克大桥时总支出的 100 倍。其中对成本上涨的解释是建筑材料价格上升。2006 年初，政府官员宣布，新桥被命名为"斯特门户大桥"，但经过地政府复议后，大桥的最终名字变成了"佩诺布斯科特海峡观景台大桥"（Penobscot Narrows Bridge and Observatory）。这个名字后半部分的"观景台"是指位于西塔柱顶部 420 英尺高的观景台。一位州参议员认为人们为这座大桥的名称如此煞费苦心并不明智，因为无论大桥的正式名称是什么，人们最后都会用"新桥梁"或别的简单易懂的名称来指代这座新落成的大桥，就像他们之前提到沃尔多 – 汉考克大桥时那样。

也许佩诺布斯科特海峡观景台大桥最创新的地方不是钢索的安装方式，而是大桥超长的名称中的"观景台"一词。将目力所及之处的风景尽收眼底几乎是一个人人都有的愿望。站在高处，鸟瞰周边地区的景色，这似乎对任何人来说都会是一个愉快的经历（恐高症患者除外）。无论是步行，开车，还是乘坐缆车，人们总会在山顶停下来欣赏周围的美景。热气球给了18世纪的冒险家们从更高的地方欣赏美景的机会。游客也总是喜欢站在高处眺望陌生之地的风景，而旅游景点则很好地利用了游客这种喜好。新桥的塔柱在外形上模仿了华盛顿纪念碑，它的观景平台也像自由女神像观景台一样受到游客欢迎。埃菲尔铁塔，作为世界上第一座达到300米的建筑，它之所以闻名于世，部分也是因为铁塔顶上的观景平台。在1893年的哥伦比亚博览会中，人们建造了一座直径达到250英尺的摩天轮，当乘客晃晃悠悠地欣赏城市风光时，摩天轮便化身成为一个移动的观景台。

钢材的使用在19世纪末期开始普及，写字楼也随之上升到前所未有的高度，于是人们将这些高耸入云的大厦称作摩天大楼。这些大楼无与伦比的高度，使它们成为欣赏风景的理想观景台。帝国大厦曾保持世界第一高楼的纪录40余年，它也许是最著名的观景台。城市中的建筑往往通过"高度"以及在最高层上看见的"城市全景"来彼此竞争。在高层建筑中加入吸引游客的观景平台，似乎已经成为摩天大楼必不可少的一项设计。西尔斯（即现在的威利斯）大厦和约翰·汉考克大厦让游客看到了优美的芝加哥风景，而在波士顿的约翰·汉考克大厦上，游客能够欣赏到整个波士顿和周边城市的美景。世界上其他城市，情况也类似。2001年，世贸中心毁于恐怖袭击，但在此之前，人们经常在北塔顶层眺望纽约港的壮丽景色以及哈得孙河口的自由女神像。尽管出于对恐怖袭击的担忧，政府关闭了一些观景台，但这无法阻止人们对于在高层建筑上欣赏美景的向往，观景台迟早会出现在大桥塔柱上。在桥上建立观景台的想法已经存在了很长一段时间，但在西半球，佩诺布斯科特河上的这座观景台，却是第一个建在桥梁塔柱上的观景台。

受到严重腐蚀的沃尔多－汉考克大桥在新建的佩诺布斯科特斜拉桥及其观景台的衬托下，显得比实际高度矮了许多。沃尔多－汉考克大桥是悬索桥，而新建的佩诺布斯科特大桥是斜拉桥，两座桥都是美国1号公路的一部分，主要用途是连接缅因州佩诺布斯科特河的两岸。尽管两座大桥在形式及使用材料上有着显著差异，但它们证明了，一个相同的工程问题，是能够通过不同的方案来解决的。

　　最初人们只是期望能用新桥代替状况日益恶化的沃尔多－汉考克大桥，塔柱上的观景台算是一个意外惊喜。在交通运输部研究员确定新桥塔柱的形状时，人们发现沃尔多附近的花岗岩和修建华盛顿纪念碑的那些非常相似。之后大桥塔柱就沿用了华盛顿纪念碑的样式。由于这一决定，人们自然想到在高耸的塔柱顶部加入一个观景台。这个想法立刻吸引了当地人，他们认为这将使佩诺布斯科特河上的新桥成为一个旅游景点，旅游景点则能带来经济效益。对缅因州交通运输部而言，当地人的支持非常重要，当地人对项目的反对越少，桥梁的设计施工就能越早完成，于是观景台便成为该项目中一个重要的永久组成部分。

对我而言，能从新桥的观景台看到的最有意思的东西，刚好就在观景台正下方。新桥北面就是生锈的老沃尔多－汉考克大桥，它破旧的塔柱和新桥的巨大塔柱形成鲜明对比。2007年我第一次参观这座大桥时，旧桥的补充钢缆仍在，但由于大桥已封闭，桥面上空无一车。最后一辆通过沃尔多－汉考克大桥的车是一辆1915年产的福特轿车，之后，大桥就关闭了。旧桥引桥仍在，但通往引桥的路被铁链和铁丝网门拦住，并贴有"禁止入内"的标志（3年后我再次来到这里时，似乎唯一的改变只是大桥被锈蚀得更厉害了）。

毫无疑问，一些执着于保护老旧建筑的人还是期望旧桥能够恢复到最初竣工时的状况（包括除去事后补充的钢缆），并作为人行道和自行车道桥使用，但是实现这个"期望"需要一笔不小的费用。缅因州的计划是将旧桥拆除，最可行的方案是以与安装次序相反的顺序依次将大桥部件去除，其间还要用到火焰切割炬，而拆除的最后阶段也许会用到炸药。拆除工作将要花费数百万美元，因此在没有资金支持的情况下，即使想要拆除也无法确定具体工程时间。有一些迹象显示，政府可能最终会在新桥悬臂下方建一条人行通道。人行道会建在大桥路面两侧的翼状边沿，这样就能有效地将行人和车辆分离开。在人行道建好前，大桥路肩①暂时供行人和自行车通过，其中分离车行道与人行道的只是一些白色的分割线。

站在观景台上，游客能够看到从塔柱向两边拉出的两列平行钢索，它们一直延伸到桥面。这些钢索缠在保护套中，从大桥中间的塔柱穿

---

① 指位于车行道外缘至路基边缘，具有一定宽度的带状部分。——译者注

过。从观景台上，人们还会发现，新桥上往返两个方向都只有一个车道，这对交通来说似乎是一个很大的制约。当游客认真地向导游询问这个问题时，得到的答案多半是"资金问题"。如果需要，桥面两侧的确能够变成两条车道，但每个车道就只有 10 英尺宽，并且没有路肩，这样的桥面无法提供让行人和自行车通过的道路。据交通运输部一名技术员称，大桥之所以设计成双向单车道，是由于大桥南侧的希尔斯波特镇（Searsport）和北侧的巴克斯博特镇（Bucksport）均无法将道路扩展到四车道。因此，即使将大桥改为四车道，车辆在上桥或者下桥时也会因道路狭窄而受限。

钱，或者缺钱，往往会被认为是做一些事或者不做一些事的主要原因。一些非结构性的故障（还没有达到灾难的程度），往往是由于资金原因才会偶尔发生，但人们总是将这些故障归咎于"设计"。也许是因为缺乏资金，也许是因为按期完成工程的压力太大，这座新桥在某些地方的审美和功能设计，的确令人失望。车辆和锚定在桥面上的大量钢缆之间没有明显间隔，这让人不禁想起泽西岛上连绵不绝的水泥路障。钢缆与大桥相接的锚定点也带着厚重保护套，这让它们看起来就像是对准塔柱的短程高射炮弹，而钢缆则像是炮弹发射轨迹的标记。根据车道标记，所有车辆在大桥上通过时都非常接近高架钢缆。当然，这种安置钢缆的方案具有一定的结构优势——它们能最大限度地减少桥面道路发生任何扭曲的可能性，但对于一些司机和乘客来说，如此接近炮弹状的物体却并不是令人愉悦的经历。结果是，那些原本期望在大桥上欣赏到缅因州乡村风景的司机和乘客，却往往因为过于接近大桥悬索而感受到一种压迫感。如果将未使用的路肩设计在车行道右侧，也许对驾车的人来说，这条车行道就设计得合理许多。但在很多时候，影响设计的并不是这种显而易见的结构因素，而且在车行道内设计人行道也不是一件轻松的事。尽管这样的设计情有可原，但在观景台上，人们能够清楚地看到，很多车辆都倾向于同大桥中间的隔离线保持距离，因此右轮就常常压着车道与人行道的分割线，这对行人和骑自行车的人构成了严重威胁。桥梁在这方面设计的可以说是一种功能上的失败，同时也隐藏着潜在的危险。

另一个审美问题是大桥塔柱缺乏连续性和平衡感。塔柱的一个显著特征是横向比纵向（车流经过的方向）要窄一些。这可能是出于某种现实的考虑，因为设计成这样，大桥桥面就有更多空间能够留给经过的车辆；这也可能是由于钢缆搭设方式特殊，所以需要塔柱在纵向上保持这样的厚度。从远处看，桥上的矩形塔柱与桥下的方形桥墩给人的不协调感更为强烈。

大桥另一个让人分心的点在塔柱顶部。观景台所在的塔柱顶层，三面都装有平板玻璃，这使得整个观景台都是透明的。当我和妻子从诺克斯堡看这座新桥时，观景台上有玻璃的这三面都能看到不同的人。这个被玻璃围绕的塔顶美得惊人，而且，在特定的光线下，这三面玻璃就像金字塔塔尖下方的 3 个不同反光带。没有观景台的东塔则没有这么引人注目，这让两个塔柱的设计显得很不平衡。东塔看起来只是一个普通的花岗岩建筑，从底座往上，除了逐渐变细（直到它在顶部合成金字塔形），塔柱再无其他变化。东塔上唯一的装饰是塔顶用来为飞行员标定建筑位置的红色警示灯。

大桥钢缆的安装方式也不尽如人意。钢缆被成对从塔柱中拉出，固定在大桥的中心线上，钢缆与钢缆在水平方向上间隔 10 英尺，但这些钢缆和塔柱却并不完全在一个平面上，它们构成了一个奇怪的立体形状，从不同的角度观察大桥时，人们会看到不同的形状，这通常让游客感到非常困惑。如果站在大桥正前方，钢缆看起来像是左右交叉的；如果在其他地方观察大桥，随着观察者的移动，大桥钢缆就呈现出波纹一般的效果。成对安装的钢缆对于大多数斜拉桥来说都是体现大桥美感的地方，但当我们第一次参观时，佩诺布斯科特斜拉桥的钢缆却是混乱而不协调的。

人们要批评一个建筑很容易，但他们却很难想起那些约束建筑设计师、工程师和施工人员的条件（包括政治和经济条件），他们要在有限的条件下设计并建造出安全、美观的基础设施。缅因州这座新桥的通车时间距离奠基仪式仅仅 3 年，其中修建地基就花了 6 个月，而建桥墩用去了另外 6 个月。如果不是施工人员如此迅速地完成了大桥的下层结构，也许奠基仪式 4 年后，这座大桥仍在修建中。但旧桥却无法在不断恶化的情况下坚持 4 年。

这些批评并不一定意味着新桥的设计是失败的，也不意味着大桥的设计或者施工存在安全问题。即使是将大桥的缺陷考虑在内，横跨佩诺布斯科特河的这座新桥仍然是该地区基础设施项目中最引人注目的一项。缅因州交通运输部和参与建设的相关公司共同创造出了外形如此壮观的桥梁和观景台，各方都值得赞扬，尤其是设计和建造工作的条件都极其艰难：他们不仅要面对紧迫的时间、有限的资金等问题，还要忍受缅因州寒冷的冬天。人们当然会期望新桥能够一直使用下去，尽管这个愿望很美好，但并不实际。

在我写作本书时，沃尔多－汉考克大桥和新的建有观景台的佩诺布斯科特斜拉桥仍然并肩站在河面上。当阳光不太强烈的时候，比如在日出与日落时，老沃尔多－汉考克大桥上的岁月痕迹还不明显。但当太阳升到头顶时，阳光就暴露了沃尔多－汉考克大桥的真实年龄，这时它看起来像一艘锈迹斑斑的废船，从远处望去，桥面是一条细细的线。现在，人们给它重新刷上了绿漆，大桥的绿色仿佛提醒着人们，这个曾经让当地人骄傲的历史建筑当年是多么辉煌。大桥锈蚀的痕迹无处不在，这座桥因腐蚀而倒塌或是被焊枪切割也只是时间问题。但由于资金的原因，政府即使要切割大桥，也得等上一段时间，而时间拖得越久，拆除大桥的花费也越昂贵。旧桥在高大的新桥的映衬下黯然失色，人们也逐渐开始忽视它。除了伤感的历史保护主义者，也只有当地和美国国家交通运输部的人无法忘记这座曾经的地标，因为运输部需要对这座大桥的最终命运负责。也许不主动拆除，让沃尔多 – 汉考克大桥继续默默地生锈是最好选择。让大桥继续恶化下去可能并不是最符合审美的选择，但对于那些愿意看到它的人来说，不断锈蚀的大桥对所有人都是一个提醒：如果没有恰当的维护，这样的命运很有可能在未来降临到新桥上。

第七章　找寻事故的原因

　　有时，一些建筑结构会从内部开始恶化，恶化过程缓慢而且毫无声息，比如那些潜藏在建筑地基中的隐患。尽管这个过程很可能毁掉整个建筑，但人们却难以察觉。如果不对系统中会导致这类恶化情况的缺陷采取预防措施，不及时纠正其中的问题，那么我们就会因为突发性事故或故障而措手不及——比如在交通高峰时段倒塌的桥梁；在冬季寒冷清晨爆炸的航天飞机；或者一个城市突发洪水时，没能抵挡住洪水的老化防洪堤。这类事件造成的影响是显而易见的，但事故发生的原因却让人难以捉摸。事故调查过程往往长达数月甚至数年，同时进行调查的各方对事故调查结果还很难达成一致。通常情况下，调查委员会在排除一些不大可能的原因（谣言或者未经证实的、与事故无关的细节）后，将可能的事故原因缩小到一定范围内。确定事故的责任承担者同样非常困难。所以，有些事故最终会给出责任人，但很大多数的事故都没有相关责任人。即使有人应该对事故负责，人们也倾向于在给出报告时隐去设计和建造相关人员的姓名。

　　当事故发生时，尤其是那些突然的、让人措手不及的事故发生时，人们总是被困惑笼罩着。这包括了那些受伤的、被困在残骸中的人，能离开现场但不了解情况的人，经过的路人、围观者或其他形式的事件见证者，第一反应者和救援队员，警察和消防员，记者和新闻媒体的其他成员，受害者的朋友与亲人，发生事故的项目业主，失败建筑的设计师，甚至是好奇的人、保险估算人员、律师……人们的不解与困惑导致了谣言传播，因此事件发生的真实情况就变得越来越难以厘清。官方调查员通常在事故发生一天后到达现场，研究事故成因，但由于谣言的传播，他很可能在事故发生后的几周甚至数月后都无法弄清事情的真相。

当悲剧发生时，同一事件往往有着多个不同版本的故事。这不足为奇，毕竟不同的人观察事物的角度不同，看到的故事自然会有差异。某些人拿到的第一手资料，对另一些人来说可能只是背景信息。一些人在认真看时，另一些人眨眼了。一些人往上看时，另一些人也许在向下看。一些人可能边走边看，一些人可能在原地观察。有一些人用眼睛在看，另一些人是用耳朵在听。他们都是同一事件的见证人，但对事件的认识却各不相同。事件调查员需要排除这些情况造成的干扰，最终弄清楚到底发生了什么，以及事件为什么会发生。

1981 年 7 月 17 日，堪萨斯城凯悦酒店高架行人天桥倒塌，事故导致 114 人丧生，多人受伤。造成事故的原因很快就被查明，并在几天后以报告的形式提交。《堪萨斯城星报》（*The Kansas City Star*）聘请了一位顾问工程师，以帮助解释事故发生的原因。这位顾问工程师通过现场证据轻松地破解了事故发生的原因，其中该工程师用到的照片和图像发表在了 7 月 21 日的《星报》头版，而这仅仅是悲剧发生后的第 4 天。

在其中的一张照片里，一根弯曲的吊杆在屋顶中央晃动，垫圈和螺母还保留在吊杆底部，但吊杆本该固定的东西却已经没有了。很明显，吊杆所支撑的箱梁找到了摆脱垫圈和螺母束缚的办法，从杆底滑脱分离。如果仔细观察酒店大堂的残骸，我们不难看出这种分离是如何发生的：箱梁与吊杆相接的钢制孔已经变形，就像有一股巨大的力将它从吊杆上拉了下来。在随后的几个月里，美国国家标准局（National Bureau of Standards）对事故箱梁复制模型进行了连接物理性质测试。结果证明，事故发生当天在天桥上施加的力确实是能够导致天桥倒塌的。

在最初设计中，人行天桥的连接处就应该把强度设计得更高一些。但根据现有的建筑设计标准，未达到相应安全系数，并不意味着连接部件一定会出问题。实际施工中，原先设计的单支撑杆被改为双支撑，这使得人行天桥安全系数从接近 2 变成 1，如果当初没有改变这个设计，也许人行天桥的悲剧就不会发生。人行天桥没有达到堪萨斯城的建筑规范并非其倒塌的直接原因，支撑杆细节上的改动才是。但并不是每次事故发生后，人们都能迅速地找出事故原因，也不是每场事故都那么容易解释清楚。

自 1926 年以来，俄亥俄河上，连接起西弗吉尼亚州波因特普莱森（Point Pleasant）和俄亥俄州加利波利斯（Gallipolis）的大桥，一直在为当地人服务。1967 年圣诞节前 10 天，这座大桥倒塌，其中 46 人丧生，数十人受伤。这座大桥的官方名称是波因特普莱森大桥，但人们提到这座大桥时，通常用它的别称"银桥"。大桥之所以有这个别称是因为人们认为这是美国第一座使用铝漆的大桥。就像 1851 年伦敦世界博览会上的建筑"水晶宫"，虽然这座建筑主要由玻璃和铁组成，但由于"水晶宫"更为上口，于是人们用"水晶宫"代替了这个建筑正式的名称。"银桥"也是如此。尽管"银桥"是美国 35 号公路上连接查尔斯顿和哥伦布（Columbus）的关键交通枢纽，但直到这次事故发生，它的名字才最终为人熟知。"银桥"的倒塌，无论对于桥梁建造业还是对于整个国家，都影响深远。负责调查此次事件的是当时新组建的美国国家运输安全委员会（National Transportation Safety Board），该机构现在已经成为最著名的航空事故调查机构。

"银桥"是一座特殊的悬索桥。大部分悬索桥需要借助巨大且沉重的钢缆才能使塔柱和桥面相连，塔柱与塔柱之间的钢缆通常呈弧形。自 19 世纪中期起，这类钢缆悬索成为美国桥梁的特色。而"银桥"却另辟蹊径，它使用长条铁链来连接塔柱和桥面。在悬索桥中使用铁链并不新奇，实际上从 19 世纪开始，人们就将铁链运用到悬索桥中，其中就包括著名的梅奈海峡悬索桥（Menai Strait Suspension Bridge）——它是从伦敦到霍利黑德的关键交通点。但要在"银桥"这样大跨度的桥上使用链式悬索，这几乎是不可能的事。除此之外，这些细长的铁链也被用作固定大桥路面的桁架弦杆，而这一加固系统之前在美国也从未被使用过。罗宾逊和斯坦曼最早在巴西尝试了这种建造方式，不过当时建成的桥梁并不长。

"银桥"最初的设计要传统得多。一开始，巴尔的摩（Baltimore）的 J. E. 格雷纳公司（J. E. Greiner）决定使用常见的钢丝钢缆作为大桥悬索，并采用另一种加固桁架，这个设计总共的花费预计为 82.5 万美元。然而，进行施工作业招标时，投标承包商提出了另一个总支出在 80 万美元以下的设计。如果大桥竣工时总花费的确不到 80 万美元，施工承包商能够获得节约下来的一半资金。最终项目由美国桥梁公司（American Bridge Company）中标，该公司之前修建了弗洛里亚诺波利斯大桥（Florianópolis Bridge），并推动了眼杆悬索链的设计——每一对平行眼杆约 2 英寸厚，12 英寸宽，50 英尺长，连接方式和自行车链类似。用钢销连接起来的眼杆将组成大桥的主要悬索系统，剩下的一些还可以作为桁架的一部分。弗洛里亚诺波利斯大桥的另一个不寻常之处是，用于制造眼杆的钢材事先经过加热，这样能够增加钢材的强度。这种特别的处理方式，在美国属于首创。用这种钢材制成的铁链能够承担比自重更大的荷载，因此大桥的整体结构重量得以减轻，这又进一步降低了建造成本。但"银桥"和弗洛里亚诺波利斯大桥的链式结构仍然有着显著的差别，前者每链含有 4 个眼杆，而后者只有 2 个。而事实证明这一点正是美国这类设计中的缺陷。

眼杆只是"银桥"众多与众不同之处中的一点。我们还可以举出许多类似的"特点"，比如，"银桥"上用铁链连接的塔柱并没有像普通塔柱那样被固定住，而是被设计成能够在桥墩上前后摇动，以适应铁链拉力的变化。通常情况下，大桥的主悬索，无论是铁链还是钢丝组成的钢缆，都必须以某种方式锚碇住，以抵抗悬索上巨大的张力，这样悬索的两端才不至于脱落。无论悬索钢缆、悬索链随着塔柱如何移动，悬索的两端都必须以某种方式牢固地固定在地面上。最理想的固定方式是将悬索末端嵌入岸边基石，但如果岸边基石离桥面太远，则需要用其他方式固定悬索。一个常见的备选方案是建造大型砖石、混凝土坝，然后将悬索埋入其中，砖石或混凝土坝自身巨大的重量就足以平衡悬索的张力——"银桥"上每根铁链的张力都达到了 450 万磅。人们将"银桥"的锚碇混凝土坝描述为"充满了泥土和混凝土的钢筋混凝土槽"。这个"槽"长约 200 英尺，表面铺上了水泥，最终成为引桥的一部分。

"银桥"，官方名称是波因特普莱森大桥，坐落于西弗吉尼亚州的一个小镇。大桥的设计非常"不传统"，它的眼杆悬索链中的钢制连接件也是大桥桁架的一部分。该桥于 1967 年 12 月突然垮塌，由腐蚀引起的疲劳裂纹及裂缝的扩展被认为是造成事故的原因之一。由于人们没有定期检查大桥，这些被忽视的裂纹最终导致了事故发生。1967 年"银桥"的悲剧给人们敲响了警钟，之后，定期检查成为美国公路桥梁工程的一部分。

　　20 世纪 20 年代，人们在悬索桥的设计和施工上进行了巨大的创新与实验。在设计"银桥"的同时，J. E. 格雷纳公司也正在准备建造另一座和"银桥"极为相似的大桥。这座大桥建于 1928 年，位于"银桥"上游的 90 英里处，连接着西弗吉尼亚州的圣玛丽斯（St. Marys）与俄亥俄州的纽波特（Newport）。然而，尽管经过精心设计，这座悬索桥最终还是在 1971 年被拆除，因为人们发现它很可能面临着与"银桥"同样的命运（"银桥"事故发生后，人们并未马上拆除弗洛里亚诺波利斯大桥，因为后者的每根眼杆都有更大的冗余度，即使其中一根出现问题，整个悬索也能保持原有的几何形态）。

　　1924 年到 1928 年之间，另外 3 个著名的眼杆链式悬索桥建于宾夕法尼亚州的匹兹堡。这 3 座大桥分别是美国第六、第七和第九座采用眼杆悬索链的大桥，它们以匹兹堡的 3 位名人——罗伯托·克莱门特（Roberto Clemente），安迪·沃霍尔（Andy Warhol）和雷切尔·卡森（Rachel Carson）——来命名，人们将这 3 座桥统称为三姐妹桥。这 3 座桥是自锚式悬索桥，它们的链式悬索两端连接在用于支撑桥面的加劲梁 ① 上。这 3 座桥之所以选择这种方式锚定悬索链，是因为匹兹堡城市艺术委员会希望它们的设计足够"唯美"，而城市公共设施部与工程师认为，用钢筋混凝土修建的大规模锚定坝，肯定无法满足人们对美感的要求。但如果采用自锚式固定，则意味着大桥加劲梁必须达到一定的重量和高度，才足以抵抗悬索链施加在加劲梁上的巨大压力。虽然 20 世纪 20 年代这样的外观是人们能够接受的，但由于人们对建筑结构的审美标准发生了变化，很快这座大桥在人们眼中就显得不协调了。人们对建筑美感的评判标准，就像对服装和汽车的喜好一样，总是变化无常。

　　1931 年投入使用的乔治·华盛顿大桥（George Washington Bridge）为我们树立起新的设计美学标准，它是第一座跨越哈德孙河的大桥，也

---

① 又称为刚性梁，悬索桥的加劲梁主要起支承和传递荷载的作用，是承受风载和其他横向水平力的主要构件。——译者注

是第一座将纽约和新泽西州连接起来的大桥。在最初的设计中，大桥的桥面很浅，并且没有加劲桁架来支撑它，于是人们在 20 世纪 60 年代给大桥加了一个较低的桥面。大桥最初设计的钢缆和眼杆支撑系统，与最终成型的样式存在一些差异，当然，设计的过程中也考虑到了资金不足时可能要做出的变更。大桥建成之后，人们期望这座大桥能够成为曼哈顿上城（当时还在修建中）到对面新泽西州的交通纽带，这一系列新建的路网一直深入纽约州的哈得孙河西段。最终，大桥的地基、塔柱、钢缆和锚碇都按照"承托两层桥面"的目标来设计，但由于资金的原因，实际施工时只修建了一层桥面。大桥的桥面较宽，人们自然期待它能承担与宽度相符的交通量，因此，桥面自重也非常大。工程师相信，大桥的这个特征，与 4 个大规模钢缆相结合，能够为路面提供足够的刚度，因此没有必要再使用额外的支撑桁架。在最终的设计中，大桥主跨约 10 英尺厚，3500 英尺长，这的确是一个相当纤细的大桥。有了这座大桥作为先例，20 世纪 30 年代的悬索桥，几乎都争取设计成这种修长轻盈的样子。这种审美趋势导致有些桥梁过于修长，部分大桥的桥面甚至还会在风中摆动。1940 年，著名的塔科马海峡大桥便由于摆动幅度过大最终倒塌。塔科马海峡大桥的倒塌使工程师们不得不放弃这种修长的设计，而把安全当作首要考虑因素。到 20 世纪 50 年代时，大桥结构逐渐趋于保守，桥梁结构的审美更偏向于实用性。

与此同时，"银桥"以及与它看起来一样非常笨重的同伴，继续平安地行使着自己的职责。但在这些桥梁行使职责的时间中，桥上交通的流量和交通工具的种类也逐渐发生了改变。设计"银桥"时，当时的普通家用汽车是福特 T 型车，重约 1500 磅；西弗吉尼亚州的道路允许的最重的货车载重是 2 万磅。然而，到 1967 年"银桥"倒塌时，普通家用汽车的总重大约是 4000 磅，道路上火车的载重已经超过 6 万磅。这完全在"银桥"设计者的预料之外。尽管"银桥"的桥面不宽，但设计时应用的安全系数使得大桥能够支撑起比设计容量更大一些的荷载。如果"银桥"的设计者被问到大桥是否能够承受不断增加的荷载，他们也许会表达自己对这类状况的关注。但事实上，很多人在向工程师提出此类问题时，并不是真的想寻求一个认真严肃的答案，他们也不过是随口一问罢了。

1951 年，西弗吉尼亚州对"银桥"进行了"全面检查"，检查后，人们将注意力集中到桥面、人行道和桥墩台上，因为这些部件的混凝土已经出现了不同程度的恶化。也许是不方便在桥面观察大桥悬索链，也许是人们觉得不需要对眼杆投入更多的关注，检查组只是在路面上"使用望远镜"观察了大桥眼杆。显然，在之后的 16 年里，人们并未再对大桥进行过一次更仔细的检查。1967 年，"银桥"倒塌事件震惊了当时的美国总统林登·贝恩斯·约翰逊（Lyndon Baines Johnson），他迅速建立了总统特别工作组来检查大桥的安全性，工作组由当时的运输部部长领导。该工作组的主要任务有 3 个：一是要确定导致事故的原因；二是确定能够替代"银桥"的建筑结构；三是调查美国桥梁总体安全性。1968 年，国会要求运输部部长出台国家桥梁检测标准。与此同时，1970 年以后建造的大桥开始接受国家资助。1987 年，美国通过了一项法案，法案中明确了"断裂临界点"和桥梁水下部分的具体检查程序，而这正是那些引起高度关注的事故容易发生问题的部分。如今，美国每条公路、每座桥梁都必须至少每两年检查一次，这是"银桥"事故留下的有积极意义的遗产。

事故发生后进行的第一项工作是搜寻幸存者及遇难人员遗体。在这个过程中，阻碍救援进度的大桥部件，自然被人们不假思索地切开并扔到一边。在救援和搜寻遗体的工作完成后，事故鉴定工程师才能展开寻找事故原因的工作。为了弄清事故发生的原因，美国国家运输安全委员会建立了 3 个小组：一是证人组，负责收集幸存者和目击者对事故的描述，并解释这些描述背后的深层现象；二是桥梁设计与桥梁历史组，这组负责调查"银桥"的设计方式与修改方式，及其承受荷载的情况；三是结构分析与测试组，其职责包括收集分析桥梁的残余部件，并组织进行相关实验。这 3 个小组都朝着相同的目标努力，希望能够弄清事故原因，就像大桥上各个部件发挥各自作用，最终形成大桥整体结构那样。

找到"银桥"倒塌的确切原因需要克服一些障碍，其中很重要的一点是将坠入河中的大桥上层结构移走——它们会阻碍河道运输。在灾难性的建筑事故发生后，记录残骸的分布情况是非常重要的，同时还应该在不进一步损害这些残骸的情况下，尽可能多地找回并保存大桥散落在河中的各个部件。这个过程说起来容易，但当事故涉及大规模钢结构部件时，实施起来就没那么轻松了。由于重开河道以供船只通行的需求十分迫切，人们将"银桥"的残骸打捞起来后，就直接倾倒在岸边一个占地 27 英亩①的空地上，等待调查组的检查。经历了大桥倒塌带来的最初的震惊之后，研究人员明智地用照片记录下每一个被打捞出来的部件在打捞前的状况，而这将帮助他们在随后的调查中了解倒塌部件的相应位置，进一步确定大桥倒塌时各个部件损坏、掉落顺序等宝贵信息。另外还有一些方法能够有效确认残骸碎片本来的位置，比如"核对"油漆线。给大桥上漆时，在重力的作用下油漆往往形成垂直地面的油漆线，因此，即使一块碎片的几何形态和最初在桥上时已经发生了改变，我们仍然能够通过碎片上的油漆线，确定当初这个部件是哪部分朝上哪部分朝下。尽管这些线索帮助减轻了复原工作的负担，但将大桥回收部分重新组装所要花费的时间，也几乎和当初修建大桥时花费的时间一样多了。

事故发生时，目击证人与现场的物理证据同样重要，他们能够为事

---

① 1 英亩约为 4046 平方米。

故发生前、事故发生时的情况提供宝贵的信息。但不同的人在描述自己看到的、记住的情景时往往有一些差异，而他们将看到、记住的事件与其他信息联系起来的方式则更是千差万别。试图通过对目击者的采访来拼凑出事故发生现场和发展时间线，也是一个相对困难的任务。据报道，这个被描述为"美国历史上最严重的桥梁事故"发生数周后，"调查人员仍无法从目击者的描述中理清事故发生时大桥倒塌的确切顺序"。"银桥"事故的一名幸存者觉得，"这一切都在几秒钟内发生"，但稍后有报道表示"整个倒塌的过程大约是 60 秒"。早期新闻称总共有 31 辆车落入冰冷的河水中，伤亡人数预计为"几人"。但其他消息来源却认为，掉入河中的车辆数目达到了 75 辆。实时新闻报道之间存在差异是普遍现象，新闻工作者们有办法在随后的报道中自圆其说，但这却使得调查组还原事故细节的工作困难重重。

据称在事故发生时有人听到了巨响，这意味着事故发生前或发生时发生了爆炸，因此一队工兵组对打捞上来的车辆进行了检查，以确定是否是其中某辆汽车的爆炸产生了巨响。打捞上来的大桥部件也经过了仔细检查，以排除有人用炸药炸断大桥的可能性。经过详细检查后，这两种可能性都被排除。另有一些目击者称自己听到了音爆[①]。音爆产生的振动足以震碎玻璃，而"银桥"又是一座众所周知的摇摇欲坠的大桥，因此如果真的有音爆现象，那由此产生的振动也的确很可能就是导致大桥倒塌的原因。当然，这个推测随后被其他证据推翻了。

一个早期说法是："事故发生前的一晚，大桥结构一定发生了某种

---

① 物体运行速度接近音速时，会有一股强大的阻力，使物体产生强烈的振荡，速度衰减。这一现象被俗称为音障（sound barrier）。突破音障时，由于物体本身对空气的压缩无法迅速传播，空气会逐渐在物体的迎风面积累，最终形成激波面。声学能量在激波面上高度集中。当这些能量传到耳朵里时，人们会感受到短暂而极其强烈的爆炸声，这就是音爆（sonic boom）。——译者注

激烈的变化，因为当晚有大量的鸽子离开了它们在大桥上的窝。"人们相信（一种没有根据的迷信），如果大批鸟类聚集在一个正在修建的大桥上，这就意味着大桥是安全的，可以经受住它将可能受到的任何测试。如果这种说法是真的，那鸽子离巢也许就意味着大桥结构已经出现问题，桥体强度已经减弱或者即将减弱到能够使大桥倒塌的临界值。

"银桥"倒塌事故的调查工作人员并不认为上面提到的"鸟类迁移理论"具有说服力，但在此次事故半个多世纪前，人们对这类现象的讨论要更为热烈些。1907 年，纽约昆斯博罗大桥（Queensboro Bridge）正在建设中，而同时在建的魁北克大桥却在建设过程中坍塌了。由于两者都是悬臂结构大桥，因此昆斯博罗的安全性成为重点审查内容。幸运的是，当时栖息在河中和岸边的大群鸽子、燕子、鸭子等鸟类仍然每个夜晚都栖息在它们原本的巢中，这似乎对大桥的安全性提供了有利证据。爱德华·E. 辛克莱（Edward E. Sinclair）是昆斯博罗大桥项目中的一名工程师，他表示在他修造桥梁的 20 多年中，从未在修建其他大桥时见过这么多鸟类。辛克莱援引鸟类学家们的话说："大群的鸟类不会在不稳定的建筑结构附近筑巢。"他同时还引用了英国小说家、诗人鲁德亚德·吉卜林（Rudyard Kipling）的故事《筑桥人》（*The Bridge Builders*），来为这种观念背书（但我在吉卜林的故事中却并未找到这类观点）。当时，辛克莱不少同行工程师都评判了他的迷信行为，但辛克莱在一封写给《纽约时报》（*The New York Times*）编辑的信中为自己辩护道，在建设魁北克大桥时，周围鲜有鸟类出现，而这座大桥之后的确命运多舛。辛克莱相信，动物对于建筑的安全性有"一种特殊的直觉"。尽管笃信自己的观点，辛克莱也表示在与其他工程师交谈时，他会保持"谨慎的沉默"，否则工程师们会对这个问题展开"非常激烈的争论"。

如果鸟类的迁移无法解释"银桥"的故障，人们会在其他地方寻找解释。当地一直流传着科恩托克族长的传说，这个传说从美国独立战争时期就开始存在了。那时候，欧洲移民和北美土著正在发生严重冲突，科恩托克族长（Cornstalk）作为印第安部落联盟的领导者，亲自率领着印第安人前去抵抗来自弗吉尼亚州一个部队的进攻。在这次被称为波因特普莱森战斗（Battle of Point Pleasant）的对抗中，科恩托克族长很清楚他的部队不可能在战斗中取胜，于是他询问部下是愿意战斗到死，还是更愿意投降。族长的部下们选择了后者，尽管在战斗中投降，但族长无法忘记这次失败。据说战斗结束 3 年后，科恩托克族长在弥留之际诅咒了波因特普莱森及其周边地区。于是，无论后来发生了什么不好的事情，人们往往将之归咎于科恩托克族长的诅咒，这其中就包括"银桥"坍塌事件。

关于事故的理性调查和分析，其核心部分是制定可信的假设，这个假设能够引导我们的思路。正如其他引起高度关注的倒塌事故那样，在"银桥"最后一块片残骸被拆除前，对于具体是什么原因引发大桥结构问题并导致"银桥"倒塌，一直存在大量猜测。卡耐基梅隆大学的一位教授的观点是，桥梁超载才是"银桥"倒塌的真正原因。大桥的确在交通高峰时段倒塌，但在早些时候，交通也常常同样繁忙，甚至更为繁忙，大桥却并未在那些交通负荷更重的情况下倒塌。当然，就像很多高速路一样，随着时间的推移，货车载重越来的越大，大桥承受的荷载也越来越大，远远大于当初设计时的额定荷载。既然大桥荷载超额的情况已经多次发生，那么，事故发生前，一定有某些特殊的情况出现。然而无论是什么情况，当时的人都没有察觉到。

《科技生活》（*Popular Science*）上的一篇文章将"银桥"事故这个"美国最严重的公路事故"的原因，归咎于其设计上"过于激进"，尤其是它对眼杆链的使用。这篇文章引用了一位工程师的话："一旦眼杆链出现问题，那就是整个大桥的问题。"尽管这句话是工程师说的，但其中表达的意思人人都能看懂。实际上任何结构都存在所谓的"隐蔽薄弱环节"，而设计的目的就是确保这个环节足够强大，在预期载荷和设定的运行条件下，不出现问题。负责"银桥"事故的调查员所面临的挑战是确定导致大桥坍塌并坠入河中的真正的（也可能是隐蔽的）薄弱环节，并解释为何大桥正好在那一时刻倒塌，而不是在别的时刻。

"银桥"倒塌事故有多条线索可以追寻。比如大桥在倒塌时完全解体，因此事故必然是由主要结构部件的失效所引起的，这些结构部件包括了大桥路基、桥墩、塔柱、锚碇和悬索。由于桥墩仍然完好地挺立在河中，人们自然认为桥墩是没有问题的，而这种直观感觉也与潜水员提交的报告相吻合。潜水员同时确认了大桥的路基没有出现严重问题。桥墩仍然整齐地立在河中，所以不可能是大桥下层结构的移动导致了"银桥"倒塌。锚碇同样完好无损。那么只剩下塔柱和悬索链成为可能导致大桥倒塌的主要结构。但究竟是塔柱还是钢索首先出现问题的？最初的变化是如何发生的？在这种情况下，人们想得出一个明确的结论并不容易。据格雷纳设计公司合伙人爱德华·J. 唐纳利（Edward J. Donnelley）称，由于"很难将大桥倒塌的主要原因与次要原因分开"，因此无法对大桥悬索发生的故障做出确定的结论。

大桥残骸的分布情况将我们引向了它倒塌的真正原因。大桥下游眼杆链落到了河上游，跌落在大桥上游段的眼杆链上。这个证据表明，最有可能的顺序是：首先，底部铁链断裂，之后，由于失去铁链上的张力，整个大桥失去平衡，"银桥"上游部分掉了下来，而这部分的掉落也拉动大桥下游部分，最终整个大桥坠入河中。这种分析也与另外几处残骸分部情况相吻合。在最初的设计中，"银桥"有3条车道，但在实际使用中，下游车道被当成人行道来使用，这意味着如果交通正常，那么上游端就不得不承受比人行道一侧更大的负荷。因此，如果最初安装时，两边的铁链强度相同，首先断裂的必然是荷载较重的那边。导致断裂的原因可能是金属疲劳。而且在断裂的铁链中，也的确有一根眼杆链断裂，事实证明眼杆链就是"银桥"的薄弱环节。

事故发生将近 10 个月后，桥梁安全工作组的发布了中期报告，报告中确定了"银桥"的倒塌源于上游段一处眼杆"眼部"[①]的断裂。大桥结构中的其他部分也出现了破裂。该报告指出，尽管"多数裂缝没有表现出典型的金属疲劳裂缝的特征，但工作组将在实验室进一步确认其他裂缝导致大桥倒塌的可能性"。实验室测试预计需要花费至少 9 个月时间。这个实验周期是可以理解的，一是因为每次疲劳荷载的循环都需要花费一定时间，而"银桥"的使用周期长达 40 年，荷载循环多达千万次，在实验室重复这么多次荷载当然需要大量时间。此外，腐蚀是否也在"银桥"倒塌事故中扮演了重要的角色，还有待确定。就像鉴定工程师阿巴·利希滕斯坦（Abba Lichtenstein）在事故发生 25 年后对"银桥"事故的复述中所说的那样，"通常情况下，是多个方面的问题同时发生，才导致了建筑结构崩溃"。

20 世纪 20 年代设计"银桥"的时候，工程师们对金属疲劳的性质认识有限，桥梁建筑业很少关注那些几乎没有任何警告就发生的脆性断裂。如果你观察过五金店店员切割玻璃，那就会对脆性断裂有一定的认识。店员先在玻璃的一面划上刻痕，然后再沿着刻痕将这块玻璃分离开来。折断玻璃的动作一定要非常迅速，玻璃断裂时也伴随着纤维断裂的声音，这种声音类似于锯断木头时发出的那种声音。实际上，就像我们在前面几章讲述的那样，脆性断裂一直在发生，它导致了 19 世纪像迪河大桥那样的铁路桥梁倒塌，导致了 1919 年的波士顿蜜糖灾难，也导致了第二次世界大战期间"自由"号焊接舰的解体，导致了 20 世纪 50 年代中期的哈维兰彗星型喷气客机空中爆炸事故。但直到 1967 年，"银桥"的倒塌，才使得钢结构桥梁设计者意识到，脆性断裂是一个亟待探

---

① 眼杆两端的孔。——译者注

索的问题，因为它悄无声息地影响着无数建筑的安全。

在对"银桥"眼杆的表面进行了仔细检查后，美国国家标准局的约翰·贝内特（John Bennett）注意到了一个细节。眼杆上一段 0.125 英寸×0.25 英寸的区域布满了铁锈，铁锈也侵入了该区域的眼杆内部。但眼杆其余部分的铁锈却相对较薄，这很可能是大桥倒塌后，眼杆在河中短时间浸泡导致的。贝内特认为，在锈蚀严重的那部分，本来有一个在生产过程中产生的微小瑕疵，这个瑕疵在一段较长的时间内越长越大，最终导致眼杆断裂。反复施加的压力和腐蚀作用是导致这个瑕疵变大的主要因素。这一过程被称为"应力腐蚀和腐蚀性疲劳导致的裂纹扩展"，前者是由于应力作用而加速增长的腐蚀作用，后者是由于腐蚀作用而加速增长的裂纹。当眼杆裂纹达到临界尺寸（尽管这个尺寸可能并不大），同时桥上铁链的负荷超过了薄弱环节的负荷强度时，眼杆有裂缝的"眼"就发生了脆性断裂。这导致眼杆承担的负荷整个转移到尚未断裂的另一侧的眼上，由于负荷过重，于是这一边的眼发生了非脆性断裂。随着眼杆眼部破裂，连接眼杆和相邻铁链环的钢销发生错位，另一根眼杆脱落，整个悬索链因此散开。最终，大桥倒塌。这个假设和实验室得出的结论相吻合。

工作组在完成中期报告两年多后，给出了最终的调查结果。报告对当时人们已经熟知的状况进行了总结，描述了确定事故原因中使用的分析方法，并给出了结论和一些建议。报告中包含大量的图片、照片、表格，部分图片显示了大桥悬索链铁链环和桁架连接点的细节，图片还按先后顺序标有编号。报告的事故分析部分包含了眼杆钢材的化学和力学分析报告，大桥实际荷载和预期荷载的比较，以及"通过排除法确定的大桥倒塌原理说明"。"倒塌原理说明"部分比较简洁，标题也很简短——"原因"。报告指出："经安全委员会认定，桥梁倒塌的原因为俄亥俄跨段北眼杆悬索链 C13N 连接处 330 号眼杆下部出现的断裂。该部分断裂是应力腐蚀和腐蚀性疲劳共同作用的结果。"该报告也列出了 3 个造成事故的"间接因素"：

> 1. 大桥设计时间为 1927 年，当时人们并不知道应力腐蚀和腐性蚀疲劳现象，也不清楚"银桥"所处的环境会对桥梁结构造成影响。
> 2. 出现问题的部位无法通过目视的方法进行检查。
> 3. 在已经知道应力腐蚀和腐蚀性疲劳现象的今天，如果不将眼杆拆卸下来，也无法检测到这类问题。

而安全委员会认定设计师在最初设计大桥时并不存在设计上的疏忽，甚至连"间接原因"也不是（在给出这份报告不久之后，NTSB 将设计师的疏忽当作一个"可能的原因"提出）。报告中也未提到这一点。由于设计"银桥"时，人们并不知道应力腐蚀和腐蚀性疲劳会发生在制造大桥眼杆的钢材上，因此调查组判定设计师不需要对大桥倒塌负责，这也是合理的决定。另外，负责检查与维护工作的人员也在此次事故中免于责难，因为导致大桥倒塌的致命缺陷的确是难以检测的。现在看来，将眼杆连接处设计成难以检查的连接件并不是个好主意，同样，每条悬索链上只放置两根眼杆也不是好设计。但"不是好设计"并不意味着这一定是个坏设计。如果使用更耐腐蚀、更抗裂的材料，也许今天"银桥"仍然完好无损。"银桥"事故结果出来后，人们意识到眼杆使用的钢材是易腐蚀、易疲劳的，而眼杆连接件又是难以检测的，因此，该结构被禁止使用。与"银桥"具有类似结构的大桥——圣玛丽大桥也不得不面临被拆除的命运。

报告中包含了"建议"部分，其中强调了对"间接因素"的限制。报告建议交通部长发起或加强一些研究项目，比如对减缓裂纹增长速度措施的研究，对临界尺寸的研究，对相关检验设备的研究，对裂纹增长标准过程的研究，以及对修复有缺陷桥梁技术的研究。报告还呼吁对境内所有桥梁进行强制性定期检查，并且，联邦政府应该对相关工作拨款，而不只是把资金援助和定期检查局限在那些联邦政府资助的项目上。这些都是"美国历史上最严重的桥梁事故"留下的积极影响。

现在看来，能够一点一点恢复事发时的情景，并找出"银桥"失败的原因还比较容易："银桥"事故发生在一条河上，河中的水流量可以通过上游水坝进行一定程度的控制，这不仅方便了救援队在河中搜寻遇难者遗体，也便于人们打捞大桥残骸，最终确定事故原因。如果事故发生在水位较深的湖中或者海洋中，那要找到相关线索就非常困难。20世纪50年代，哈维兰彗星型喷气客机出现多次爆炸事故，事故均发生在半空中。爆炸时，大多数飞机已经飞行到了开阔水域，所以，飞机的碎片散落在海中的一大片区域内。对于飞机失事的原因，人们的猜测包括了从雷击到飞行员人为失误等各种情况。一个态度坚决并且具有强大说服力的工程师怀疑飞机失事涉及金属疲劳，他最终说服哈维兰公司给出一架完整的哈维兰彗星型喷气客机来进行相关实验。该工程师密封机身后在水中模拟了飞机飞行情况，通过加压和减压来模拟飞行时机身受到的压力循环。这位工程师的设想是，当飞机经历反复的增减压力循环时，细微的裂纹会逐渐变大（当然，飞机上裂纹变化的方式与"银桥"有一定差异），而当裂纹达到临界值时，机身就再也无法承受压力增加导致的应力。

在实际飞行中，当裂纹尺寸达到临界值时，飞机会在空中解体为成百上千的碎片，这无疑增加了找到事故原因的难度——即使能够找回飞机所有的残骸，也很难确定事件发生和进行的顺序。因此，为了能更好地控制、观察飞机解体的过程，工程师选择在水中进行相关试验。这位工程师解释道，当飞机出现裂缝时，机舱气压会发生变化，因此即使是很小的裂缝也能够被检测到，这样就能研究相关的破裂口了。如果像飞机实际飞行中那样，将压缩空气填充到测试飞机机身内，出现裂缝时，气压不会迅速降低，裂纹及裂纹的分支往往向多个方向扩展。裂纹扩大的结果可能是整个机身的爆炸性崩解，就像用针扎破一个吹胀的气球一样。如果不将飞机置于水中，飞机解体过程中产生的碎片不仅会破坏实验室设备，甚至可能伤害到实验室工作人员，这些碎片本身也会在解体过程中被损坏，使得重建事件进度、确定事故原因的工作更难以开展。实验室中的试验证实了工程师的假设，裂缝最开始是出现在哈维兰彗星型喷气客机的窗户和机舱口的方形角上，这和迪河大桥梁上凹圆线脚由于压力集中而破裂没有什么不同。对于事故的假设检验，能够使人们最终理解事故的成因和原理。哈维兰彗星型喷气客机的试验为机身设计提供了非常宝贵的经验，就像前面讨论的那样，在高速飞行中，机身的确很容易解体。例如 1988 年的阿罗哈航空公司航班事故，以及 2011 年的西南航空公司航班事故，尽管它们造成的后果并不严重，但却证明了机身更容易出现问题。

1996 年 7 月 17 日，长岛南岸发生了另一种类型的航空爆炸事故。爆炸发生在环球航空公司 800 航班从纽约肯尼迪机场起飞后的第 12 分钟，该航班本来是飞往巴黎。目击者称，他们看到这架波音 747 大型喷气式客机突然变成一个火球，破碎的飞机残骸像下雨一般纷纷跌入大西洋。机上 230 名乘客全部遇难。一些目击者称，他们在爆炸时看见了条纹光线，这意味着飞机是被导弹击中才发生了爆炸。由于一些人执着地认为此次空难是一次恐怖袭击的结果，因此事故调查人员专门在沙漠中进行了模拟试验——将一枚导弹射向废旧的飞机，以验证恐怖袭击的可能性。试验飞机的损坏情况给人们提供了相应的线索，如果 800 航班的确遭受了导弹袭击，那么飞机残骸中自然会呈现与试验机类似的特征，搜寻队也能弄清什么样的残骸是值得注意的。

一段时间后，人们找回了约 98% 的飞机残骸，用这些碎片拼好的飞机显示，它并未被导弹击中。2000 年 8 月，在意外发生 4 年后，美国国家运输安全委员会在事故调查报告中指出，飞机油箱中存在一些油烟，电线短路产生的火星点燃了油箱中的油烟，才最终导致飞机发生大火。在试验飞机上进行的多次实验证明了这个结论。但这份报告并没有说服阴谋论者，即使在事故发生 10 年以后，仍有人认为飞机是被人为击落的。一位空难事故顾问对这类执着的行为提出了自己的解释："人们更容易接受人为故意导致的飞机失事，而难以接受是设计和维护问题导致了空难这个事实。"

会随着时间推移而得到更完善解释的，不只是空难和桥梁事故的成因及原理。拥有"泰坦尼克"号的白星轮船公司，在一本小册子中将这艘豪华远洋客轮描述为"永不沉没的客轮"。当然，就像大家都知道的那样，1912 年 4 月，"泰坦尼克"号在其处女航中沉没，超过 1500 人丧生。即使是在 1985 年，人们在 2 英里深的海水中发现残骸时，"泰坦尼克"号沉没的原因仍然是人们调查与争论的焦点。10 年后的一次考察中，人们发现在船首右舷方向，并未存在任何大的裂缝口。一直以来，人们都认为"泰坦尼克"号右舷有一条由冰山撞击造成的大开口。实际情况正好相反，不是一个单独的大开口，而是船体钢板上的六七个窄缝使海水涌入了船舱。这个发现改变了人们对事故成因的认识。实际情况应该是撞上冰川时，用以固定钢板与钢板重叠处的铆钉由于撞击而脱落，导致船舱进水。进水之后，船头便渐渐倾斜沉入水中，这又进一步导致更多的水流进入船舱，海水逐步淹没越来越多的隔间，直到"泰坦尼克"号再也无法浮在海面。

对铆钉进行的金属性质测试，对发生情形的电脑模拟，以及对位于贝尔法斯特（Belfast）的哈兰·沃尔夫造船厂（Harland and Wolff）造船记录的研究，都表明在船体开裂的过程中，劣质铆钉负有非常重大的责任。造船厂的记录显示，在建造"泰坦尼克"号及其两艘姐妹船

（"奥林匹克"号与"不列颠"号）时，铆钉的供应一直存在问题。修建一艘船需要的铆钉数量超过 300 万颗，而其中一部分来自那些较小的锻造厂。与较大的供应厂商相比，这些小厂生产的铆钉，在质量控制上就没有那么严格了。另一个情况是，铆钉本应该使用品质"最好"的 4 号铁来制造，但实际上，部分铆钉使用的却是品质"较好"的 3 号铁。此外，"泰坦尼克"号还是钢铆钉和铁铆钉的混合物，铁铆钉主要用在船头，钢铆钉则用于船艉段及中部。船体中部承受的应力要比其他部位更激烈一些，对船体的观察支持了这个结论。事实上，船体上的裂缝，在铁铆钉往钢铆钉过渡的地方消失了。

以现代技术检测从残骸中回收的铁铆钉后，冶金学家发现，这些铁铆钉中含有大量矿渣，这些矿渣使得铆钉更易碎、更易断裂，尤其是在北大西洋低温而寒冷的环境中。20 世纪初，造船工匠们也许并不知道这类相关理论，但工匠们根据经验已经了解到，重要的船舶配件、设备需要使用"最好"等级的钢铁来制造，这些设备、配件包括锚、铁链，以及铆钉。无论出于何种原因，"泰坦尼克"号使用的劣等质量钢铁，都使得它成为一艘脆弱的轮船，而由此导致的事故，其后果也是毁灭性的。

与充满了戏剧性的"泰坦尼克"号一样令人印象深刻的，是另一艘船，"埃德蒙·菲茨杰拉德"号（Edmund Fitzgerald）。它的故事已经成为美国五大湖地区的传说。该船是西北共同人寿保险公司的一项投资，它的名字来源于公司董事长埃德蒙·菲茨杰拉德。1958 年，"埃德蒙·菲茨杰拉德"号开始运行，它当时是五大湖上最大的船只，并且，由于圣劳伦斯航道对于船只的限制，它很可能会一直是五大湖区最大的船只。

1975 年 11 月 9 日，"埃德蒙·菲茨杰拉德"号载着 29 名船员和 26000 吨矿石离开威斯康星州的苏必利尔。当时平原地区的风暴正向湖区推进，相关部门也发布了苏必利尔湖区域的大风警报。于是"埃德蒙·菲茨杰拉德"号在行驶过程中尽量靠近加拿大边境，借助陆地的保护确保航行安全，尽量避免风暴带来的波浪。这些信息来自一位频繁与"埃德蒙·菲茨杰拉德"号进行交流的船长，而这位船长眼睁睁看着"埃德蒙·菲茨杰拉德"号从他的雷达上彻底消失。由于事故没有目击者，调查人员不得不根据船只残骸分部情况分析事故原因。调查报告称，"埃德蒙·菲茨杰拉德"号遇到大风浪，湖水冲上了甲板，涌入了一个密封舱。船体因此加重，吃水更深，从而导致更多的水涌上夹板。当最后一个大浪打来时，"埃德蒙·菲茨杰拉德"号被整个掀翻了。因为载有货物，船首最先沉入水中，并很快坠入湖底。此时，船只的整体受力不平衡，"埃德蒙·菲茨杰拉德"号被从中间折断，并且由于惯性，船尾部分迅速翻转，落在船头前面。五大湖区海难历史协会（the Great Lakes Shipwreck Historical Society）就这次事故组织了 3 次打捞工作，尽管 1995 年潜水员取回了船上的铜钟，但关于船只沉没的进一步原因并没有因此浮出水面。五大湖沉船博物馆（the Great Lakes Shipwreck Museum）表示，"埃德蒙·菲茨杰拉德"号的沉没"仍然是所有五大湖区海难故事中最神秘、最具争议的"沉船事故，"只有'泰坦尼克'号的故事能够在各方面超过它"。

　　有些事故，尽管事故成因并不清楚，但也不妨碍它成为传说。毫无疑问，我们应该对事故成因进行详细研究——不仅因为这是一次事故，还因为这次事故的惨痛教训。在"银桥"事故的调查过程中，调查员没有放过一个细节，眼杆上的发现也对确定事故原因起了决定性作用。"银桥"事故的根源在于大桥的设计，这个设计增加了检查的困难程度，也导致了事故的必然发生。如果说某次事故是由设计本身导致的，那么"银桥"就是最经典的案例。但如果说工程师在设计这座大桥时有什么特别意图，那唯一的可能性就是荣誉。没有人会故意设计一座必然会倒塌的桥——"银桥"的设计师和其他所有工程师之所以会给出这样的设计，是因为设计这些建筑物时，他们并不了解材料的所有特性，也不能完全理解细节设计对整体结构的影响。当然，这也可能是由于他们过于傲慢，过于依赖起到双重作用的眼杆。现在看来，工程师的设计不应该如此无知，他们应该意识到自己的设计选择隐藏着灾难性的后果。但那时的人们并没有这类相关知识来帮助他们排除错误的设计选择。如果说"银桥"的倒塌有什么积极之处，那应该是它提醒工程师，一定要尽最大可能小心谨慎地工作，时刻铭记我们仍然处于探索工程知识的过程中，即使是最小的设计抉择也可能存在难以察觉的后果。"银桥"事故是悬挂在世界上每一位工程师头上的警钟。

第八章 工程师的责任

工程师们总是追求成功，但他们也记着失败。对加拿大工程师来说，这种对于潜在设计缺陷的关注，源于一个多世纪前发生的一次事故。1907 年，魁北克的一座大桥在施工过程中倒塌了很大一部分。在这之前，规划者预计，这座主跨长度达到 1800 英尺的悬臂桥建成后将创造一个新的世界纪录。当时已经在服役的很多大跨度桥，都是在付出了极高代价后才顺利完工的。有一种迷信的说法是，建一座桥时，每花 100 万美元，就会有一个人用生命为这个工程付出代价。事实上，如果价值 2500 万美元的魁北克大桥最终在 1917 年按时完成，那在这个过程中丧生的建筑工人数量，很可能会达到 90 人。

1907 年的事故夺去了 75 名工人的生命。它之所以会发生，一是因为工程师没能正确估算出大桥的整体重量；二是尽管当时已经有人指出钢材受压过大，但驻场工程师并未将这个警告放在心上；三是因为首席工程师频频缺席，他把施工指挥权交给了没有多少工程经验的年轻工程师。魁北克大桥的事故是一次沉痛的教训，加拿大工程师们把这个教训记在脑海中，并时刻提醒自己。因此，现在的加拿大工程师，无论是在办公室还是在现场都不太可能再犯类似的错误。近些年来，美国也有越来越多的工程师模仿这种做法，但是，美国人并没有明确地将他们的工作与这些失败案例联系起来，没能从单个事件推算出一般原则，无论是在理论上还是在实践中，无论是在这些工程师的在校期间还是离校以后。

这是散落在圣劳伦斯河畔的魁北克大桥的残骸。该桥于 1907 年 8 月坍塌，当时桥梁还在建设中。据称，这次事故吞噬了 75 名建筑工人的生命，触目惊心地展示了工程中的粗心大意和注意力不集中会导致多么可怕的后果。加拿大在 20 世纪 20 年代的钢铁交易，也受这次事故的影响颇深。

　　和许多历史悠久的工程学院一样，耶鲁大学的"科学学院"从 19 世纪中叶就开始逐渐演变成工程学院。1863 年，它颁发了美国历史上的第一个工程学博士学位。这是耶鲁大学众多荣誉中特别的一项。而作为耶鲁大学的第一个工程学博士，约西亚·威拉德·吉布斯（Josiah Willard Gibbs）也最终成为这个国家最杰出的科学家之一。他的博士论文《汽车正齿轮齿形研究》（*On the Form of the Teeth of Wheels in Spur Gearing*）也许正是推动他做出最后决定的关键：他决定留在耶鲁，并且担任数学物理学教授。他对化学反应中的热力学进行研究，奠定了物理化学学科的理论基础。此外，吉布斯对统计力学领域的发展也贡献良多。统计力学在概念上将分子层面的力学和热学现象结合到了一起，因此也将原子、分子等微观粒子的相关知识与材料性质联系起来。20 世纪初，吉布斯正式将这个新兴领域命名为"统计热力学"。

　　但耶鲁大学工程学院的悠久历史，并没有使它完全避开麻烦，早期的成功也没能帮助它避免之后的失败。至少，在一部分管理者看来是这样。1994 年，耶鲁校友杂志上出现了一篇关于耶鲁重建工程学院的文章。这则新闻之所以有报道价值，是因为它代表了院校可能会朝着好的方向，发生某种改变。1963 年（耶鲁的财政困难时期），校长小金曼·布鲁斯特（Kingman Brewster, Jr.）宣布，耶鲁传统的工程学院将与"工程和应用科学学院"进行合并。20 年后，校长本诺·施密特（Benno Schmidt）在调整院系构成时，针对工程系进行了大刀阔斧的调整，并裁剪了大量教员。一些观察家担心，工程学相关专业会因此在耶鲁大学消失。事实证明这并不是一个好计划，施密特自己也成了这个计划的牺牲品。没过多久，耶鲁就任命理查德·莱文（Richard Levin）为新校长，这位新校长宣布将重建耶鲁大学工程教育和工程研究部门领导体制。莱文就这项决定的重要性说道："科技已经改造了，也将继续改造我们生活的这个世界，而如果一所大学存在的目的，是为社会培养引领我们的国家和世界前进的人，那么大学就应该为工程和应用科学的研究提供空间。"耶鲁大学工程教学与研究工作的后续发展，也确实值得期待。

　　正当施密特宣布精简耶鲁大学工程学学科时，在耶鲁大学担任核结构实验室主任的物理学教授 D. 艾伦·布罗姆利（D.Allan Bromley），正在他漫长的休假期间为政府服务——他被乔治·赫伯特·沃克·布什（George Herbert Walker Bush）政府任命为首席科技顾问。这段时间里，布罗姆利与许多有影响的工程师打过交道，其中不乏一些耶鲁校友。耶鲁校友录上有一篇关于布罗姆利的文章，文章附有一幅醒目的、占据校友录整整一版的布罗姆利照片，正是这幅照片中的细节暴露了他的工程师身份。

　　在照片里，布罗姆利的衣着很是时髦。他穿着白底深色条纹衬衫，外面是一件海军服样式的西装外套，衬衣领口上是一个红色的领结。这些颜色很好地呼应了他身后的那幅抽象画。在大胆的画作前，个子不高的布罗姆利显得非常自信，略有歪斜的领结和胸前的手绢也只是勉强抵消了他脸上严肃的表情。他的左手插在裤袋中，右手向前伸出，拿着一副金属边框眼镜，眼镜的轮廓在深色外套的映衬下显得非常清晰。而衬衫袖口漏出的白色，正好平衡了胸前手绢的白色。所有这一切都展现出了一位领导者的自信，但布罗姆利拿眼镜的右手手背向外，我们可以看到他小拇指上的饰品——一枚不锈钢小指戒，这表明了他的工程师身份。也许正是这枚戒指的存在，使华盛顿其他工程师将布罗姆利视作了他们中的一员，而不是科技部的一个政治人员。这枚看似平常的戒指对具有一定知识的工程师发出了一种信号，那就是布罗姆利很可能和他们一样，认为施密特的院系改革和耶鲁大学对工程学院的态度是"对工程专业的侮辱"，而这样的状况必须改变。

值得注意的是，布罗姆利的名声并不是建立在他的工程工作上，而是建立在他的科学家身份上。布罗姆利在罗切斯特大学（University of Rochester）获得核物理学博士学位，随后在耶鲁大学从事了几十年的核物理教学和研究工作，在此之后才去了华盛顿。他本人从未忘记这一点。除此之外，布罗姆利保留的这枚戒指也说明了他来自加拿大工程界这一事实。1926年，布罗姆利生于加拿大安大略省（Ontario）东北部的小村庄韦斯特米斯（Westmeath）。18岁时，他进入安大略省金士顿的女王大学接受教育，并于1948年获得了工程物理学学士学位。除了在毕业典礼上接受学士学位，布罗姆利和他的同学们还参加了一个小型的、半公开的活动。这个活动俗称"铁戒仪式"，正式名称是"工程师责任仪式"（Ritual of the Calling of an Engineer）。仪式上，布罗姆利需要背诵《工程师的义务与责任》声明，声明的内容是工程师的责任和荣誉，这与医学院学生毕业时背诵的誓言大同小异。

D. 艾伦·布罗姆利（1926—2005），这张照片拍摄于他担任耶鲁大学工程学院院长期间，照片中他自豪地佩戴着标志着他工程师身份的小指戒指，这也表示他很可能是在加拿大接受了相关教育。人们认为这枚多面环形戒指是在布罗姆利参加加拿大工程学士毕业仪式时获得的。这枚戒指由魁北克大桥残骸制成，用来提醒人们对过去失败的敬畏。20 世纪 70 年代开始，美国工程师也开始效仿加拿大的这个传统，只是戒指材料由易生锈的铁换成了不锈钢，而不锈钢戒指的轮廓也更为柔和。

医学院毕业生的《希波克拉底誓言》，已有 2500 年历史，其主要内容是约束医务工作者在医务实践中的行为道德。尽管誓言名称是希波克拉底誓言，但研究者认为这段誓言更可能来自毕达哥拉斯的追随者，而非希波克拉底。不管这段文字来源如何，它都经历了上百年的社会变迁，并被传播到不同的文化中。誓言中的准则并未因时间或社会背景的变迁而褪色，在 21 世纪也依然适用。因此，现在的医生也会宣誓称"未经严格训练……绝不擅用手术刀"。20 世纪初出现的工程师行为准则，也在内容上回应了医生的誓言。应美国土木工程协会要求，其成员必须"将公众的安全、健康、福利放在首位"，并"只提供其职权范围内的服务"。

工程师誓言最初来自加拿大，包含了前人总结的工程原则，而工程师之戒则象征着这个誓言。年轻的艾伦·布罗姆利在加拿大完成工程学学位时拿到的那枚戒指由熟铁铸成，随着时间推移，这枚戒指逐渐被铁锈包围，于是，布罗姆利和其他人一样，用一枚不锈钢戒指代替了之前那枚熟铁戒。出现在耶鲁校友册布罗姆利照片上的戒指，就是这枚不锈钢戒指（事实证明，象征着故障和失败本身的纪念物也会发生"故障"）。在照片中，我们能够看到戒指和布罗姆利的小指紧紧贴合在一起，因此不难推断他几乎一直把这枚戒指戴在手上。照片上的这枚戒指不仅意味着布罗姆利习惯使用右手，也意味着他一直将自己视为一名工程师。按照传统，工程师之戒应戴在右手上，而且佩戴者必须是一名工程师。尽管"铁戒仪式"是加拿大工程业的一项传统，但并没有人强制要求每一个得到工程师之戒的人都必须从事工程业。不过，实际上参加了"铁戒仪式"的人基本都是在离开了工程界之后才摘除铁戒的。有时候，家里的长者会将铁戒传给年轻人，有时候，作为仪式的一部分，铁戒也会由导师直接授予给学生。

"铁戒仪式"起源于 20 世纪 20 年代初，当时多伦多大学的采矿工程教授赫伯特·E. T. 豪尔顿（Herbert E. T. Haultain），希望能够提高工程业在工程师心中的分量。于是他构思了一个类似于年轻医生宣誓服从《希波克拉底誓言》的仪式。1889 年，从多伦多大学毕业后，豪尔顿曾在欧洲和英属哥伦比亚从事采矿业，在工作中，他获得的采矿工程第一手资料使他相信，有必要向年轻工程师们灌输较高的道德准则。当时，部分并不具备专业知识的工程师也在从事相关工作，这种情况自然增加了工程失败的概率，而豪尔顿对此非常感慨。20 世纪初，工程工作不受约束的情况相当普遍，但有志之士正逐渐将工程师道德规范向外传播，专业协会也在此期间建立起工程师注册制度。但豪尔顿还是希望能够创办一个组织，将加拿大各行各业的工程师团结起来，不论专业。

1922 年，在蒙特利尔的一次会议中，豪尔顿谈到了他的担忧。这次会议的参与者是加拿大工程研究院过往的 7 届主席，而工程院的前身正是加拿大土木工程师协会。18 世纪后期，人们开始用"土木工程师"来指代所有的非军方工程师。19 世纪中叶，随着铁路、电报等行业的发展，在许多国家中，越来越多的工程师按不同专业，将自己分成机械工程师、电气工程师、矿业工程师等，并按专业组成了不同的专业工程师协会。由于加拿大工程师数量远少于美国，加拿大土木工程师协会仍然将所有的非军事工程师都包含在内，但越来越多的工程师开始反对这个安排。因此，土木工程师协会更名为工程研究院以显示其兼容多学科工程师的特点。在蒙特利尔的会议上，工程院过往的这些主席们接受了豪尔顿统一工程业的想法，并鼓励他继续追求这个目标。

豪尔顿希望能够为那些尚未接触到课堂外世界的年轻工程师举行一个私密的、正式的仪式，于是他写信给当时也在加拿大的鲁德亚德·吉卜林，让他为这个仪式撰写誓词。吉卜林早已在文学和工程学界享有盛名，1893 年，他在《伦敦新闻画报》(*The Illustrated London News*) 的圣诞节特刊上发表了感人的短篇小说《筑桥人》，1907 年又发表了诗歌《玛莎的孩子们》。《玛莎的孩子们》源自《福音》中的卢克章节（10：38—42），文中，基督来参观玛莎的房子，并允许玛莎的妹妹玛丽坐下来听他的教诲，而不用像玛莎一样为大家服务。吉卜林在诗里将继续工作的玛莎和她的孩子比作工程师，正是因为他们的工作，整个房子才得以正常运转。这首诗传达了这个想法：

玛丽的儿子很少为生活烦恼，

因为他们都继承了丰厚的遗产；

但玛莎的儿子们更像他们的母亲，

玛莎有一个关心他人的心，

但她现在却陷入困境。

因为她曾经粗鲁地对待我们的主，她的客人，

她的儿子只能排在玛丽的儿子后面，

永无止境的等待，一刻也不得停息。

他们准备了食物和坐垫

正是由于他们的照料，齿轮才会啮合；

正是由于他们的照料，门锁才能自由开合；

正是由于他们的照料，车轮才能顺利转动；

正是由于他们的照料，玛丽的儿子才能安全出行，安然归家。

尽管后来有一些工程师在阅读吉卜林这首诗时，会感到一些不舒服（因为工程师被比喻成了管理者的二等公民），但豪尔顿那一代的工程师都兴高采烈地接受了"玛莎的儿子"这个定位。对于豪尔顿的邀请，吉卜林回应积极，在咨询加拿大工程团队后，他开始设计"工程师责任仪式"，并起草了工程师《义务守则》——一名工程师应当尽力避免参与质量低劣的工程，并"带着荣誉守护"他们的职业声誉。参与仪式每位工程师需要在一份《义务守则》上留下个人签名，以表示认同和遵守守则上的内容。不过，仪式本身是不对公众或媒体开放的（随着时间的推移，该仪式逐渐对与会者父母开放，仪式的内容也不再是秘密）。

签署《义务守则》的做法并非豪尔顿或吉卜林首创。事实上，1660年创立于伦敦的英国皇家学会，直到今天仍然保持着每一个新的研究员和外籍会员入会时都要签署《学院宪章》的传统。1663年，在授予第二次皇家特许时，皇家学会首次提出了这个宪章，并确立了学位的基本结构。签名页面的开头是"英国皇家学会院士的义务"：

我们在此宣誓，在此承诺，

我们将为皇家学会贡献一生，

为推动科学知识发展竭尽所能，

这是理事会赋予我们的权利，

我们将遵守学会章程，行使我们应尽的义务，

当我们需要退会时可以向主席表明我们的意愿，

直到我们退会，这些义务与责任才能终止。

据"铁戒仪式"网站称，吉卜林为这个被称为"工程师责任仪式"的活动所写的誓言也与此类似："举行仪式是为了对年轻的新工程师们进行指导，使他们的工作更加专业，也帮助这些新工程师意识到自己的社会责任。当新工程师进入工程业时，仪式也提醒那些更有经验的工程师，他们负有欢迎和指导新工程师的责任。"首届"铁戒仪式"于1925年举行，最初的铁戒是由未经抛光的锻铁做成的，吉卜林将这种铁称为"冷铁"。吉卜林还表示，这枚未抛光的多面体戒指象征着年轻人未经雕琢的思想，边缘的棱角还没有因经受磨砺而变得平滑。尽管有人说诗人用"冷"这个形容词来修饰铁戒的材料，是因为工程师们犯下的错误并未得到原谅，但《铁戒》这首诗将"冷铁"一词放在了一个更积极的语境中：

黄金属于情妇，白银属于女仆，

黄铜属于狡猾的工匠，

男爵坐在大厅里表示赞同，

"无论是什么金属，冷铁，才是它们的主人"。

有一位工程师曾经说过："铁戒预示了工程师和工程项目之间的联

系。"铁戒的圆形象征着工程工作和工程方法的连续性，而圆形也是工程设计过程的象征，这样的比喻，对于不了解工程的人来说似乎是循环论证。按照传统，用来制造铁戒的材料应该是灾难性工程事故遗留下的残骸。布罗姆利就认为他的铁戒来自命运多舛的魁北克大桥。经历了那次事故后，魁北克大桥不得不重新设计。但不幸的是，1916 年，它遭遇了第二次事故——大桥中部的桥跨在吊装过程中落入水里，这次事故使工程界更加尴尬。大桥最终于 1917 年建成，之后就横跨在圣劳伦斯河上，象征着加拿大和加拿大工程界的决心。这座桥也是进入加拿大的门户，移民们往往先要通过这座大桥，才能到达加拿大境内。今天，这座桥仍然是世界上最长的悬臂结构桥，它提醒着加拿大工程师，尤其是那些戴着铁戒的工程师，在工程中要兼顾设计与施工，并且无论条件多么艰难，都要在逆境中坚持下去。

铁戒的材料来自魁北克大桥的故事肯定是杜撰的，因为建造大桥的材料并不是锻铁，而是强度更高的钢。锻铁更容易锤打成一个多面体环，但钢却没那么容易。实际上，关于铁戒最开始的材料，存在多个版本的说法。其中一个版本是，这枚戒指最初是由参加过第一次世界大战的加拿大老兵制造，当时这名老兵正在多伦多退伍军人医院接受治疗。戒指的材料是普通的铁管库存原料，这种材料在很长一段时间内都是制造铁管的标准材料。另一种说法是，早期的铁戒是由英属哥伦比亚省的中南部城市——坎卢普斯（Kamloops）的铁路道钉制作而成。这两种说法都可能是真的，"铁戒仪式"的参与者来自加拿大各地，他们会为自己的戒指找寻材料，因此每一枚戒指的材料来源都各不相同。无论铁戒的材料是什么，这枚戒指都蕴含了丰富的象征意义。铁戒上的多个平面据说是对工程师们的"犀利提醒"，提醒他们相关的责任与义务，并督促他们认真工作。当铁戒还很新时，这样的"提醒"尤为有效，因为这枚铁戒上的棱角"几乎和锯齿一样锋利"。而随着时间推移，原本锋利的棱角逐渐变得光滑，铁戒上逐渐平滑的边缘意味着不成熟的思想从年轻工程师的头脑中消失，他们变得更加成熟、更有智慧。铁戒也被认为是"谦逊的象征"，在被磨去棱角的这些年中，工程师的经验也得到相应的积累。艾伦·布罗姆利最早是在加拿大的电气工业中汲取了相关工程经验，之后他将这些经验带到了耶鲁大学，也因此挣得了用一枚新的不锈钢戒指取代最初那枚生锈铁戒的权利。从此之后，用不锈钢来代替铁戒成为新的惯例。

无论最初的铁质戒指还是近期不锈钢制成的"铁戒"，它们都被称为"铁环"。与此同时，铁戒的传统也是严格制度化的。1922 年，"工程师责任仪式"获得加拿大工程学院过往 7 届主席的支持，7 位主席建立了"七位守护者联合会"（the Corporation of Seven Wardens），负责管理责任仪式（7 位主席也被称为"联合会创始守护者"，Founding Wardens of the Corporation）。随后 7 位主席在当地建立了名为"坎普斯"（Camps）的工程组织，而坎普斯 1 号就成立于多伦多大学。今天，多伦多市区的 4 所大学，瑞尔森大学、安大略理工大学、多伦多大学和约克大学，均与多伦多坎普斯有着密切的联系。多伦多坎普斯是唯一能够提供工程师铁戒的地方。尽管坎普斯在地理位置上与高校重叠，但它独立于加拿大任何学术或非学术机构。

经过一段时间的发展，加拿大的铁戒传统也逐渐为美国工程师所知。我第一听说"铁戒仪式"是在 20 世纪 60 年代，当时我还是个研究生。和其他中西部地区的大型院校一样，伊利诺伊大学的工程类研究生项目也吸引了不少加拿大人，理论与应用力学系也不例外。作为一个来自纽约的年轻研究生，我很快便能分辨出学校及周边小镇的各种东海岸之外的口音。在这样一个充斥着陌生口音的地方，我对自己家乡的口音尤为敏感。对我来说，加拿大的口音有一种亲切的熟悉感，它隐约让我想起了我那些在罗切斯特（Rochester）生活的亲戚。罗切斯特离大西洋数百英里远，是安大略湖南岸的一座内陆城市，罗切斯特居民只需乘坐渡船就能到达位于对岸的多伦多。没过多久，我就发现了加拿大工程专业学生的独特之处：一方面是他们的口音，另一方面，他们会在小指上佩戴一个多面铁戒。这些戒指未经抛光，看起来并不像一件首饰。在和加拿大同事混熟以后，我向其中一人询问了铁戒的用途，了解到"铁戒仪式"这个传统。深夜几杯啤酒下肚后，几乎任何事情都可能变成公开的秘密，但我对"铁戒仪式"的了解却一直非常有限。

当然，我并不是第一个对加拿大工程师的铁戒感兴趣的美国工程师，我也不是第一个了解到铁戒的重要意义的人。20世纪50年代初，一位土木工程师劳埃德·A.切西（Lloyd A. Chacey）写信给"七位守护者联合会"，询问是否有可能将"铁戒仪式"的开展范围延伸到加拿大边界线下方的美国。尽管切西的愿望是美好的，但活动的"版权"却成为扩大"铁戒仪式"举行范围的最大阻碍。不难想象，加拿大人并不希望"铁戒仪式"的本土传统意义由于参与人数过多而被稀释掉。但切西仍然保持着和"七位守护者联合会"的联系。1962年，俄亥俄州专业工程师协会的两名工作人员霍默·T.博顿（Homer T. Borton）和G.布鲁克斯·欧内斯特（G.Brooks Earnest）应邀前往加拿大，参加"铁戒仪式"。美国人也借此机会，获得了一个可供参照的"仪式模板"。到了20世纪60年代中期，一群俄亥俄州的工程师打算正式在美国为工程师和工程业建立其独有的秩序。

20世纪60年代末期对于美国工程师来说，是一个艰难的时期。人们攻击工程师是战争的支持者，也指责他们破坏了环境。由于当时困难的政治环境，再加上工程师自己的性格特点，美国工程师对于任何新鲜事物都倾向于严阵以待。在这种情况下，要建立起一项模仿加拿大的新传统自然不太现实。到了1970年，全国各地的校园反战示威者倾向于把工程师视作武器扩散的同谋，而克利夫兰州立大学发生的学生骚乱事件使一些工程专业学生意识到，应该通过一些积极的方法来传递关于工程业和工程师的正面信息。与博顿和欧内斯特一起工作的布尔·布什校长（Dean Burl Bush）一直希望能够在美国建立一个本土的"铁戒仪式"，于是他向学生讲述了这个想法。3 个星期后，布什校长在美国组织了第一次"钢戒仪式"，这些戒指的材料来自不锈钢管，通过金属车床制成。这次仪式的确切时间是 1970 年 6 月 4 日，参与者共有 170 人，包括工程学高年级的学生及一些教职工。不久后，这项仪式演变成一项全国性活动，劳埃德·切西也因为对美国"钢戒仪式"做出的巨大贡献，成为这项活动的理事秘书。

该仪式的目的是"培养职业工程师对工程工作的自豪感与责任心，消除培训和实践之间的差距，给公众提供一个识别工程师身份的明确标志"。有克利夫兰州的先例在前，其他工程师团体和工程专业学生也开始举行这样的仪式。美国的这项活动明显是以加拿大活动为蓝本，只是没有吉卜林的授权。1972 年，加拿大工程师责任仪式的管理员调查了美国的相关活动，检查了活动仪式手册和活动中使用的戒指后，得出的结论是"美国举行的相关仪式并未侵犯加拿大'铁戒仪式'的版权或专利权"。而对于美国人的"借鉴"，加拿大"七位守护者联合会"的首席代表表示：这是他们的荣幸，衷心祝愿活动成功，希望美国的活动能够推进工程师之间的同门之谊。

尽管仪式形成时间不长，但到了 20 世纪 80 年代中期，美国已有 30 多个州举行过"钢戒仪式"，数以万计的年轻或年长工程师朗读了美国版的《义务守则》。有几次我参加会议的时候，会议举办地也正在举行"钢戒仪式"，出于对仪式的浓厚兴趣，我作为旁观者参与了这些仪式。这些公开举行的仪式大同小异，它们的基本内容包括讲述仪式的起源与历史，介绍举行仪式的目的，以及强调工程师的责任和戒指的重要性。接受戒指后，这些工程师开始大声诵读《义务守则》的内容，以表示接纳仪式宗旨。《义务守则》的内容如下：

> 我是一名工程师。我为这一职业自豪。作为一名工程师，我有我的义务。
>
> 自石器时代起，工程进步就推动着人类社会的发展。工程师能使大自然中那些本无法使用的资源变得可为人用。工程师们将科学与技术用于社会。如果没有前人经验的累积，那我的努力也只是微不足道。作为一名工程师，我保证本着诚信公平、宽容尊重的原则进行工程工作，为工程工作努力奉献，始终铭记工程工作的目的是通过最优方式来利用大自然资源为人类服务。
>
> 作为一名工程师，我将遵循指导、谦卑工作。我只会在那些诚实守信的企业工作。在需要的时候，我将毫无保留地为公众利益奉献我的知识与技能。在履行职责时，我将尽我最大的努力并忠实于我的职业。

20 世纪 80 年代，仪式上会分发一本小册子，册子中强调了上帝和国家的重要性，也印有一些彩色照片，照片的内容包含了美国国旗、烟花，以及"阿波罗"8 号拍摄到的地球照片。《义务守则》则印在这本册子的封底。随着时间的推移，人们对《义务守则》中的部分词句进行了改动，但绝大部分内容和最初的一样。

诵读过《义务守则》之后，与会工程师就能拿到他们的戒指。与加拿大"铁戒仪式"的多面体戒指不同，美国的戒指很普通，它的表面很光滑。仪式演讲台旁边的一个桌子上放着一个直径约 1 英尺的戒指模型，这个模型是按照美国版钢戒的形状打造。随后我在"钢戒仪式"的网站上找到了这枚戒指的设计图和其他信息，戒指模型表面涂有环氧铝粉，模型戒指放在一个暗销上，暗销连接着木质底座以固定这枚"戒指"。从远处看，这个木制模型的确像是一枚巨大的金属戒指。这座模型不仅是仪式的象征，实际也是仪式的一部分。当叫到某位工程师的名字时，这位工程师先是要走到放着模型的桌子前，将一只手（通常是惯用的那只手）穿过模型，然后才能接受授戒人戴到他小拇指上的钢戒。每位工程师小拇指的直径不同，为了避免将戒指混淆，在念出工程师名字的同时，还要念出相应戒指的尺寸。

仪式的规则也与加拿大相似，"仪式并不会建立会员组织，也不会召开集会或要求工程师支付会费。仪式的目的是为工程师确立一个统一的终生目标"。因此，除非参加"钢戒仪式"的工程师在未来某些项目中充当观察员，否则在以后的职业生涯中，他们很难再有任何更进一步的正式交往。

我从未亲自观看过加拿大的"铁戒仪式"，而即使我已经和加拿大的同事喝过很多次酒，我也从来没有问过他们，加拿大的仪式究竟如何进行。尽管如此，在一本 1994 年出版的工程学入门教材中，我见到了加拿大版的《义务守则》。多年以后，我还在网络上找到了包含这个文本的 PPT 演示文档，这个文档是给 2006 年毕业的阿尔伯塔大学工程专业学生准备的，以便他们能够提前了解"铁戒仪式"的流程。除了部分文字表述的差异，加拿大版本的《义务守则》和美国版大体相同：

　　我某某某，今天与我的同行一起，将我的荣誉与冷铁结合。依仗我的知识与能力，我将不断前行。

　　我不会辜负时间，也将竭尽所能；凡我经手的工作，我将使其尽善尽美。

　　我将索取公平的报酬，捍卫我的荣誉与权利；我绝不为此损害他人利益。

　　无论在什么领域，我将竭尽全力不去嫉妒或轻视我的同行。

对于以后我可能会犯的错误，在此我事先祈求神的宽慰。祈祷神能在我受到诱惑时、身心疲惫时，给予我心灵的安慰；在我工作时，监督我、约束我的行为。

以寒铁之名起誓，在神的帮助下，我将遵守约定，不辜负这份荣誉。

除了《义务守则》文本，阿尔伯塔大学的幻灯片还介绍了仪式的流程：仪式上与会者需要穿职业装；他们将被邀请成为阿尔伯塔省专业工程师、地质学家和地球物理学家午餐会的嘉宾；仪式会在午餐后举行；仪式只对与会工程师和他们带来的客人开放，每位工程师可以带来 2 名亲友参加仪式；工程师们将在仪式前佩戴戒指；现场不允许拍照，也不许迟到。另一个幻灯片提供了仪式本身的一些信息，例如"七位守护者联合会"的会长将主持这场活动。

仪式中要用到一个铸铁砧，就像人们修建魁北克大桥时用的那种，这个铸铁砧象征着铆钉。人们敲击铁砧 7 次，发出摩斯电码中的 S–S–T 字母串，这个字母串代表着英文中的"石头与钢铁经得起时间的考验"，也代表着"人的精神与灵魂也要经得起时间的考验"。开场白过后，人们将阅读《以斯拉记》（*the Book of Esdras*）中的句子："我深知人类知识存在局限，我必谦逊行事。"之后便是诵读《义务守则》，并由院长们亲自将戒指戴在未来工程师的手指上。在仪式的最后，大家要朗诵一首吉卜林的诗歌，这首诗第一次出现是发表在《工程师》（*The Engineer*）期刊上，诗的内容如下：

内容细致的教科书；

材料可以承受的各种力；

当梁承受不了桥梁的重量时，

承受责备的却是人，

受到责备的不是梁，而是人！

在仪式的结尾诵读这首诗，适时地提起魁北克大桥事故，自然会将工程师们的思绪拉回到失败和责任上。之后人们再次敲击铸铁砧 7 次，以表示仪式已经结束。

据称，参与加拿大工程师责任仪式的工程师，在仪式进行的过程中要一直抓着一条链子，链子的一端连着一件象征着工程失败的人造物。这个象征着失败的物品可能是一个铆钉，或者是从魁北克大桥原址上找到的其他钢质零件，又或者是来自其他失败建筑的具有特殊象征意义的碎片。无论这个物品和工程失败有着怎样的联系，它的象征意义无疑都指向了"铁戒仪式"的起源。

加拿大和美国的《义务守则》，在时间上差了近半个世纪，反映了两国组织者不同的关注点，也体现了北美这两个国家在不同时代、不同文化背景下对工程领域的关注。20 世纪 20 年代初，加拿大人对魁北克大桥倒塌造成的悲剧记忆犹新，并感到异常尴尬，除此之外，随着第一次世界大战的爆发，"空战"和"轰炸"这两个残酷的战争概念开始出现在大众的视野里，这时候，吉卜林像祈祷词一样的《义务守则》便非常应景。英国人一直为工程失败所困扰，而吉卜林就是其中一员。倒塌的泰河大桥就是一个典型案例，大桥从设计到施工整个过程都值得商榷，大桥工程师和他所监管的工作人员的不良行为最终导致了大桥的倒塌。这种不规范的行为，正是美国和加拿大建立工程师注册制度的原因——工程师要时刻重视行业道德规范，珍视作为一名工程师的荣誉。

加拿大的《义务守则》显得非常谦卑，其中"荣誉"（honor）一词就出现了 4 次。相比之下，美国人的《义务守则》更像是对工程业和工程师职业的赞美。它以一个骄傲的声明作为开头，赞扬工程带来的好处与进步。这样的措辞也许是为了对抗那些反对科技的声音，当时大学校园中有部分师生认为工程师和他们的创造物应该为战争负责，另一些人则认为工程师是破坏地球环境的罪魁祸首。在这种环境下，美国的《义务守则》指出整个社会要依靠工程师的技能，才能"以最有效的方式利用地球资源"，并表示工程师们将"毫无保留地"完成这个任务。美国《义务守则》中并没有"失败"这个概念。当时，第二次世界大战已经过去几十年，并且由于战场远离美国本土，它对美国人的影响并不如对欧洲人那么大。在第二次世界大战中，正是工程师和人类的科学成就帮助盟国取得了战争的胜利。战后，如果在学术研究中透露对科学和工程的支持，甚至还能给研究项目带来意外好处。在克利夫兰举行首届工程师责任仪式的一年以前，科技就已经将人类宇航员送上了月球。尽管人们仍然担心大规模杀伤性武器和环境污染造成的破坏性后果，但科学与技术的未来看起来仍然是一片光明。

加拿大版的《义务守则》由吉卜林这位诗人兼作家作词，委托他进行这项工作的是一位充满激情的工程师。而美国版的《义务守则》则出自克利夫兰州立大学一位年轻教授之手，是当时的大学校长让他创作出这个守则以使整个仪式更有意义。这位年轻教授是约翰·G.扬森（John G. Janssen），他和他的妻子共同起草了美版《义务守则》。美版《义务守则》的灵感来源似乎是加拿大"铁戒仪式"的《义务守则》，但由于版权的原因，美国人自然不能照抄。最终成形的美版《义务守则》显得更有激情，也更为自信。随着时间的推移，《义务守则》中传达的乐观主义也与"钢戒仪式"的普及一起在美国普通民众中传播开来。我最近旁观的一次"钢戒仪式"是在某个鉴定工程师大会上举行的。尽管关于工程事故的调查和诉讼文件堆积如山，但在这次大会的"钢戒仪式"上，人们却丝毫没有提及关于失败的内容（相比之下，加拿大"铁戒仪式"的参与者会被提醒那些"没有生命的物体也是反复无常的"，它们会导致各种类型的失败）。

"钢戒仪式"早期的目标之一是"让每个工程学毕业生都戴上钢戒"。大约在 1980 年，劳埃德·切西认为 95% 的美国工程师（约有 100 万人）将在 25 年内通过工程师责任仪式进行结盟。尽管 25 年后，在街上遇到一名带有工程师之戒的工程师的概率仍然很小，但佩戴工程师之戒的人的确越来越多。2010 年初，搜索"工程师责任仪式"时相关链接已经超过 250 条。到此时，每年约有 10000 名工程师诵读了《义务守则》。在工程师责任仪式创办的这 40 年中，诵读过《义务守则》的美国工程师应该并未超过 20 万人。而在这 40 年中，进入工程业的年轻毕业生却将近 200 万。加拿大的工程师人数大约是美国的 1/10，到 2010 年时，共有 25 个坎普斯在管理"铁戒仪式"，从第一届"铁戒仪式"开始，约有 35 万加拿大工程师用英文或法文诵读过吉卜林的《义务守则》。

无论具体从事什么工作，将钢制或者铸铁戒指戴在小指上这样的行为，让成千上万的工程师都不断提醒着自己，工程师应该具备奉献精神，并时刻牢记他们对社会的义务。玛莎的几个儿女在为人类的未来努力奉献时鞠躬尽瘁，他们也应该像艾伦·布罗姆利那样骄傲地将铁戒或钢戒戴在自己的手指上。

当然，并非每一位工程师都参与了这个传统仪式。但这并不意味着那些没有佩戴工程师之戒的工程师在履行自己的社会职责时就会考虑得少一些；当然也更不意味着这些工程师在设计工作中没有考虑设计失败带来的后果。不管有没有佩戴工程师之戒，一名成功的工程师都知道，要设计出成功的结构，在设计中关注设计失败的概率是至关重要的。也许工程师的脑子里会出现一些疯狂的、天马行空的事故场景，当然，这些场景可能和设计本身无关，但如果设计中忽视了某个脆弱的节点，没有针对这个节点采取措施，那它就会成为那个导致整个结构倒塌的、致使整个系统瘫痪的节点。因此，阻止灾难发生的重要一环是让工程师们在设计之初就考虑到设计失败的可能性。佩戴工程师之戒就是其中一个让工程师们意识到自己责任重大的方法。

第九章　事前、事中和事后

　　魁北克大桥的坍塌是加拿大历史上最著名的桥梁事故，也是加拿大"铁戒仪式"的灵感来源。在美国，最著名的事故无疑是塔科马海峡大桥事故。1940 年 7 月竣工时，塔科马海峡大桥是当时世界上跨度第三的大桥。排名第二和第一的分别是 1931 年竣工的乔治·华盛顿大桥（该桥主跨长达 3500 英尺）和 1937 年竣工的金门大桥（该桥主跨为 4200 英尺）。与矗立至今的乔治·华盛顿大桥和金门大桥不同，1940 年 11 月 7 日，塔科马海峡大桥在竣工后的第 4 个月，就在 42 英里每小时的大风中解体了。塔科马海峡大桥完工后，整个大桥结构都显得出人意料地"灵活"，直到大桥倒塌前，很多人都在研究这座大桥的摆动。大桥本来是上下摆动，在发生解体的那天早上，大桥的摆动变成了有规律的扭转，这样的变化吸引了一个电影拍摄小组，他们在第一时间赶到现场记录大桥的摆动情况。最后，他们记录下了大桥最后扭转的镜头及其主跨的解体，这个壮观的镜头后来成为纪录片中的经典场景。此后，塔科马海峡大桥解体的过程作为一个建筑共振的著名案例，成为了物理课教材的一部分——共振现象另一个著名的例子是，一名才华横溢的歌唱家在唱到某个高音时震碎了玻璃杯。

　　在剪辑过的视频片段中，大桥倒塌的场景缺乏必要的背景信息。描述该大桥设计细节或外部特征的资料几乎没有，在背景信息缺失的情况下，塔科马海峡大桥事故显得非常突兀，大桥本身也显得有些怪异。实际上，塔科马海峡大桥的设计标准在当时是十分领先的。在 20 世纪 30 年代后期，以相同标准修建的其他悬索桥也一样那么"灵活"，只是它们没有像塔科马海峡大桥那样解体。在过去的 70 年中，工程师和物理学家持续不断地研究大桥解体的原因，其中有各种推测，也存在各种争议。未来人们也将继续之前未竟的研究工作。了解桥梁的过往历史有助于我们理解大桥为什么要修建成它们最终的样子，以及这些大桥的建造过程究竟如何——这样有助于我们将大桥倒塌事故放在一个具体的场景中，从而了解其中到底出了什么问题。

通常，人们认为普吉特湾（Puget Sound）属于华盛顿最大的城市西雅图，但根据河道和河口的位置来看，普吉特的主要流域位于西雅图西南部 60 英里处的奥林匹亚（City of Olympia）。塔科马则处在奥林匹亚和西雅图之间，接近一处名为纳罗斯（Narrows）的海峡。海峡和其支流上有多条收费渡轮航线，但直到 1929 年，海峡上才开始出现载车渡轮。20 世纪初期，越来越多的出行者开始选择在陆路上行驶，但这样一来，如果他们要从西雅图到奥林匹亚半岛西端，就必须先绕道奥林匹克南部，再往北走。这个状况使市政部门意识到在海峡上修建大桥的必要性。1929 年，州议会终于同意在海峡最窄处建一座大桥。据说塔科马海峡大桥还具有重要国防意义，大桥建成后，人们可以更方便地去往位于海峡另一边布雷默顿（Bremerton）的海军造船厂。虽然是在海峡最窄处建桥，但"窄"是相对的，从塔科马（Tacoma）到吉格港（Gig Harbor）还是有约 1 英里的距离。在吉格港的深水中，暗流涌动会产生很大的冲击力，这使得修建桥梁的任务非常有挑战性，同时还将花费大量的资金。大桥的主跨为了将海峡两端连接起来必然会很长，同时还要留出足够高的桥下空间以供远洋船舶安全通行。

按照当时的最高标准来看，大桥的主跨只能采用悬索式或悬臂式。但经历了魁北克大桥事故后，对于跨度超过 1200 英尺的桥梁，人们很少再采用悬臂式。因此，在塔科马海峡上修建一座悬索桥成为唯一可行的方案。当时，布鲁克林大桥已经建成半个世纪，这座 1883 年竣工的悬索桥主跨长度接近 1600 英尺。在其后的几十年中，人们建造了多座大跨度的悬索桥，桥梁跨度的纪录时不时就被打破。但当时的工程师们不愿冒太大的风险，每次新建一座桥梁只求其跨度比之前的纪录长一点而已。在 1929 年，世界上最长的桥是连接美国密歇根州底特律和加拿大安大略省温莎（Windsor）的大使桥（Ambassador Bridge），该桥跨度为 1850 英尺，长度是布鲁克林大桥的 116%。与此同时，另外两座计划修建的大桥则展示了工程师的雄心壮志。其中一座桥横跨哈得孙河，连接着纽约和新泽西，1931 年最终建成时，它的跨度达到了 3500 英尺，几乎是此前最长纪录的 2 倍。后来人们将这座大桥命名为乔治·华盛顿大桥。另一座是连接旧金山和加利福尼亚州马林县的金门大桥，这座于 1937 年完工的大桥长达 4200 英尺，是乔治·华盛顿大桥的 1.2 倍。当时这两座大桥仍在设计中，但有了这些先例，为纳罗斯设计一座破纪录的新大桥看起来也并非十分冒进。在大卫·斯坦曼最初的设计中，大桥桥面为二车道，建在一架 60 英尺宽、24 英尺深的加固桁架上。如果合理建造、保养得当，也许塔科马海峡大桥至今仍然会矗立在塔科马海峡之上。

修建这样的大桥首先需要解决的问题，就是资金。有了加利福尼亚州的先例，华盛顿州在 1937 年成立了桥梁费用局，将大桥建成后所收的款项用于偿还桥梁建设费用。而修建塔科马海峡大桥时，除了因经济萧条导致的资金短缺，当局还要考虑塔科马大桥建成后其交通量是否足够偿还桥梁建设费用。尽管联邦公共工程管理局（Public Works Administration，PWA）批准了一部分建设补助资金，但资金缺口仍占了预计支出的一大半。这笔补助资金也是带有附加条件的，政府要求聘请指定的几位设计师作为项目顾问，其中就包括传奇设计师利昂·S. 莫伊塞弗（Leon S. Moisseiff）。最终，项目顾问说服了公共工程管理局和复兴金融公司进行投资（后者为该项目提供了一笔贷款）——大桥总建造费用为 640 万美元，低于最初估计的 1100 万美元。

大桥初步设计由克拉克·H. 埃尔德里奇（Clark H. Eldridge）完成，埃尔德里奇 1918 年毕业于华盛顿州立大学，1939 年以前一直在华盛顿道路局任职。在塔科马海峡大桥工程中，他负责大桥的设计与施工。埃尔德里奇的设计能否通过取决于莫伊塞弗的态度。莫伊塞弗曾经参与过金门大桥和乔治·华盛顿大桥的设计，他对布鲁克林大桥之后修建的几乎所有悬索桥都有着重大影响。在埃尔德里奇的设计中，大桥桥面并非水平。由于吉格港一侧的地势较高，而塔科马一侧较低，所以大桥会以一定的坡度将两侧连接起来。而莫伊塞弗十分重视建筑的审美价值，他说服桥梁费用局采用了一个水平桥面设计，这个设计中，大桥两个塔柱分割得更开，大桥桥面看起来也更加纤细。最终的设计中，大桥主跨长达 2800 英尺，尽管大多数悬索桥设计都选择采用约 20 英尺深的开放式钢桁架来支撑桥面，但塔科马海峡大桥没有遵循传统——它选择用 8 英尺厚的实心钢板梁作为支撑。当时的塔科马—吉格港地区没有如今这么发达，这很大程度上是因为纳罗斯附近并没有一条固定的交通线路。新建的塔科马海峡大桥似乎也未能提供足够的运力，它的桥面只有二车道，桥上的人行通道不到 5 英尺宽。尽管桥面是如此之窄，但塔柱之间的距离却达到了 0.5 英里，这使得整个大桥看起来非常有现代感。

工程师在设计那些超出过去经验范围的建筑时，用来适应设计中出现的新变化的时间往往非常有限。在乔治·华盛顿大桥之前，一座成功的大桥意味着桥面长度和深度的比值不会超过 150。塔科马海峡大桥的主跨长深比却达到了 350，这个比值和乔治·华盛顿大桥相似。但乔治·华盛顿大桥桥面为八车道，还有 2 条宽阔的人行道，因此这座大桥的自重达到了平均每英尺 31000 磅。而塔科马海峡大桥却由于过分细长，按长度计算的自重仅有每英尺 6000 磅。此外，塔科马海峡大桥（Tacoma Narrows Bridge）的确如它的名称那样非常"狭窄"，它的长度与宽度比值达到了 72，相比之下，乔治·华盛顿大桥的长宽比只有 33——塔科马海峡大桥的这个值比乔治·华盛顿大桥 2 倍还多。实际上，世界上现存的大部分悬索桥的长宽比都在 30 左右，超过这个值的只有金门大桥，但它的长宽比也只有 45。参与设计塔科马海峡大桥的大多数工程师都没有意识到这样一个细长的结构究竟会带来怎样的后果。设计师们知道的是，这样的细长结构可能使桥面比较"灵活"，大桥通车前，人们也只知道大桥会在速度为 9 英里每小时的风中发生大约 20 英尺的水平偏转。但当时的设计师和管理者们似乎都认为大桥要承受的风力最多就这么大了。

图为华盛顿州立大桥桥梁工程师克拉克·H. 埃尔德里奇（1896—1990）与东海岸公司顾问利昂·S. 莫伊塞弗（1872—1943）在塔科马海峡大桥上的合影。塔科马海峡大桥没有按照埃尔德里奇建议的那样修建，最终大桥设计方案被修改成了"具有更强美感"的纤细样式。而事后，事实证明这样纤细的桥面正是塔科马海峡大桥在 1940 年 11 月倒塌的根本原因。如果大桥采用埃尔德里奇更为传统的方案，也许塔科马海峡大桥至今仍在服役。

塔科马海峡大桥这种空前的狭窄结构并未逃过年逾古稀的咨询工程师西奥多·L.康德伦（Theodore L. Condron）的眼睛。康德伦为复兴金融公司工作，主要的工作内容是检查桥梁的设计并给出相关桥梁项目是否值得投资的评估报告。康德伦认为，大桥桥面过于狭窄，很容易摆动，因此他询问了研究悬索桥结构的工程师，而这些工程师告诉他，塔科马海峡大桥的设计仍在合理范围内。尽管大桥的这个缺陷一直困扰着康德伦，但由于这个设计是由桥梁建筑权威、工程专家利昂·莫伊塞弗提出的，康德伦最终还是认可了这个工程计划。

在通车之前，大桥夹板就已经出现明显的晃动。在修建过程中，工人就给大桥取了外号"舞动的格蒂"。据说，在桥上工作时，工人常常要在口中含一片柠檬来抑制恶心感。然而工程师们向公众保证，大桥的这种"舞动"不会造成实际危险。1939 年，塔科马海峡大桥完工的前一年，数座悬索桥也相继完工，桥面都出现了不同程度的晃动，但它们似乎都没有倒塌的危险。在塔科马海峡大桥通车后，当司机驾车通过这座大桥时，会发现前方车辆将随着大桥的摆动上升或下降，车辆就像漂浮在有浪的海面上，一次又一次地进入、淡出后面司机的视线。为了改善大桥摆动的状况，相关维护方用钢缆加固了桥面，但这并未完全消除大桥的摆动。很多司机和乘客专程到这座大桥上来体验这个不同寻常的景象。大桥收到的过路费也因此远远超过了预期值。

塔科马海峡大桥以这种奇特的方式存在了 4 个月。在这期间，桥面的起伏弧度并不太大。桥面两侧人行道的路灯会随着桥面起伏上升下落，并伴随着轻微的晃动，但相邻的灯柱之间基本保持平行，随桥面起伏的过程中灯柱也基本保持与水平面垂直。这种情况一直持续到事故发生的那天早晨。上午 10 点左右，随着大桥在垂直方向的摆动越来越大，桥面发生了之前从未出现过的扭转。这样大幅度的形变导致桥跨中部的一根钢缆松动脱落，失去这根钢缆提供的拉力，桥面受力变得不对称。

之后塔科马海峡大桥开始出现扭转式振荡，大桥的翻转角度超过了桥面的中线。人行道上的灯柱也开始了更大幅度的摆动，甚至超过了大桥钢缆所在的平面。此时大桥已经禁止通行，在华盛顿大学研究大桥摆动的弗雷德里克·伯特·法夸尔森（Frederick Burt Farquharson）教授也赶到现场观察大桥出现的新情况。电影摄制组在岸边架好了拍摄设备，准备捕捉接下来可能会发生的场景。

一辆汽车独自停在桥跨的中部，车主是记者雷纳德·卡沃斯（Leonard Coatsworth），他也许是打算在此时驾车驶过大桥以获得关于大桥摆动的第一手资料。在录像中，汽车熄火之后就被扭动的大桥甩到了反方向车道上。在大桥如此剧烈的起伏中，即使汽车没有熄火，也难以继续保持方向。随后，卡沃斯放弃开车前行，尝试步行通过大桥。但由于大桥的剧烈运动，行走变得非常困难，他不得不顺着大桥路沿缓慢爬行。经过了整整 4 个小时，卡沃斯才终于爬到安全的地方，他的手和膝盖也因此受伤。

摄制组也捕捉到了法夸尔森教授在桥上行走的情形。法夸尔森教授沿着大桥中线走在疯狂扭动的桥面上，仿佛醉汉一般。尽管大桥两侧起伏不断，但大桥的中线部分却几乎没有怎么运动。大桥稳定的中线在力学中被称作节线。工程科学家法夸尔森熟知这个理论，并用它来帮助自己逃生。据称，法夸尔森教授冒着生命危险上桥是为了营救困在卡沃斯车里一只受惊的可卡犬。这只可怜的小狗是记者卡沃斯女儿的宠物，最终它成了塔科马海峡大桥事故中唯一的丧生者。大桥最后几分钟的运动镜头成为工程灾难的经典画面。就像一位记者所说的那样，这几分钟镜头是科学和工程学上最戏剧化、最广为人知的画面。

工程师们对这段影像的评价褒贬不一。尽管这段录像给人们提供了一个难得的机会，让人们看到一个大规模建筑到底能够"柔软"到什么程度，但它同时也无可反驳地表明，工程师有时会犯下多么巨大的错误。犯了错的工程师们自然不希望被录像反复提醒自己的过错。相比之下，物理学家们则对这段录像给予了高度评价。他们反复观看这段录像，因为它不仅为一个戏剧化的力学现象提供了一个鲜活的实例，而且物理学家也能够通过它来解释甚至预测那些工程师们无法预料的现象。在很长的一段时间里，这段记录塔科马海峡大桥倒塌的著名录像不仅在各个工程师组织之间传播，也在美国物理教师协会中广泛传播，这并不令人感到意外（2001 年世贸大厦倒塌，世界震惊，人们从各个角度记录了大厦损毁的场面，这些图像一遍又一遍地在电视上播放着。这些图像引发了人们对工程的思考，但在此之前，是塔科马海峡大桥坍塌的影像承担着这个任务。无论一个建筑物多么庞大，它都可能在瞬间损毁）。

事故发生当晚，设计师莫伊塞弗在他位于纽约的办公室中告诉前来采访的美联社记者，自己对大桥倒塌的原因一无所知。当时，莫伊塞弗事务所的初级合伙人弗雷德里克·林哈德（Frederick Lienhard）已经飞往西海岸调查事故原因。第二天，莫伊塞弗推测，大桥的倒塌原因是"当日异乎寻常的风"。普通的风无法使大桥倒塌，因为根据莫伊塞弗的说法，大桥的设计是能够"抵御常规性的变化"的。大桥施工期间并无异常情况发生，建设期间大桥也没有采用新型材料。然而，无可否认的事实是，即使风不大，这座桥也在不停摆动。正是因为该大桥这样的形变，人们才开始在华盛顿大学对大桥模型进行风洞测试。

负责大桥施工的工程师查尔斯·E. 安德鲁斯（Charles E. Andrews）则在一个广播电台采访中，对大桥倒塌的原因给出了自己的理解。采访中，安德鲁斯强调这只是他的个人意见，他认为大桥的倒塌在于采用了固体梁加固桥面，而不是像常规做法那样用桁架加固。安德鲁斯表示，固体使桥面产生震颤，这个震颤类似于风中树叶的摆动，当震颤累积到一定程度，大桥就坍塌了。他还指出，在类似长度的大桥中，塔科马海峡大桥是世界上最窄的。安德鲁斯对比了塔科马海峡的布朗克斯 – 白石大桥（Bronx-Whitestone Bridge），后者也会在风中起伏振动，只不过幅度要小一些。这是因为白石大桥桥跨更短，桥面也要更宽——它的长宽比要小于塔科马海峡大桥。由于安德鲁斯曾驻扎在塔科马海峡大桥的建设工地上，他对大桥倒塌原因的解释似乎相当可信。事故发生两天后，美联社报道称，桥梁工程师埃尔德里奇表示："州公路的工程师们曾反对大桥的这个设计，但出于经济利益的考虑，政府最终决定修建这座大桥。"《纽约时报》的一篇社论承认，此时谈论事故原因为时尚早，尽管如此，结构工程师们普遍认为使用补强板或网梁代替格架或开梁是事故的原因。

　　一些工程师并不希望塔科马海峡大桥倒塌的录像得到如此广泛的传播，这是可以理解的，但他们也都承认，一座大桥表现出如此反常的行为，以至于最后整个结构坍塌，的确也证明了这座以最高标准修建的大桥存在问题。由于尚未展开完善的调查，大桥倒塌的真正原因还没有定论。联邦工程局（Federal Works Agency，FWA）指派了一个调查委员会对事故原因展开调查，该委员会由 3 人组成，分别是参与了乔治·华盛顿大桥建设项目的工程师奥斯马·H. 安曼（Othmar H. Ammann）、旧金山—奥克兰海湾大桥的设计工程师格伦·B. 伍德拉夫（Glenn B. Woodruff）和航天工程师西奥多·冯·卡门（Theodore Von Kármán），后者同时也是加利福尼亚理工学院古根海姆航空实验室（Guggenheim Aeronautical Laboratory）的主任。最初，冯·卡门将塔科马海峡大桥失败的原因归咎于一个他很熟悉的东西——周期性脱落气旋，这种气旋创造的尾迹叫作卡门涡。卡门涡会加强建筑结构的震荡，当震荡达到桥面无法承受的强度时，灾难就发生了。但联邦工程局的报告却并未提到这个假设，很可能是另外两名桥梁工程师否决了它。报告还认为，"共振和交替气旋不可能对悬索桥的震荡产生决定性影响"，大桥的反常摆动可能是源于"湍流风随机施加的震荡"。时至今日，在关于大桥的调查文献中我们也能看到类似这样的不确定的描述。调查报告指出，在建造桥梁时，人们并未考虑到空气动力因素对桥面的影响；尽管当时空气动力学知识已经广泛应用于航空领域，而且大桥修长的桥面也在结构上与机翼类似。20 世纪 30 年代，没有工程师将空气动力因素作为设计大桥时的重要考虑因素，因此，最终的调查结果中，塔科马海峡大桥的工程师们也免于承担工程上疏忽大意的责任。尽管工程师们不用为事故负责，但此次事故无疑为以后的桥梁设计提供了宝贵的经验，也提醒着人们要时刻关注其他领域中科学与技术的发展。

塔科马海峡大桥倒塌 50 周年时，人们又想起了这座半个世纪前发生意外的大桥。发表在《今日工程》（*Construction Today*）上的一篇文章表示："尽管 50 年前已有正式的官方分析报告，但时至今日，这次重大事故仍未被完全理解。"事实上，在过去的半个世纪中，人们对塔科马海峡大桥的倒塌原因进行了大量研究，发表了为数众多的论文，也出现了不少争议。参与其中的不仅有工程师和工程科学家，还有那些热衷于研究人造物的物理学家和数学家们。实际上，由于大桥已经损毁，无论是哪种关于大桥事故的理论都无法在原址上测试，但确定大桥倒塌原因的工作仍然取得了进步。调查过程中出现的未解决问题，更多是由于学科与学科之间缺乏交流，而不是研究工作本身的问题。

1990 年，美国土木工程师协会旗下的众多刊物指责公众忽视了这次事故的纪念日。该协会的一份期刊《土木工程》（*Civil Engineering*），在 1990 年 12 月，曾刊出一条新闻，称《美国物理期刊》（*American Journal of Physics*）将会把塔科马海峡大桥倒塌的真正原因公之于众。这篇揭露真相的文章由两名工程师撰写，并承诺将在文中推翻教科书上一些工程现象的物理学解释，因此，我对这篇文章非常期待，最终它也并未使我失望。约翰·霍普金斯大学的土木工程学教授罗伯特·H. 斯坎伦（Robert H. Scanlan）是研究建筑结构动态变化的专家。早在 1971

年，他就参与了比较机翼颤动与桥面运动的研究，这项研究，最终帮人们弄清了塔科马海峡大桥事故的原因。尽管如此，这项研究却并未引起土木工程界的重视，直到后来，斯坎伦和他的一名学生比拉（K. Yusuf Billah）写的另一篇文章发表在一本物理学期刊上，人们才终于弄清个中缘由。比拉会为物理学期刊写一篇关于塔科马海峡大桥的文章，是源于一次逛书店的经历。当时是 20 世纪 80 年代，比拉发现书店中有 3 本物理学教科书都引用了塔科马海峡大桥事故作为案例，但书中对事故原理的解释却与当时工程界所理解的不同。比拉表示，塔科马海峡大桥的案例几乎无处不在（比拉和斯坎伦的论文中提到了 30 本不同的书），而几乎所有教科书都将大桥的反常行为视作一种共振现象。

两人在文章中指出，这些教科书都将共振视为导致大桥倒塌的罪魁祸首，当然，这个定性的结论是正确的。但这些书中都缺乏对共振现象的定量分析。就像用歌声震碎玻璃的歌唱家那样，声音要达到一定的频率才会与玻璃产生共振；如果要与塔科马海峡大桥产生共振，那么外界的振动波频率就必须达到一定数值。通常人们认为风是这种振动的来源，但自然界中的风往往不具备频率，因此很难成为大桥共振的原因。比拉找到的文献中，有几篇引用了当初冯·卡门的解释，即棚涡流（shed vortice）造成的周期性震荡导致了大桥的损毁。为找出推翻这种解释的证据，比拉和斯坎伦计算出了大桥倒塌时风中棚涡流的频率。当时的风速是每秒 42 英里，棚涡流的频率大约是每秒 1 次，这与法夸尔森教授现场测量的每秒 0.2 次的大桥转动周期并不吻合。

工程师们在华盛顿大学工程实验室，用图表重现了事故当时的情景。该实验室有着悠久的历史，法夸尔森教授曾在该实验室中用一个完整的桥梁模型重现了塔科马海峡大桥的空气弹性形变现象。我们可以从图表中看到，尽管在风速增大时，模型的纵向振幅受到自身限制，但大桥的扭转并未受到这样的限制。工程科学模型显示，大桥在发生扭转时，受到了两种涡流的影响。第一种涡流与卡门涡尾迹有关，但这种涡流的频率与大桥摆动的固有频率并不相关。第二种涡流较为复杂，它与大桥本身的振动有关，它的频率与大桥振动频率相同。这个由振动本身引起的涡流又造成了更大振幅的振动——很明显，就是它导致了大桥坍塌。比拉和斯坎伦陷入了一个"先有鸡还是先有蛋"的困境：究竟是涡流造成了大桥的摆动还是大桥摆动才导致涡流产生？两人最后得出的结论是大桥运动产生了涡流。如果大桥倒塌时产生过共振，那这个振动将会是十分复杂的，它存在于大桥自身的振动，以及由大桥振动造成的涡流之间。

像比拉和斯坎伦在报告中所指出的那样，在特定的风速下，本可以抑止桥面振动的阻尼（或减震）效应由于风速改变了作用方向，使得大桥的振幅越来越大，最终引发桥体坍塌。之前的振动并未导致塔科马海峡大桥出现任何致命的扭转，直到大桥的一个小故障造成桥体本身受力不均，桥面才开始出现了大幅度振动，这样的振动在 45 分钟后变得无法控制。比拉和斯坎伦在报告结尾写道，"塔科马海峡大桥倒塌事故中那些极具视觉冲击的照片使得这场事故成为教学中的典型案例"，此外，"这个案例给人们留下的印象如此深刻，因此，对在课堂上教授这个案例的教育者而言，从这个事故中汲取教训、累积经验显得尤为重要"。的确如此，熟悉过往的失败案例是避免今后出现类似问题的最有效的手段之一。但是，如果案例的解释本身就具有缺陷或有误导性，那这就只会起到反作用。

现代工程学在很大程度上依赖于数学和自然科学的发展，而工程专业学生在大学二年级期间的主要课程也都是数学和自然科学类。年轻的工程专业学生常常有着极强的求知欲，以及极差的耐心，在学习数学和自然科学时，他们也经常质疑这些课程到底与实际的工程工作有多大关系。因此，对学生来说，课堂上那些案例，例如塔科马海峡大桥由于振动而倒塌的案例，要比枯燥的数学知识迷人得多。工程学院的老师自然非常熟悉这种状况，他们也经常提醒学生静下心来认真学习基础课程，因为数学与科学基础对于工程工作是如此重要——其重要性完全不亚于建筑的地基，如果没有一个良好的基础，就难以进行正确的分析，从而解决实际工程工作中的问题。虽然在塔科马海峡大桥事故中，数学和物理学的研究明显落后于当时工程学的进展，但在大多时候，数学与物理学都是工程学发展的先决条件。

了解复杂工程中出现的决策性失误，以及对工程问题给出科学解释，其意义不仅在于帮助我们了解工程问题，它还向我们展示了看似全知全能的数学家、科学家，以及浮躁的工程师和设计师形象。但无论在教科书中还是在课堂上，这样的印象都过于简单和刻板。塔科马海峡大桥的倒塌，毫无疑问将继续出现在教科书中，继续作为一个经典教学案例而被铭记。但它不应该只是一个表明不同学科之间的傲慢和冲突可能导致灾难性后果的典型案例。如果想要充分、准确地测试那些对于大桥故障原因的假设，人们必须重建大桥，同时还要保留桥上所有的错位接点、松动接头，以及其他任何缺陷，这样才能精确重现大桥倒塌前的情形。但我们永远都不可能完全了解大桥倒塌前的所有缺陷，更不用说按原样复制，因此任何测试塔科马海峡故障可能性的实验，都无可避免地需要面对质疑和挑战。

事故发生后，负责承保塔科马海峡大桥的保险公司组织了一次工程评估，评估结果显示，即使重建大桥，原桥的上层结构也无法再重新利用。时至今日，大桥的中心桥跨仍躺在海峡底部，受损严重的引桥也在水底安静地躺着。它们在很长一段时间内都将继续沉睡在水中，不被打扰。大桥自毁时，两座塔柱由于受力不均，发生了永久性弯曲，不再具有任何实用价值。拆除工作直到1943年年中才全部完成，部分有价值的钢铁也被打捞上来。

　　第一座塔科马海峡大桥在风中坍塌了，所以没有人希望重建的大桥也遭受同样的命运。新桥建在旧桥的地基上，大桥地基也是原桥唯一没有被完全损坏的部分。这就意味着新桥的桥跨也和倒塌的那座大桥一样长，而新桥桥面不仅要能抵挡住侧面的大风，还要能抵挡住随机产生的涡流，否则就会重蹈覆辙。但在修建新桥之时，人们对大桥倒塌原因还没有给出明确的最终结论，因此，修建新桥的工程师只能根据类似大桥的成功经验和失败教训再建一座新桥。塔科马海峡大桥的再次设计不得不面对来自第一次失败经验的挑战，尤其是不能让新桥再次出现波浪式扭曲，也绝不能让它在风中翻转。因此它必须能够承受任何施加在桥面的风力，并在汽车驶过桥面时保持稳定。其实，只要将桥面建得宽一些、厚一些，基本就能完成这些目标。

　　设计中的新桥为四车道——而不像倒塌的旧桥那样采用二车道，这使得大桥长宽比减少到原桥的一半，低于金门大桥。这是来自成功案例的经验。老塔科马海峡大桥出于审美原因采用板梁加固桥面，而新桥则沿用更保险的传统方案，使用桁架加固。这也是根据当时的成功案例所做的改进，这样的结构不仅减小了大桥的长度与厚度比，也更容易让风通过桥面，而不易形成可怕的涡流。当然，这样厚度的桁架使得大桥无法保持当初修长的外观，不过此时审美因素已经不再是首要考虑因素，更重要的是大桥不能像之前那样随风起舞，而新桥看起来的确稳固得多。

　　大桥重建工作于 1948 年展开，1950 年结束。因此这座大桥成为第二次世界大战后建成的第一座位于主干线高速公路上的悬索桥。20 世纪 50 年代，美国也修建了一些其他悬索桥，其中包括由大卫·斯坦曼建造的，跨越麦基诺海峡（Straits of Mackinac）的麦基诺海峡大桥（Mackinac Bridge）——修建这座悬索桥是为了连接密歇根州的南北两边。麦基诺海峡大桥于 1957 年完工，主跨长度达到 3800 英尺，超越了乔治·华盛顿大桥，成为美国跨度第二长的大桥，塔科马海峡大桥则因为它的出现而排在了第四位。测量大桥长度的方法不止一种，如果按大桥的锚定点测量，长达 8614 英尺的这座桥就是世界上最长的悬索桥。如果按主跨算，那么金门大桥才是第一。1964 年，韦拉札诺海峡大桥（Verrazano-Narrows Bridge）建成，这座大桥横跨纽约湾最窄处，连接着纽约布鲁克林区与史丹顿岛（Staten Island），大桥主跨长度达到 4260 英尺。就这样，塔科马海峡大桥成为美国所有悬索桥中第五长的大桥。

早在 1951 年，新的塔科马海峡大桥就经历了几次风暴的考验，其中某次的风速甚至高达 75 英里每小时。原来的塔科马海峡大桥倒在了速度只有 42 英里每小时的大风中，因此，成功通过速度 75 英里每小时的风暴测试，这充分证明了新桥的坚固性。第二次世界大战后，美国经济快速增长，人们充分利用了这条纳罗斯海峡上的四车道大桥，当地的司机和乘客，以及来此度假观光的游客都对这座新桥十分满意。随着车辆增多，大桥的通行费自然也相应增长，最终这些费用偿清了建桥所贷款项，新塔科马海峡大桥于 1965 年正式取消收费。

人们常说，如果你修建了一座桥，那桥上就会有人过。塔科马海峡大桥就是一座这样的桥。交通量的持续增长，使得这座桥渐渐地难以满足人们的通行需求。在 20 世纪 80 年代，民众普遍认为需要再建一座大桥来满足交通需求。20 世纪 90 年代初，华盛顿州鼓励开发新项目来改善华盛顿州的交通基础设施状况，当时也提出了几个建设新桥的方案，但直到 10 年以后，建设工程才真正开始。

新桥的设计选用了斜拉式类型，由于斜拉桥在当时越来越普及并且很受欢迎，所以采用这样的方案并不令人意外。但出于审美的考虑，这似乎又不是一个好的方案，既然新桥要建在旧桥旁边，那它们在风格上也应该是和谐统一的。因此，在最终的方案中，新桥也将被修建成一座悬索桥。在美国，最广为人知的双悬索吊桥有两对，其中一对是位于 I−295 交通干线上的纪念双桥，这两座桥横跨特拉华河（Delaware River），连接新泽西州与特拉华州；另一对是切萨皮克湾大桥（Chesapeake Bay Bridge），它们在马里兰州安纳波利斯（Annapolis）附近。而塔科马海峡上并行的悬索双桥将成为世界上最后一对双悬索桥。

基于塔科马海峡大桥的"历史"，设计师要确保在现有旧桥旁修建新大桥不会产生对桥体产生重大影响——比如引起强烈到足以撼动桥面的涡流。于是人们在安大略圭尔夫大学（University of Guelph）的风洞实验室对两座大桥的模型进行了风洞试验。这个风洞实验室也曾经测试过摩天大楼模型，毕竟，如果要在现有的摩天大楼丛林中新建大楼，其中的任何改变都有可能影响大楼之间的风力模式。在塔科马海峡大桥的风洞实验室中，人们并未观测到不良的风力影响。由于塔科马海峡容易受到地震影响，所以设计师也不得不将地震的影响考虑其中。此外，地震还可能导致海峡旁悬崖山体滑坡，所以桥梁的锚碇也必须能在山体滑坡情况下继续保持稳定。

第二座塔科马海峡大桥的奠基仪式于 2002 年秋季举行。整个工程非常复杂，大桥的钢材来自韩国，桥面也将在韩国制造，同时还涉及成本控制的问题，这也要求设计与施工部门之间进行紧密合作。为了有效控制成本，建设桥梁的甲方华盛顿州交通运输部与负责桥梁设计和修建工作的贝克特尔基础设施公司（Bechtel Infrastructure）以及基威特太平洋公司（Kiewit Pacific）签订了建造设计合同。1950 年重建第一座塔科马海峡大桥时的建设成本为 1400 万美元，而修建第二座大桥的预算高达 7.7 亿美元。这项工程的最终花费为 7.35 亿美元，略低于预算。如果以美元计算，仅仅是在半个世纪之后，建桥的费用就翻了 50 翻。半个世纪的差距居然如此之大！

尽管时间过去了半个世纪，人类的工程经验也随之增长，但这并不意味着人们不会再犯新的错误。和其他人一样，工程师们总会在新的地方计算错误，或者忽略一些之前未被忽略的细节，墨菲定律从未失效。在修建第二座塔科马海峡大桥时，来自韩国的预制桥板和桁架段以集装箱堆放的形式堆存在运输船甲板上。其中一艘头重脚轻的运输船经过旧桥时，船顶一块预制桥板与旧桥的桁架撞在了一起。尽管因此受到的损失不大，但弄出的笑话却不小，显然有人算错了船只在旧桥下的通行高度。建设单位设法弄清了事故的发生原因，并规定在这之后的所有部件都要先送往美国，然后再转移到驳船上。每块 40 英尺长的桥面都必须按顺序装载，恰当的顺序对于大桥悬索和塔柱至关重要。假如桥梁一侧装有许多桥面板，而对应一侧桥板没有装那么多，那么钢缆受力不均，就变得容易滑落、断裂，或者拉弯塔柱——这一过程是不可逆的。无论发生哪种情况，设计时的精细计算都将付诸流水。

如果不仔细观察，这两座桥看起来就像双胞胎，似乎一模一样。确实两座桥的塔柱高度几乎相等，他们的桁架和桥面看起来也非常相似，但如果仔细观察，你会发现两桥的塔柱和桥面结构几乎完全不同。老桥塔柱是钢结构，它包含了 3 个水平向的轻质十字交叉钢结构，支撑它们的是一对十字形的沉重竖直钢架。相比之下，新桥塔柱是由钢筋混凝土所构成，仅有 2 个水平方向的支撑件。老桥的 3 个水平支撑件都在桥面上方，而新桥的其中一个水平支撑件在上方，一个在下方。使用水泥来制作塔柱自然有出于经济原因的考虑，但这也同时避免了新桥看起来像是老桥的翻版。为了在审美上与老桥呼应，新桥的水平支撑件也做成了十字交叉型，尽管这并没有太大的实际意义。

两座桥在结构上也有一些比较大的差异。老桥的桁架是通过铆接的方式连接在一起，而新桥则主要以焊接的方式连接——不只是主跨下方的桁架是焊接的，整个桥梁的支撑桁架都是焊接的。支撑老桥桥面的桁架有 30 多英尺深，而新桥只有旧桥的 80%。尽管桁架要短一些，但计划中新桥将容纳更多的车辆，在未来，甚至会在桥面下方建一个轻轨系统（如果轻轨系统最终建成，则需要再建钢缆来承担额外的重量，不过这个改造在最初设计时就已经被考虑进去了）。

新桥和 1950 年建成的塔科马海峡大桥一样是四车道。2007 年新桥开通的时候，交通部门规定所有东行的车辆从新桥通过，而西行的车辆从旧桥通过。大桥上的车辆单向行驶不仅具备物流上的优势，还更为安全。通行费也随新桥的建成再次出现。如果像传统收费站那样对大桥进行双向收费，将造成两处"瓶颈"，会对交通造成较大阻碍，因此当地政府采用了单项收费的方案，并将过路费变为原来的 2 倍。这种收费方式比较新颖，只有几十年历史，但这无疑将缓解桥上交通拥堵状况，不失为一项开明的措施。以现金方式支付往返费用需要 3 美元，而使用电子支付只需 1.75 美元。这样的费用结构设计显然是为了鼓励电子支付，它既能降低收费处管理费用支出，还能进一步减少交通拥堵。除了建一座钢筋混凝土大桥，人们还可以选择很多其他的水上交通方式，但一座横跨水面的大桥无疑是最惹人注目。这对跨越塔科马海峡的悬索桥，可以算是华盛顿州成功化解多年前尴尬事故的一座骄傲纪念碑，尽管最早的旧桥仍然沉在水底，但华盛顿州已经恢复了过来。

塔科马海峡大桥并不是唯一倒塌的桥梁，但它是唯一发生了重大事故却未造成人员伤亡的大桥。从这方面来说，1967 年秋天，造成 46 人死亡的"银桥"坍塌是更典型的桥梁事故。大部分坍塌的桥梁并不会在最终坍塌前出现持续数月的异常反应，而塔科马海峡大桥的"异常"实际上起到了警告作用。与之相反的是，大部分桥梁在坍塌前对人类的提示与警告往往非常微小，肉眼很难看出这样的"警告"，甚至通过仪器检测也难以发现这类"提示"。就像"银桥"事故那样，一个隐藏在桥体中的裂缝慢慢变大，超过临界值后，大桥突然坍塌。事故发生得如此之快，使得当时还在桥上的人们根本没有时间逃脱。人们将"银桥"倒塌的原因追溯到了一个细小的眼杆，但并非每场事故调查都能得出这样细致的结论，很多灾难性桥梁事故的原因即使是在事故发生多年以后仍然是一个谜，或者在技术和法律层面上仍有争议。工程事故就像噩梦一样，它们往往在我们双眼紧闭的时候开始出现，造成困扰，在我们最不经意的时候突然爆发，使人惊醒，还伴随着大声尖叫。

第十章　法律问题

　　引起人们广泛关注的不仅仅是可怕的桥梁坍塌事故，其他灾难性事故的发生原因也常常引起争论。在几乎任何灾难性事故发生之后，人们都会猜测究竟发生了什么，到底谁应该对事故负责。在那些导致了人员伤亡的事故中，这类猜测尤为普遍。如果灾难事故不像石油泄漏事故那样存在持续影响，人们的注意力很快就会从事故本身转移到事故发生的原因上。解释事故成因的理论也许会有很多，但很快就会有一个理论脱颖而出，被媒体反复报道，并受到公众密切关注。不管这个理论是否能够合理解释事故成因，它都将反复出现在人们的视野中，直到被下一个理论所取代。一般来说会有某个委员会或监管会对事故进行调查，调查期间，事故本身的关注度将逐渐下降，渐渐淹没在最新的新闻事件中。而当事故再次引起人们注意时，就是它的周年纪念日。如果有类似美国国家运输安全委员会的机构参与调查，对于事故的调查进展往往以新闻发布会的形式公布。公开报道是为了让从事故中取得的经验教训，能够以最快速度传播开来，并且提醒人们检查类似结构或系统中可能存在的问题，以避免事故再次发生。这种事先警告是极其重要的，甚至能够让检查人员发现以前从未想过要检查的金属疲劳问题。

　　即使发布了事故调查报告，与事故相关的猜测、争议或法律问题也不一定会随之终结。正如我们看到的那样，即使是远在一个世纪前发生的事故，至今仍会成为我们谈论的对象，人们甚至用现在的知识和研究方法来分析以前发生的事故。由于原建筑已经损毁，我们又不可能完全按照原样将之复原，因此任何关于事故发生过程、原因的理论都无法进行严格的验证——人们会对事故内幕纷纷猜测也就不奇怪了。2007 年明尼苏达州一座大桥的倒塌事故调查正是这样。

南北走向的 35 号公路是一条贯穿美国中心地带的主干道。向北，这条公路穿过圣安东尼奥（San Antonio）、奥斯汀（Austin）和韦科（Waco），之后分别通过达拉斯（Dallas）和沃思堡（Fort Worth）分成东西两条支路。离开这片大都市区域后，两支路又合成一条，先后经过俄克拉何马城（Oklahoma City）、威奇托（Wichita）、堪萨斯城和得梅因（Des Moines），然后再次分成两条路——I–35E 和 I–35W，这两条支路经过了圣保罗（St. Paul）和明尼阿波利斯这一对姐妹城市，而桥梁坍塌事故就发生在这里。

20 世纪 70 年代初期，我还住在奥斯汀，我和我的家人有时会通过这条道路去拉雷多郊游，或者向北前往达拉斯玩一天。I–35 公路只是人造公路系统的一部分，只有奥斯汀地区和住在州际公路附近的人才知道它的存在——它为这片地区的居民提供了一条通往外界的路。I–35 公路横跨科罗拉多河（Colorado River），这条河甚至比 I–35 公路更加不为人所知。除了河流，巴尔科内斯悬崖（Balcones Escarpment）也是当地主要的自然景观，它是巴尔科内斯断层（Balcones Fault）在当地留下的天然伤疤，是东部平原逐渐过渡到西部得克萨斯州山区的重要标志。当过节驱车回家时，我们会在俄克拉何马州离开 I–35 公路，驶上一条东北方向的州际公路。几年前再去奥斯汀时，我们发现，经历了30 多年的平静与沉寂，如今这条公路上的车流量大大增加，以至于它被改造成了一个双层公路。我和家人经过了无数次 I–35 公路，也多次穿行在其他州际公路间，我无法想象这些公路上的桥梁会在我们驶过时突然坍塌。

　　2007 年 8 月 1 日，在 I－35 公路上，明尼阿波利斯横跨密西西比河的一座大桥突然坍塌。当时是交通晚高峰时期，有上百辆汽车正通过大桥，事故造成 13 人死亡，145 人受伤。这次事故震惊了美国，也震惊了世界。高速公路上的桥梁并不应该如此突然倒塌，尽管这样的事情时有发生。1967 年"银桥"坍塌，1983 年康涅狄格州米亚努斯河（Mianus River）上的 I－95 公路桥梁段坍塌，1987 年纽约州高速公路（I－90 公路）上的斯科哈里河大桥（Schoharie Creek Bridge）也发生了这样的事故。明尼阿波利斯事故发生之前没有任何预警，司机和乘客们对于即将发生的事情一无所知。不过此次事故伤亡数并不大，这应该与大桥的修建方式以及大桥倒塌时的状况有关。大桥的桁架呈三角形，用以支撑桥面和桥下的巷道。这些桁架在事故中起到了类似汽车吸能区的作用，当汽车从桥上落下时，它们吸收了部分的冲击能量。这个意外的设计降低了大桥坠落的速度，缓解了急速下落造成的破坏，使得很多在事故发生时经过大桥的人活了下来。当时有一辆校车在桥上，校车上的年轻人全部活了下来。尽管使很多人幸免于难，但这个钢桁架的设计毫无疑问将成为鉴定工程师和其他事故调查员关注的焦点。这座大桥平安无事地工作了 40 年，如今却毫无预兆地坍塌，桁架设计很可能就是大桥坍塌的原因。

　　明尼阿波利斯桥发生事故时，我和妻子驾车向北行驶，走在另一条洲际高速公路上。我们当时住在北卡罗来纳州的达勒姆（Durham），去往缅因州的阿诺克（Arrowsic）避暑时要经过 I－95 号洲际公路。长途驾驶过程中，我们一般会聊天打发时间，不常听广播，因此直到第二天我们才知道明尼阿波利斯的桥梁事故。当我们到达缅因州时，与事故相关的消息以电话和电子邮件的形式传播着，记者对幸存者的采访也持续出现在广播与电视中。《洛杉矶时报》（Los Angeles Times）给我打来电话，让我写一篇关于这次事故的文章，并期望我能够给出一些类似的历史事件案例。尽管当时对该事故所知不多，但我觉得写一篇文章是没有问题的。

除了媒体和美国国家运输安全委员会，也有其他组织对报告、调查明尼阿波利斯桥事故感兴趣。明尼苏达州的民众和该州的运输部肯定都想知道究竟发生了什么，是否需要对类似的桥梁进行检查，以及是否需要紧急关闭这些桥梁。I－35W 大桥设计建造于 20 世纪 60 年代——美国境内有数以百计的桥梁，都和它具有相似的设计和差不多的服役年限。人们迫切地想知道究竟是设计本身的缺陷导致了桥梁坍塌，还是因为 40 年的服役时间已经太长了？历史上有类似事故先例吗？

1967 年发生在西弗吉尼亚州的"银桥"倒塌事故使美国加强了安全规范，像在 I－35W 这样主要公路上的桥梁，至少应该每两年检查一次。实际上，在 I－35W 桥倒塌前的 17 年中，维护方每年都对大桥进行检查，这座大桥也通过了每一次细致的检查，人们并没有发现大桥有任何大到足以影响通行的缺陷或故障。但大桥倒塌这个事实，以及掉落进河里的大桥残骸，无可辩驳地说明大桥出现了重大问题。不久之后，这些残骸就被转移到美国国家运输安全委员会指定的地点进行进一步检查。

在该大桥残骸被打捞起来之前，人们就开始对全美各地的钢结构桥梁进行更为仔细地检查，甚至还关闭了一些桥梁以避免发生事故。事故发生一周后，明尼苏达州的一位顾问发现了大桥设计的潜在缺陷。他怀疑事故原因是角撑板超载。角撑板（Gusset Plates）是一种不规则的多边形扁平钢板，它的作用是将梁、柱以及其他相似部件连接起来，形成桁架的关节。早些时候人们也弄清了大桥超载的原因，当时桥面上的一条车道已经关闭，车道上放置了近百吨碎石以及数辆重型建筑设备，人们还没来得及用这些物资翻新桥面，事故就发生了。大桥本身的设计无法承受这种不对称荷载，结果造成角撑板所受的力超出本身荷载极限。

美国国家运输安全委员会最终也得出了类似的结论。

在此期间，明尼苏达州失去了密西西比河上这条主要渡河通道，交通受到了不小的影响。人们迫切需要一座新桥来缓解交通压力，但大桥并不是一朝一夕可以建成的。无论是工程师还是当地居民都不希望新桥上还出现旧桥的那种缺陷（没有任何缺陷当然更好），因此设计这座新桥的设计师必须加倍小心谨慎。当然，修建大桥一样也要花费不少时间。最有效的方法是让一个公司同时承担设计和施工项目，或是让两个合作紧密的公司分担设计与建设项目。考虑到这一点，明尼苏达州交通运输部立刻开始了招标，在大桥坍塌 10 周之后就签订了新桥的设计建造合同。该项目将由科罗拉多州（Colorado）的弗拉蒂伦建筑公司（Flatiron Constructors）和佛罗里达州（Florida）的曼森建筑公司（Manson Construction）合作完成，这两家公司联合经营，前者自诩为"北美最为领先的基础设施承包商之一"，后者是一家业内领先的海洋建筑公司。这个团队承诺将在 15 个月之内设计并建造一座使用年限长达100 年的大桥。通常情况下，建筑公司并不直接修建桥梁，因此弗拉蒂伦建筑公司邀请佛罗里达州塔拉哈西（Tallahassee）的菲格桥梁工程公司（Figg Bridge Engineers）进行合作，共同完成大桥的建设工作。

整个招标过程进展得很快，但招标方以设计草图和艺术效果来决定哪家公司中标的做法却在事后受到了质疑。有两家投标公司认为招标过程中存在不公平竞争，因为弗拉蒂伦—曼森并不是出价最低的竞标者。而招标流程最终在法庭上得到验证，证实其中并不存在舞弊行为。实际上，大桥招标并不是单纯地只考虑价格因素，而是基于"较高的总体价值"来考量，例如美学因素，承包商的信誉与过往表现等都在考虑范围之内。弗拉蒂伦公司的合作伙伴菲格桥梁工程公司以其在设计中惊人的创造性和艺术性而闻名于世（最近完工的佩诺布斯科特斜拉桥和该桥上的观景台就是出自该公司的设计）。弗拉蒂伦公司曾与菲格公司多次合作，在建造独特建筑的工作上造诣颇深。此外，曼森公司具备从事海洋工程建设工作的资质，因此在密西西比河水域进行水上作业对他们来说不是问题。综上所述，选择这个团队来完成工作，对工程质量是最有保障的。

坍塌的旧桥是钢桥面—桁架式结构，这个结构被认为是大桥"断裂的关键"，因为如果大桥的某一个重要钢结构组破损，很可能会导致整座大桥倒塌。新桥肯定不会继续采用这个结构。弗拉蒂伦和菲格合作设计的大桥采用了混凝土箱梁型结构，大桥将通过平衡悬臂法架设，弗拉蒂伦公司在这方面经验丰富。大桥的中空箱梁部分就在施工地现场铸造，首先，这部分箱梁将在大桥旁边已经关停的州际公路上成型，之后用卡车运到河边，装上驳船，再运到桥下，由起重机吊起，最后在桥面位置进行组装。一旦就位，每段箱梁将通过环氧乙烯黏合剂与其相邻的部件连接，并通过内部钢索将箱梁拉紧以形成一个整体。与悬索桥和斜拉桥的可见钢索支撑不同，大桥建成后，这种新桥内部的钢缆从外面是看不到的。因此，建成后，这座微微弯曲的修长大桥，看起来就像是被河中的柱子支撑着才没有坠落一样。事实上，新桥将采用双平行桥，两座桥分别负责不同方向的交通。每个主跨的长度都刚刚超过 500 英尺，这样的长度也与之前的成功经验相符。

设计建造新桥所遇到的挑战与压力不仅仅局限在技术方面。当时，共和党全国代表大会原定一年后在明尼阿波利斯举行，因此，明尼苏达州的共和党州长希望新桥能够尽可能在会议开始之前完工。但明尼阿波利斯的民主党市长和他的同盟则认为工程进度不宜操之过急。另外，在明尼阿波利斯当地，整个州的民众都对采用什么样的交通建设方式存在着持续的争论，一部分人认为应该修建更多的道路，另一部分则赞成集成型的公共交通方式，例如发展轻轨线路——在修建这座桥时的确有不少人表示，希望能在大桥上修建轻轨系统。最终建设工作采取了一个妥协方案：在最初建桥时不修建轻轨系统，但不排除日后修建轻轨的可能性。

在签订合同仅 16 天后，菲格公司就在研讨会上给社区代表展示了新桥的设计图。尽管社区代表无法对大桥的结构设计提出意见，但他们能够选择大桥的外观，以及装饰细节。新桥以"功能性雕塑"的概念出现，大桥整体体现了对"拱桥—水—反映"3 个元素的整合。"拱桥"概念是说新建大桥与附近的古代拱桥相互呼应；而大桥的确建在河上，体现了"水"元素；"反映"不仅是指大桥投影在河水之上，也暗喻了之前的大桥曾经倒塌这一事实，这是对大桥历史意义的反映。在这 3 个元素的引导下，社区代表选择了桥墩的形状颜色，大桥照明系统、栏杆以及基台的试样，这些都是不会影响到大桥整体结构设计的细节。并非人人都喜欢这个设计，有人认为这座桥看上去像 20 世纪 60 年代设计出来的那种"有未来感"的大桥，就好像倒退到几十年前预测未来一样。明尼阿波利斯市长也承认，这并不是一个"开创性的设计"，一名女士称，应该将大桥设计成"卡拉特拉瓦式"。圣地亚哥·卡拉特拉瓦（Santiago Calatrava）是出生于西班牙的建筑工程师，他设计的桥梁往往具有非常引人注目的外观，但明尼苏达州修建新桥的工程时间紧迫，而"卡拉特拉瓦式"桥也实在无法承担这条路上巨大的交通量。

由于之前发生过惨痛的倒塌事故，大桥建设者专门预留了装配安全防护设施的时间。另外，工程师们还考虑将"智能桥梁"的技术运用到这座桥上。所有的桥都会振动，当车辆通过时，桥面会在车轮下振动；随着温度的变化，桥面自身会经历热胀冷缩的变化；桥面积雪时，大桥会因承受更多的压力而拉紧；风力会使桥梁产生或大或小的晃动；而当地震发生时，桥梁会随着地震波一同震动。新建的大桥当然也会产生这类变化，但与传统的桥梁不同的是，这座桥的混凝土结构中将安装超过 300 个传感器，记录下大桥活动的相关数据，并通过这些数据来预测大桥未来的变化情况。这些数据将传送到明尼苏达大学，帮助人们了解和分析一个真实的桥梁结构在实际工作情况中所体现出的特征。这些数据也将为相关研究项目提供帮助。一旦大桥的任何部件表现异常，传感器还能发出早期预警信号，这对传统检查方式是一个很好的补充。

尽管大桥建设涉及政治博弈，需要征求当地居民的意见，并同时引入了一些新的科技，但幸运的是新桥仍然顺利按照计划完工。新桥于 2008 年 9 月 18 日建成通车，此时共和党代表大会已经结束，不过大桥已经比预定计划提前了 3 个月。新桥因其上游的圣安东尼瀑布（St. Anthony Falls）而被命名为圣安东尼瀑布大桥（St. Anthony Falls Bridge）。大桥两端各有一座 30 英尺高的抽象雕塑矗立在桥面中间，雕塑提醒着过往的司机他们将要通过一座重要的水上大桥。这两座极具想象力的雕塑分别由 3 个紧挨着的波浪形柱子构成，这是"对水的垂直表现"。雕塑由特殊混凝土铸成，这种材料会与空气中的污染物发生反应，这样，雕塑就不会因粉尘而变色。因此，无需特殊保养，这两座雕塑也能持续呈现那种闪闪发光的白色。

在设计建造新桥期间，鉴定工程师对旧桥结构的分析工作也同时进行着。早期提出的理论认为事故原因是材料腐蚀和金属疲劳，但美国交通运输部反复提及的说法是角撑板设计缺陷。他们确定核心角撑板的厚度只达到了关键标准厚度的一半，但仅此一点也不可能使大桥倒塌，毕竟这些厚度不达标的角撑板支撑着大桥工作了 40 年。存在设计缺陷并不一定意味着这个建筑结构不能胜任其相应工作，这一切都取决于建设之初到底采用了多大的安全系数。例如，一个建筑结构的设计安全系数为 3，由于某些原因，其中一个重要部件的安全系数值只达到原定的一半，那这个部件的安全系数值仍然能够达到 1.5。换句话说，这个部分仍然能够承受比设计负荷高出 50% 的重量。

美国国家运输安全委员会显然也意识到了这一点，在最终报告中，调查委员会确定了存在设计缺陷的角撑板是大桥倒塌最可能的原因，而当时停放在桥上的施工设备和砟石也被视为一个重要的影响因素。施工设备和砟石的重量给大桥带来了更大压力，再加上之前道路升级增加的额外重量，以及当时又正处于交通高峰期，因此桥上的荷载最终超出了大桥能够承受的最大值。大桥的薄弱环节无疑是薄且脆弱的角撑板，它们无法承受设计中预定的荷载。

此前也发生过类似的事故，那就是 1847 年的迪河大桥坍塌事故。由于担心路过火车散落的煤渣可能会导致迪河大桥的木质结构着火，人们便在路基上铺了一层沉重的碎石以隔绝火源。铺好碎石后，大桥在第一辆经过的火车的浓烟中倒下了。大桥的结构显然能够承受额外增加的碎石，也能承担列车经过时的重量，但并不能同时承担两者施压，于是大桥在这个时候倒塌了。I–35W 桥的坍塌和迪河大桥事故有着明显的相似性，但放置了重型施工设备和建筑材料之后，I–35W 桥并没有在第一波车流经过时就坍塌。因此一定还有其他的因素导致了事故发生，这也是人们继续讨论和研究该事故的主要原因。

在迪河大桥倒塌 160 年后，对一些工程师而言，用砂石超载导致大桥倒塌的理论来解释 I–35W 桥倒塌是合理的，但另一些工程师却持不同的意见。有一个独立于美国国家交通运输安全委员会的调查组将重点放在了腐蚀因素上。桥跨会随着温度变化而热胀冷缩，设计师在设计中会考虑这一点，因此大桥中的部分部件也应该能够应对这样的热胀冷缩。这个功能有时是通过诸如交错接头一类的伸缩接头来实现。由于部件本身热胀冷缩，大桥部件与部件之间的缝隙在冬天要比夏天更大，伸缩接头则能使车辆通过大桥时更为顺畅，只是经过这些缝隙时会有明显的碰撞声，汽车也有颠簸。另一类容纳桥面变化的设备是滚筒轴承或摇臂轴承，它们允许桥面在桥墩上进行小幅度移动，这样桥面在伸缩过程中就不会拉动桥墩。轴承同时也能够防止桥墩与桥面的连接处在热胀冷缩时产生阻力。然而，如果轴承受到了严重腐蚀，那么桥面的活动就会受阻，当这种情况发生时，大桥便有可能因为自身受力而被撕成碎片。

2007年8月1日，明尼阿波利斯非常炎热，支撑桥面的钢桁架结构很可能在热力作用下膨胀到了伸展的最大值。如果滚筒轴承受到了严重腐蚀，那么桁架的伸展也将受到限制，从而对桁架的主要部分施加额外的压缩力。由于大桥角撑板较薄，其中一些可能已经由于高温发生了弯曲，这也使得大桥之后的解体成为可能。腐蚀的轴承、弯曲的角撑板、夏季的高温，以及荷载不平衡的桥面共同导致了悲剧发生。这是遇难者家属代表律师在法庭辩论中表达的观点，他们认为这不仅仅是桥梁设计单位的失误，负责检查桥梁的工程公司与将建筑材料和重型工程设备停放在桥上的建筑公司也应当为这次事故负责。受害者们不仅会向造成事故的公司索赔，也会向那些他们认为应该为大桥倒塌负责的公司索取惩罚性赔偿。

不论具体原因为何，2008年明尼苏达州设立了专项基金，只要事故受害者同意不起诉州政府，都将获得相应补偿。为了筹集这笔专项资金，明尼苏达州政府起诉了设计桥梁的工程公司，起诉理由是大桥角撑板尺寸不达标；政府同时起诉了停放建筑材料和重型施工工具的施工承包商，因为该公司在没有事先通知交通部门的情况下，擅自将设备与材料停放在大桥上。这两家公司也正是事故幸存者和遇难者家属们要起诉的公司。但一直到2009年的夏天，州政府都没有起诉负责检查桥梁的工程顾问公司。对旁观者而言，州政府这一举动颇令人费解，因为受害者的律师指出这家公司在事故发生前的3年内"没有采取任何行动来纠正大桥的已知问题"，对大桥的坍塌负有不可推卸的责任。

为了补偿受害者家庭以及尽快修建新桥，明尼苏达州州政府在事故发生后已经花费了3700万美元，所以他们最终还是起诉了那家负责检修工作的工程顾问公司。大桥最初的设计公司是斯维德鲁普与帕西公司（Sverdrup & Parcel Associates），该公司于 1999 年被雅各布工程集团（Jacobs Engineering Group）收购。正因如此，该诉讼的被告席上出现了财雄势大的雅各布工程集团。雅各布工程集团的律师们反驳说，大桥的设计工作发生在 40 余年前，而明尼苏达州相关法律条款表明损害索赔必须在损害发生的 10 年内提起，且同时要满足 "发现损害后 2 年内提起" 这两个条件。基于这一条款，他们的客户不应该承担相关责任。然而法官驳回了这个请求，因为政府对雅各布公司提出诉讼的目的是收回支付事故受害者的资金，而事故赔偿活动是在两年年限内发生的。由于收购了原设计公司，尽管设计工程发生在几十年以前，雅各布公司仍然需要承担设计失误的相关责任。在大桥倒塌两年后，关于大桥的未决诉讼达到了 121 起。计划中相关诉讼将从 2011 年开始裁决，不过这场事故相关的 "法律后果" 将持续更长时间。

明尼阿波利斯 I – 35W 桥倒塌后，与法律诉讼在司法系统推进的过程一样，对于事故原因的探究也在持续发酵。一名前总工程师注意到一些奇怪的照片，这些照片是在大桥倒塌几个小时后出现在互联网上的。该工程师称，这张照片是事故发生时拍摄的，照片显示大桥桥面已经四分五裂，而支撑桥面的钢桁架也发生了严重的变形。桁架上未上漆的顶部法兰吸引了这位工程师的注意。顶部法兰是上部桁架的一部分，工程师的经验告诉他，在桁架完工之前这部分应该先嵌在路面混凝土中。而钢梁的顶部法兰也应该用螺栓焊接，以抵抗浇筑混凝土时产生的剪力，这样法兰和其他钢部件才能够保持固定的位置关系。这些材料组合在一起增加了各自的强度与稳定性，使得整体结构更为坚固。

而照片中法兰上并没有可见的抗剪力栓钉，同时也没有任何迹象表明这座大桥曾使用过抗剪力栓钉。工程师们都知道，抗剪力栓钉如果没有直接焊接到法兰上，那么就会焊接在混凝土模块中的金属部件上。无论以哪种形式焊接，最终都将通过锤击来测试螺栓的强度。一个合格的稳固螺栓可能在锤击下岿然不动，也可能发生弯曲，但一定不会直接脱落。如果明尼阿波利斯 I–35W 桥的法兰上曾使用过螺栓，那么当大桥解体时，这些螺栓一定已经全部被剪力折断。然而照片中未上漆的顶部法兰并未出现受剪力折断的螺栓，也没有焊接过螺栓的痕迹。因此，工程师的结论是相关部分并未使用任何抗剪力连接件，这个疏忽也可能是导致大桥坍塌的原因之一。

要决定多种理论中到底哪一个才是最主要的事故原因往往非常困难，因为这些理论都只是"理论"而已。和科学假设一样，我们也应该对关于大桥倒塌事故的理论猜测进行测试，以确定到底哪些更可靠。不幸的是，当一个建筑倒塌后，人们显然不可能在建筑的废墟中对任何形式的假设进行严格测试。废墟中的这些部件大多已经弯曲、断裂，发生了巨大的形变，有的部件甚至已经无处可寻。而用新材料修建一座一样的建筑也同样存在问题，因为新建建筑与旧有结构存在差异，很难完全反映出旧建筑的问题。利用物理原则在计算机上建立模型可以重建倒塌的建筑，但这类测试结果终究只是电脑模型模拟出来的，而不是来自真实世界中的真实建筑。

当美国国家运输安全委员会给出报告时，通常会指出"最可能的事故原因"，这类措辞方式有着类似科学研究报告中的严谨。残骸的故障分析有时很有说服力，在某些情况下几乎可以肯定是什么导致了事故，但同样的无论这些分析具有多强的说服力，其仍然只是"最有可能"的事故原因，因为这些分析同样无法在原建筑上进行测试验证。因此美国国家运输安全委员会给出的报告仍然是"未经证实的假说"。但存在一个例外，那就是 1981 年堪萨斯城凯悦酒店的人行天桥垮塌事故——由于重载箱梁脱落，垫圈和吊杆的螺栓裸露在外，这是不容置疑的明显证据。由于建筑细节如此简单明了，调查员仅凭肉眼观察就能得出基本无懈可击的结论。但大部分结构性坍塌涉及更多的因素，关于事故原因的理论也会有很多的版本。关于事故原因的法律辩论，很大程度上取决于专家对于事故原因的证词。在一个具体的案件中，法官和陪审团常常会觉得某个假设比其他假设更具说服力，但法律裁决并不能证明一个假设比另一个更真实，法庭辩论并不是科学证明。

即使我们永远无法从工程学或科学的角度确定一个建筑事故发生的真正原因，但对事故原因的逻辑推理与详细分析仍能为未来的建筑设计提供宝贵的经验教训。某个特定的假设也许并不是一个实际事故的真正原因，但它可能是导致未来某个建筑倒塌的原因。将针对这个假设的相应措施放到新的设计中，能够在一定程度上消除对失败的恐惧。对过去建筑结构的故障分析，正是一个学习如何将未来的建筑设计得更好的过程，这个过程需要我们尽力去理解过去的建筑为什么会失败。

明尼阿波利斯 I–35W 大桥倒塌 3 年后，相关行政诉讼终于落下帷幕。有上百位目击者称，负责检查桥梁的 URS 公司并未在大桥上设置任何标识来警告过往的民众。URS 公司则认为由于他们并未在事先被告知大桥的设计缺陷，自然也就无法监控大桥的运行状况。由于不想面对过程繁杂的长期诉讼，URS 公司同意庭外和解。和解金额共计 5000 万美元，其中的 150 万将用于修建一座纪念事故死者的纪念碑。为筹齐和解费用，URS 公司和明尼苏达州继续向雅各布工程公司索赔。

无论法庭内外发生了什么，在 I–35W 公路上的事故已经成为密西西比河上无法抹去的印记。尽管锈蚀的钢制桁架桥已经被崭新的如同一座雕塑一般的混凝土新桥取代，但经过这座新桥的人，当他们看到桥头的浪形雕塑时，依然会回想起 2007 年 8 月 1 日发生的悲剧。这些司机和乘客应该认识到，发生在 2007 年炎热 8 月的事故是一个小概率事件，其概率差不多和明尼苏达州在 3 月下雪一样低。平均每天通过旧桥的汽车数量是 14 万。在旧桥服役的 40 年中，约有 10 亿人通过了该桥。这些数据不会降低死伤者带来的悲痛，但却能够让我们意识到这类事故的确非常少见。并且，可以预期的是，在新建的桥梁中，发生事故伤亡的概率会更低，尤其是那些在事故发生之后修建的桥梁。

桥梁并不是唯一会意外倒塌的事物。飞机、船舶、汽车等也会发生意外。有时，事故是结构性的，例如飞机机翼或机尾脱落，这种结构性事故使飞机无法上升、失去控制。第二次世界大战期间"自由"号战舰突然自动裂成两半也属于结构性事故；结构性事故还包括汽车在高速行驶过程中出现的侧翻。这些事故都是硬件问题，我们可以通过了解事故涉及的材料以消除或者减小风险，或是通过更好的维护和修理方式以使设计本身更可靠。但有些故障是系统软件故障，这类问题会影响系统各部分之间的交互关系。这类故障在很多情况下，人们都不会将之描述成"意外"或"事故"。下一章我们将探讨一些软性故障方面的案例。

第十一章　后座设计

按照今天的标准来看，最早版本的计算机占据了极大空间，却只有很小的内存和存储容量。于是一些软件工程师为了适应这种情况，对计算机的时间存储系统做出了改变——每当输入一个日期时，对于这个日期的年份，只使用该年的最后 2 位数字来表示。这个改变在当时看来是很明智的。这个改变不仅为数据录入员节省了时间，也更好地利用了计算机有限的系统存储空间并简化计算。银行账户的利息计算，以及信用卡上的还款日期都采用了这种计数方式。

缩写年份并不是什么新鲜事。早在电子计算机问世前，商家和用户就已经习惯使用 2 位数年份，并乐于享受由此带来的便利。在 19 世纪早期，许多印有日期的印刷品，落款日期部分往往印成"＿＿＿＿＿ ＿＿＿，18＿＿＿"这样的格式。店员只需要填写月份、日期以及年份的最后两个数字。当新世纪到来时，理想的情况是重新印刷这些单据，将"18"换成"19"，而如果在世纪末仍然存有大量旧有单据，那么商家们只需要划掉"8"，并写出年份的最后 3 位数，这样单据便能够继续使用。即使没有预印表格，人们也常常缩写月份或用数字代替指定月份，这进一步节省了时间和石墨。

很长时间以来，用数字和斜线共同表示指定日期的做法已经成为习惯，例如 1939 年 9 月 7 日，通常按习惯写 9/7/39。由于美国人更喜欢先写月份再写日期，而欧洲人更喜欢"日／月"的表达方式，月份和日的顺序有时会发生变化，但总体来说，每个人都知道他们所身处的大陆，自然也都能正确理解日期的惯例表达法。这样的表达方式简洁且高效，即使进入了新的计算机纪元，人们也并不觉得这会出什么问题。开始使用计算机后，人们都倾向于认为，到了世纪之交，人类早已不再需要担心日期这样的烦琐细节了。

而当人们真的到了 20 世纪末，2000 年越来越近，几乎每个与计算机化的数据存储、计费、电子交易有关的人都意识到一个迫在眉睫的问题。就像人们预计的那样，计算机和计算机程序已经进化多次，但上古时代的老程序也仍在使用中。这些程序在计算两个日期之间的时间间隔时，是直接将两数相减，其中一些被减数则是以 2 位数格式记录的年份。这种计算方式在 20 世纪后半叶的大部分时间里是完美无缺的，但当数字 99 和 00 分别代表 1999 年和 2000 年时，问题就出现了。用 00 减 99 的结果是一个负数，而这些程序无法处理这样的计算结果。

修复这个"2000 年问题"或"千年虫危机"的方法也非常简单：程序员们直接将受影响的计算机程序中的那些 2 位数年代改成 4 位数。然而某些程序是由相当古老的计算机程序写成，其中包括一些面向商业的通用语言（common business oriented language,COBOL）。由于年轻一代的程序员对这些语言越来越不熟悉，那些已退休的老程序员也被找来当顾问，继续为计算机程序服务。这样的改变并不会令所有人满意，仅仅将 2 位数年份改成 4 位数也让人们有理由担心，存在于计算机代码内的那些微妙的计算程序也许早已将原来 2 位数的年份用在了别的地方。另一个比较实际的担心是，即使已经完全改正原程序的错误，仍可能在这个过程中引入新的错误。大部分人都认为，最大的考验将在 2000 年新年到来。随着 2000 年 1 月 1 日越来越近，媒体和大众也越来越焦虑。当 2000 年终于来临，高度数字化的经济业务、交易并未因为年份前 2 位的改变受到重大影响，全球经济也得以继续顺利运行，直到这时整个世界才终于松了一口气。

"千年虫危机"看来只是一场虚惊，不久之后就从公众讨论中消失了。人们担心这个设计缺陷会对社会造成巨大影响，结果却是有惊无险。发生在 20 世纪末的这场互联网恐慌最终和哑弹一样消失得毫无声息。但软件设计者们却很难忘记千年虫，它暴露了一个常见的设计问题，这个问题不仅会出现在软件设计中，也会出现在其他产品上——设计师往往难以预见今天的决定是否会对未来产生影响。幸运的是，2 位数年份的问题得到了及时解决。不幸的是，并非每一个潜在设计缺陷都能在危害发作之前被发现。人们总是在事后才发现各种设计物的设计缺陷，有时甚至要等事故真正发生了，才有人意识到设计存在缺陷。伦敦千禧桥就是其中一个例子，这座桥仅在通行 3 天后就被关闭。

对于理解失败和工程故障的内涵，"千年虫危机"有什么更大的启示呢？就像媒体记者和评论员认为的那样，在计算机程序中使用 2 位数的年份可能导致全球金融危机。当初做出决定的程序员应该在多大程度上预见这个问题？又应该为"未能预见"负起什么样的责任？在他们的设计中出现这样的缺陷难道不是不道德的吗？对于在汽车行业中出现的"有计划地废止制度"（指汽车行业过快的更新换代）这类问题，程序设计员又应该负有怎样的责任？

程序员之所以会创造出有缺陷的程序也是为现实所迫。当时的计算机内存有限，计算时间很长，在这种情况下使用 2 位数表示年份自然合情合理。去除无关紧要的数字"1"和"9"后，不仅 1 比特 1 比特地节约了宝贵的内存，而且在这些数字参与的每一次计算中，毫无必要的计算时间也减少了。"千年虫危机"显示了早期的程序员在面对具体挑战时是如何思考的。换言之，程序员们都选择了类似的解决方案来处理问题，是因为他们在解决问题时都不得不面对同样的限制条件。这类群体思维并不是群体阴谋，群体思维反映了一个事实：即使是最好的设计师

（程序员）也懂得，不能因为一个巧妙的设计不是自己创造出来的，就拒绝它。通过使用这些先进的解决方案，设计师们能够腾出更多的时间和精力来应对其他挑战，而他们自己的一些创新方法也可能在别的地方被别的设计师采用。

早期程序员在编写代码时，不仅要让这些程序能够独立工作，而且还要兼顾它们和其他程序的配合度。因此，当能够节约时间与空间的 2 位数纪年法出现后，作为一种快速简便的方法，它很自然地就被程序员接受了。程序员并不是唯一会遇到类似情况的人，设计新事物的时候，设计师往往都要面对类似的挑战。无论是飞机的设计师还是大楼的结构工程师，很多工程师——可以说是大部分工程师——在遇到设计中的具体问题时，往往会采用已有的解决方案。如果一个从经验中获取的解决方案或标准设计程序，能够达到相应设计要求，设计人员则倾向于遵循之前的经验或程序。设计塔科马海峡大桥时，当时的风气是注重大桥的细长结构和美感，而不是考虑其强度，所以设计师甚至都没有想过经过桥面的风可能会引发空气动力学问题。

设计需要面临的选择如此之多，以至于在一些关于设计的书中，"设计"被定义成一个选择或是做决定的过程。事实上，在我读大学期间使用的设计教科书中，绪论的第一句话就是："设计就是做出决定。"之后，人们又在这个定义中加上了"设计是一个不断妥协的过程"。这本简单直接的教科书在之后的半个世纪里不断被改版，2006 年，这本书出了第 8 版，它告诉学生："结构设计是一项复杂的工作，需要多种技巧配合来完成。"在此期间，这本书也从最初的 523 页增长到 1059 页，重量也涨到了 5 磅——是第一版重量的 2 倍。无论设计工作变得多么的复杂、需要多少技巧，归根结底它仍然是一个做选择、做决策的过程。无论是大卫·斯坦曼设计的悬索桥还是奥斯马·安曼设计的悬索桥，它们始终都是悬索桥。两座大桥的内外结构与外形特征都符合典型的悬索桥的特点，因此当我们看到这些桥时能够第一时间认出它们就是"悬索桥"。而设计师的职责就是对大桥细节进行选择。安曼的桥有他自己独有的签名——无支架高拱塔柱；斯坦曼的桥梁也显示了他追求细节装饰的审美品味。

任何形式的桥梁都有让首席设计师发挥自己天赋的空间，但通航水域的桥梁设计，很多细节都会由"幕后的设计者"来决定。例如政府招标的桥梁，就必须满足一定的高度和跨度以保证水域运输安全。政府往往会在相关合同中对车道宽度、护栏标准、照明规格以及其他方面做出详细的规定。以大桥的照明设施为例，这一设施既要为桥面道路照明，又要为低空飞行的飞机导航，同时还要为从桥下通过的船只提供通行高度信息。如果它们不能满足这些功能和相关规定，那么陆地、海洋或空中交通就会一片混乱。

居民住宅建设也要符合类似的建筑规范。例如烟雾报警和自动喷水灭火系统、应急照明设施、发生火灾时的紧急出口、抗震级数，以及窗户玻璃抗风性质都要符合相关标准。这类涉及建筑安全性的标准目前已经成为建设过程中必须达到的标准，而这些标准也是在人们经历了失败之后才出现的。2001 年，纽约世贸中心双子塔遇袭，由于楼梯间被砖石碎块堵住，所以飞机撞击处以上楼层的人们无法迅速疏散，也得不到及时救援。造成这一结果的主要原因是大楼的两条逃生通道都位于中心位置，并且距离非常接近。这意味着，如果其中一条逃生通道出了问题，那么另一条通道往往也出现了类似的问题。悲剧发生后，纽约对居民建筑逃生通道做了新的强制规定——一栋大楼应该包含至少两个逃生通道，并且两条通道的距离要尽可能离得远一些，这样，发生火灾或其他紧急情况时，即使其中一条通道无法使用，另外一个仍能给人们带来生还机会。新规定出台后自然遇到了阻力，因为这样的逃生通道强制规定并不会带来任何经济上的回报，却要在设计时被优先考虑。

很少有人会将"9·11"事件看成一个"事故",毕竟事故往往是没有事先安排过的。通常我们会用"事故"这个词来描述汽车相撞,或汽车撞到建筑、行人的情形。从机动车出现在道路上的第一天起,人们就开始担心汽车事故。汽车刚出现时,人们对它接受度不高,毕竟早期的汽车也只在裸机外罩了一个外壳而已。这些汽车速度不高,坐上去却非常颠簸,其中一个原因是汽车本身动力不足,另一个原因是当时的道路非常不适合汽车行驶——实际上,当时存在的大多数道路并没有经过事先"设计"或"规划"——但这对马匹和马车却不是个问题。随着时间的推移,道路和车辆的情况都得以改进,汽车的速度也越来越快,但这同时带来了更大概率的交通事故。高时速带来的高事故率是汽车提速过程中无法避免的副产品,随之而来的是道路上增加的伤亡者数量。

1930 年,行人和机动车驾驶员占所有交通事故死亡人数的 85%。在 20 世纪 20 年代和 30 年代期间,各类道路交通事故导致的死亡人数增加了几乎一倍,达到将近每年 10000 人。这一数值在战争期间急剧下降,但战后又再次上涨,直到 20 世纪 60 年代中期,人们开始采用安全设备来增强机动车安全性,因交通事故而死亡的人数才逐渐稳定下降。

频繁的交通事故并非英美国家特色。如今,在中国和印度这样新崛起的国家里,道路与车辆的数量都在迅速增加,交通事故也变得非常普遍。在印度,从 2004 年到 2008 年的这 5 年间,交通事故的死亡率增加了 40%,死亡人数达到 12 万,其中 70% 都是行人。除了要与行人分享道路,印度的汽车司机还要与自行车、摩托车,甚至是牛共同行驶。按照印度的规定,到 2010 年时,机动车上唯一必须有的安全设备也不过是安全带。至于像安全气囊或者防抱死制动系统这类安全设备,买家则必须支付额外的费用来购买。一位观察者的经历很好地展示了印度街道的混乱状况:就在不久前的一天,一辆运输牛奶的卡车停在路中间——驾驶员离车小便去了,于是运送沙石的拖车只好逆行,同时驾驶员还不得不躲避一辆载着木桌的自行车。在车流中穿梭时，司机也没有放弃自己打电话的权力。一些车辆的后视镜从未打开过，有一些车甚至根本没有后视镜。印度的道路状况如此混乱，主要是因为政府部门管理失败。政府对交通运行方式缺乏计划，同时还存在执法不严等问题。随着机动车数量越来越大，而驾驶证又往往可以通过贿赂相关人员获得，所以道路上的不合格驾驶员也就变得越来越多。中国的交通运输体系要更有组织些，从 1998 年到 2008 年的这 10 年间，公路事故造成的死亡人数在逐步下降，在 2008 年时为 73500 人。[①]

毫无疑问，当前的中国和印度正在经历 20 世纪英国和美国的发展过程。美国经济在第二次世界大战后开始复苏，随着州际公路系统越来越完善，道路上的汽车也越来越多。行车数量增加的同时，汽车时速也越来越快，道路事故率上升也成为必然趋势。交通事故死亡人数达到了有史以来的最高值。导致交通事故数量上升的是否正是汽车的设计？拉尔夫·纳德（Ralph Nader）认为的确如此。他在 1965 年出版了一本名为《任何速度都不安全：美国汽车设计的潜在危险》（*Unsafe at Any Speed: The Designed-In Dangers of the American Automobile*）的书，引起了公众对道路交通事故的高度重视。该书的序言写道：

> 半个多世纪以来，汽车驾驶伴随着死亡和痛苦，它给数百万人带来了不可估量的悲伤和损失。这些大规模创伤在 4 年前开始急剧上升，这反映了机动车所具有的全新而又意想不到的破坏力。1959 年，商务部的报告预计，到 1975 年时，约有 51000 人将死于汽车事故。而实际上这个死亡人数可能会在 1965 年达成，比预想的要提前 10 年。

① 国内具体数据为 73484 人。——译者注

实际情况比纳德的预测晚了一年，美国高速公路上的死亡人数在1966 年超过了 51000 人。在同一年，平装版《任何速度都不安全》的封面上写着，这本书是"10 年间最具爆发力和影响力的畅销书"。这本书的确是对汽车行业的严厉控诉，纳德在书中令人信服地证明了，汽车行业更关注汽车的造型，而不是其安全性。除此之外，纳德也用大量的数据向人们展示了，即使在技术条件允许的情况下，底特律的汽车制造商们仍然选择忽视那些能够增加车辆安全性或减轻人员损伤的设备，并一再拒绝将这些设备作为标准配置加入自己的汽车中。虽然在购买新车时，人们可以选择在车上装上安全带和仪表板衬垫，但这些都只是"安全选项"，而不是必要设备。制造商认为，正因为很少有人选择这些"额外设备"，他们才没有将安全带等作为"必要设备"。换句话说，是顾客自己不愿意为增强汽车安全性支付额外费用。然而，纳德在调查报告中写道："那些装饰性的成本差不多已经达到了每辆车 700 美元，厂商则把这些成本都转嫁到了消费者身上。"

纳德也谴责了汽车设计中缺乏减轻"二次碰撞"的设备。当汽车与一棵树或一根柱子发生一次碰撞后，人与汽车内部产生的碰撞就是二次碰撞。在二次碰撞过程中，驾驶员或乘客可能会与车内一些硬物或尖锐部件接触，严重时会造成人员伤亡。另一个经常出现问题的是汽车的转向柱，在汽车前端发生一级碰撞时，转向柱可能会刺向车内，甚至可能刺穿驾驶员。而只要改变一下设计，这个问题就能被纠正。讲到此处时，纳德专门附上了一页概念详图来展示转向柱应该如何重新设计，才能吸收冲击力，并防止其刺向汽车。这样的设计可能使汽车受到损害，但却能避免人员伤亡。

汽车制造业认为是司机的行为和道路的设计缺陷导致了事故，因此负起责任的应该是驾驶员和道路规划局，而不应该是车辆设计。纳德在书中旗帜鲜明地反对了这个观点，并且多次提及相关论证和例证。他用多个例子展示了汽车制造商是如何为了降低汽车的制造成本，而不择手段地避开联邦立法和监管，并且完全忽视强制规定的设计规范——这些设计规范不仅能使驾驶员和车中乘客更安全，同时也能减少对行人的伤害。要知道，在许多交通事故中，行人往往被加有尖锐装饰的汽车引擎盖或尾翼划伤。一些州立法强制要求每辆汽车都必须使用安全玻璃，这样能够缓解二次碰撞带来的伤害。尽管安全玻璃行之有效，但要把这项州立法推广到整个联邦美国却十分困难。直到 1964 年，一项法律条款规定，美国总务管理局（GSA，General Services Administration）购买的车辆必须达到特定的安全功能标准，安全玻璃的使用才被列入联邦法规（总务管理局每年为联邦舰队购买车辆的数量达到了几万部）。但总务管理局的安全要求效力有限，除了政府采购的推动，必须有更大的动力才能有效提高汽车设计的安全性。在提高机动车安全性上，政府本该采取更强硬的措施。

　　除了纳德，道路安全也引起了其他工程师的注意。纳德能够对汽车安全有如此详尽的了解，源于他对相关资料的广泛阅读。例如，其中一份资料是 1963 年发表于《美国工程师》（American Engineer）的一篇文章，作者在文中写道："像汽车这样大范围使用的产品，居然设计得如此糟糕。事实上，汽车设计很可能就是一个设计上典型的反面案例，没有任何东西应该设计成这样。"纳德观点的独特之处在于他把汽车事故和公共卫生问题联系在一起进行分析。他认为，一个研究员，无论他的工作是预防疾病爆发还是减少道路交通事故，都是在解决"基本工程问题"。解决这个问题的关键是改变不良环境（充满疟疾病毒的水池或设计欠佳的汽车内部），而不是控制人的行为。企图通过操作人的行为来解决问题，往往收效甚微。如果从工程失败的角度来看，交通事故可以算是"由于车辆的技术组件和高速公路的设计无法适应驾驶员的能力和驾驶行为"而造成的人员、财物损失。如果交通事故是对专业工程工作的挑战，那么工程设计自然也应该以安全为首要目的。

纳德曝光了汽车行业的不安全状况后，美国国家科学院委员会进行了为期3年的数据调研，并在之后的报告中，将机动车导致的事故称为"现代社会的被忽视的疾病"：

> 1965年，发生了5200万起事故，107000人在事故中丧生，1000万人受到不同程度的伤害并暂时失去劳动力，约40万美国公民在事故中受到永久性伤害，由此造成的损失约为180亿美元。各类事故成为现代社会最常见的"疾病"，是美国最重要的环境卫生问题。事故也是青壮年死亡的主要原因。

在所有造成死亡的事故中，有4.9万起（接近一半）事故是由机动车造成的。纳德发现，诸如肺结核、肺炎、风湿热一类的传统疾病，其导致的死亡人数正在减少，但汽车导致的死亡人数却在逐年上升。不仅美国国家科学委员会将报告中心放在事故责任上，惊人的受害者人数也引起了立法者的关注。实际上，那些涉及汽车和公路安全的部门都已经注意到这个问题。尽管每车每英里的死亡率在逐年下降，但纳德指出使用这种统计本身是有问题的，因为自1940年以来，交通事故死亡人数与总人口相比，总体比例并没有下降——一直维持在每10万人中有25人死亡的比例。纳德表示："这意味着一个驾驶员能够安全行驶更远的距离，但他在一年中死于交通事故的概率和之前几年是一样的。"

1966年，美国通过了《国家交通与汽车安全法案》（*National Traffic and Motor Vehicle Safety Act*）。这项立法规定了"协调国家安全项目的方法，以及建立机动车安全标准的原则"。它促使一些减轻事故伤害的安全设施（终于）成为汽车的必要部件，例如，所有乘客座位上的安全带，可吸收前方冲击力的方向盘转向柱，仪表板，安全玻璃制成的挡风玻璃，侧视镜以及安全车门锁。该项立法同时改善了道路状况：公路装上了护栏，路灯照明得以保证，高速公路的安全性也有相应提高。其实这些措施在很久以前就应该实施了，不过仅靠这些措施也无法解决所有的公路安全问题。

在 1974 年的石油危机中，尼克松总统签署一项法案，规定全国机动车最高时速限制为 55 英里每小时。这项法案的本意是减少石油燃料使用，但在这方面的收效却并不理想——毕竟在州际公路上，驾驶员们已经习惯了高速行驶。但由于 55 英里每小时的速度限制，道路交通事故年死亡人数从最高的每年 5.5 万人下降到大约每年 4.5 万人。2009 年，该死亡人数已经降到了每年 3.4 万人以下，用概率来衡量就是每行驶 1 亿公里死亡人数为 1.16 人，这是 1954 年以来的最低水平，比 1925 年下降了 90%。2010 年，死亡率再次下降，这一年是 60 多年中交通事故中人员丧生率最小的一年。为何这 5 年中交通事故死亡率急剧下降？目前还没有一个令所有人都满意的答案，但在各种影响因素中，我们有理由相信汽车设计的改进是乘客和行人获得更大生还概率的关键。政府的硬性要求（例如强制使用安全带的规定），对醉酒驾驶的严厉打击，以及对道路设计和道路工程的重视，都起到了积极的作用。

1966 年通过的《国家交通与汽车安全法案》是一个试图改善交通监管模式的里程碑，它将道路安全控制从事后监督变成了事先预防。在《国家交通与汽车安全法案》出台之前，人们普遍认为造成事故是驾驶员的问题，因此相关法案更强调改变驾驶员的行为，以避免事故发生。但在《国家交通与汽车安全法案》颁布之后，认为道路安全事故是一种流行病的观点占了上风，人们普遍认为车辆中的环境是危险的，一旦发生碰撞，驾驶员和乘客都将暴露在危险的外力中。因此，增加道路安全的其中一个目标就变成了改进车辆设计，以减轻潜在威胁。

《国家交通与汽车安全法案》同时还明确了一点：美国国家公路交通安全管理局（the National Highway Traffic Safety Administration，NHTSA）负责调查所有的交通事故，并制定安全驾驶规则。在 1970 年前后，该机构中负责制定交通规则的工程师人数比负责调查事故的调查员多一些，有时是多十几人，有时要多 50 人。10 年后两个部门人数基本相等，再之后，调查员人数就开始超过工程师。最初，负责制定交通规则的工程师的主要工作是开发和倡导安全设计，然而随着机动车安全修正案开始实施，该机构的工作重点也改变了。这一修正案要求汽车生产商必须"纠正存在重大安全隐患的设计缺陷"。有了这个规定，公路交通安全管理局的工作重点便转移到制定汽车召回的相关法规上。

尽管美国国家公路交通安全管理局的措施看似雷厉风行，但从开始建立到 20 世纪 70 年代中期，安全管理局引入的许多安全规定，都受到了既得利益者的强烈反对。例如，其中一条规定是，要求 1968 年后出售的新车前座必须装有头枕。汽车零部件协会（the Automotive Parts and Accessories Association）在法庭上向这个规定发起挑战，他们认为头枕作为一个汽车附件，其市场是客观的，而安全管理局的新规定使得这个市场不复存在。但汽车零部件协会的抗议最终以失败告终，之后出售的汽车，都必须有头枕这个必不可少的部分。这条规定证明了，提高汽车的安全性，并不一定需要汽车制造商进行大量的机械创新或设计开发工作。有时候类似"提供头枕"这样的小改变，就已经足够了。

实际上，在汽车追尾的过程中，头枕能够用来防止头部突然向后移动，通过限制头部运动，头枕能够减轻颈部由于过度屈伸而受到的损伤。头枕的安全作用很明显，而且交通规则也要求汽车必须安装头枕，那么汽车制造商就不得不在商业竞争与交通法规之间进行妥协，这个妥协自然要通过汽车设计来体现。如果只是要保证驾驶员和乘客的安全，头枕可以设计成垂直于座椅靠背的样式，并在其中加入柔软填充物，使它在承受头部冲击力的同时又能温和地减缓这个力。但在设计汽车时，设计师还要考虑各种其他功能性和非功能性需求，这使得头枕的设计充满了挑战。

去过电影院或剧院的人都知道，由于身高的原因，每个人的头部都会高出座位椅背一截。如果要考虑身高的个体差异，那么固定式汽车头枕必须从汽车座椅的顶部延伸车顶才能满足不同身高的人的需求。一些型号的汽车、货车和卡车也的确做到了这一点——它们的椅背与头枕是连成一体的。但这样的设计实在是难以满足审美需求。这种过高的垂直靠背通常与车辆内部的其他部件不成比例，尤其是会与汽车本身的水平线条产生冲突，而这种设计也使得车内空间的划分非常不合理，给汽车的内部设计带来了挑战。于是人们最终还是放弃了高座椅靠背。

如今，汽车普遍使用的是一种高度可调节的座椅头枕。头枕可调节高度意味着头枕本身在垂直高度上不必非常大，只要乘客记得调整头枕到适当的高度，其缓冲撞击的作用就能发挥出来。如果我们对车辆内部设计提出更高的要求，那么头枕的尺寸也将是一个重要的考虑因素。头枕的核心作用在于防止伤害，但安装了头枕的汽车，也可能没有办法像人们最初设想的那样成功避免伤害。机动车设计的一个重要部分是为驾驶员提供尽可能大的视野。过大的头枕容易挡住汽车右侧的视野，也使得驾驶员更难看清后面的路况。沃尔沃在某种程度上解决了这个问题。他们使用一种梯形的头枕，而不是一整块的固体软垫头枕。这样，驾驶员就可以透过头枕间的间隔观察右侧及后侧的交通状况。其他汽车制造商都选择了短小的头枕，这就需要驾驶员和乘客在使用时将头枕升高，否则根本起不到作用。但人们往往很难想起将它升高，因此很多汽车的头枕长期处于初始的低位，这样自然难以达到保障乘坐者安全目的，至少不能保证高个子的安全。

乘坐汽车的不只有驾驶员和副驾驶座上的人，过于宽大的头枕会遮挡住后排乘客的视野。要在前座乘客的人身安全与后座乘客的乘车舒适度之间找到一个折中方案并不容易，这也成为汽车内部设计师面临的新挑战。最终的解决方案是一种尺寸适中的可调节头枕，这种头枕足够安全，也能够在各个复杂的需求之间达到合理的平衡。

尽管大部分情况下，汽车副驾驶位的头枕是必不可少的，但在出租车和豪华轿车上，头枕就显得多余了——通常情况下，出租车和豪华轿车前排乘客座通常是空的（乘客一般都在后排就座），在这种情况下，前排头枕除了挡住后座乘客的视线以外，别无它用。我曾有一次非常愉快的租用豪华轿车的经历，这辆车上右前座的头枕已被完全移除，同时挡风玻璃也被打开了，于是后排视野变得相当宽阔，大大增进了我对这次出行的好感——尽管这辆车可能违反了一些交通管理规定。当然，如果车辆前排有人就座，头枕自然应该重新投入使用。在理想的状况下，如果不需要使用头枕，我们可以把头枕向下折叠，隐藏在前方座椅下侧，以提供给后排乘客更好的视野；当需要使用头枕时，我们又能方便地将它向上拉出。

安全带和安全气囊是汽车必备的安全设施，它们也给设计带来了麻烦，而对这两个部件的设计也极大地影响了事故中受害者的生存率。早期的汽车安全带类似于飞机座椅安全带，之后才逐渐演变成一个束缚身体的宽带，以防止在撞击过程中车内人员的上半身过度屈伸。一些设计更为精致的安全带，会在车门打开时自动解锁，在关闭车门时同时锁上。这类拥有进一步功能的安全带，会因为独特的特性面临着一些设计上的挑战，但它们仍然和大多数安全带一样融入了汽车座椅中。安全带设计的最大挑战并不是硬件设计，而是如何让车辆乘坐者扣上它。在20世纪70年代，仅有不到15%的美国驾驶员使用安全带，但随着要求使用安全带的相关法律法规出台，这个数字显著增加。到了2010年，安全带的使用比例大约在85%。

安全气囊是一个更为复杂的设计。首先它必须隐藏在汽车内部，同时要在发生事故时以适当的速度膨胀，并提供恰当的压力，这样才能在几毫秒内缓冲撞击对移动的人体造成的冲击。但问题是，适用于平均身高体重并系有安全带人群的安全气囊设计，并不能保证儿童——甚至小个子成人——的安全。在一些案例中，安全气囊甚至被认为是导致乘客死亡的直接原因，而这个设备本来是用来增加行车安全性的。在使用更先进的安全气囊系统后（一些智能系统能够检测座椅乘客的身高，一些甚至还能确定当前情况下是否使用了安全带），乘客因气囊导致死亡的比例有所下降，但并未完全消除。在使用智能安全气囊的死亡事故中，2/3 的司机或乘客都同时系上了安全带。这样看来，系好安全带似乎还附带着一些额外的风险。当然，政府对使用安全带的强制要求仍在继续推行。

汽车中的另一个危险来源是汽车的功能性部件，无论是机械还是电气元件都可能威胁到人的生命安全。关于丰田汽车加速器和刹车踏板的争论出现一段时间后，丰田才最终承认，的确有证据显示刹车部件出现了问题，造成了部分事故。对于美国国家公路交通安全管理局如何建立和执行涉及电子元件的新安全标准，汽车制造商和相关立法机构最终达成了一系列各有妥协的协议，这种情况在以前从未发生过。

法律规定与机械软硬件一样，也需要经过事先设计。19 世纪的哲学家赫伯特·斯宾塞（Herbert Spencer）曾说过："英国议会制定新的法案，是因为以前通过的那些法案出了问题。"2010 年通过的汽车安全车法案就是一个很好的例子，它是一个典型的妥协式法案。在更改法案的过程中，众议院和参议院给予了制定规则的交通秘书更多的自由裁量权，并表示此举的目的是缓解相关问题，而没有指望能够一次性完全消除安全隐患。汽车制造商联盟声称如果要解决加速问题，那就必须进行深入研究，因此各方才达成协定，放宽了新法案推出的最后期限。"必须进行深入研究"，换句话说，就是"汽车制造商不可能控制所有导致意外加速的因素"。汽车制造商无法"阻止人们将鞋放在踏板下"，也无法阻止"人们在车内地板上放好几层地毯"。这的确是汽车设计会遇到的情况，人们设计的任何设备、系统都不可能独立于人的行为而存在——它们或多或少都将受到人的影响。

新法规中的其中一项规定同时受到了消费者和汽车生产商的好评。这项规定是要求机动车装配行车记录仪，这个设备类似于在飞机上记录飞行数据的"黑匣子"，能够记录与车辆操作有关的数据，为事故原因调查提供客观的证据。

2011年2月，交通部发布了丰田加速问题的调查报告，参与该报告分析测试的工程师都来自NASA，他们对计算机控制的推进系统有较好了解。这份报告被称作是"为世界上最大的汽车制造商做了他们期待已久的辩护"。据交通部长称："丰田没有出现基于电子固件问题而发生的意外加速情况。"工程师的报告却没有这么绝对。事实上，NASA的研究表明，试图证明电子控制系统在任何情况下都不会意外加速是"根本不现实的"。在分析了超过280000行控制加速系统软件的代码后，他们得出了结论：丰田汽车相关控件不会在有电磁干扰或其他干扰的情况下发生故障。工程师可能更愿意这样表述：在系统中不存在电子元件故障的情况下，意外加速是"不太可能"出现的。但他们也同意"这并不能说意外加速是完全不可能的"。在任何情况下，证伪都是一件非常困难的事，这也是为什么那些针对意外事故的调查，很少能够得出一个完全确定的结论。

在设计中，一个方案解决一个问题的同时，往往无法很好地照顾到系统的其他方面。因此设计师需要权衡各个目标，并提出一个能够在各方面合理妥协的解决方案。那种同时容纳车辆和行人的大桥，只要稍微升高一点人行道，就能满足行人的景观要求——当人行道桥面高于交通车辆桥面时，行人无论朝哪边看，都会有非常好的视野，而不用担心被车辆阻挡视线。由于与车道有一定的垂直距离，这种人行道也使得行人能够在更安全的环境下从容通过大桥。布鲁克林大桥就是一个很好的例子，它既解决了行人观景的问题，也并不影响桥上的车流。事实上，这个设计还有一个额外的好处——它能避免驾驶员将车辆压着人行道停放，从而进一步保障行人的安全。①

阿拉密洛大桥（Alamillo Bridge）位于西班牙的塞维利亚（Seville），由西班牙著名设计师圣地亚哥·卡拉特拉瓦设计。该桥也采用了类似的结构，只是步行道和车行道的垂直间距要小一些。盖茨黑德千禧桥（Gateshead Millennium Bridge）是这个时代最具创造性和艺术感的桥梁，它也采用了人行道和车道分离的设计方案，因此，如果有人想在这座异常美丽的大桥上悠闲漫步，他完全可以不受到任何交通噪音的干扰。

相反的例子就是金门大桥。它的人行道和车行道都在同一水平面上。漫步的行人和快速移动的车辆（及其噪声）之间几乎没有任何分隔，桥上 6 条车道的车流也非常繁忙，行人很难获得开阔的视野。当然，这并不意味着金门大桥的人行道设计就是彻底的失败。如果行人走在大桥靠海湾的一侧，也能够看到旧金山市区的壮观景色，如果完全沉浸在景色中，行人也可能忘记桥上的喇叭声和发动机轰鸣。在不改变金门大桥建筑结构的情况下，想要升高人行道几乎是不可能的。在大桥两侧修建高于桥面的人行道将使桥面整体更厚，这就破坏了金门大桥近乎完美的桥身比例。将人行道设置在大桥的下方可以不破坏大桥的长宽比，但整体人行道低于桥面水平线的设计并不能减少噪音对行人的影

———————————

① 布鲁克林大桥的人行道在审美上取得了良好的平衡。一是人行道布置在大桥中间，二是人行道与其他部分的分界处采用了并不厚重的材料修建。

响，同时，行人还因此处于大桥桁架的位置，欣赏风景的视野将受到更大限制。横跨特拉华河的本杰明·富兰克林大桥（Benjamin Franklin Bridge）采用了将人行道建在内部车行道和外部火车轨道之间的设计，而这个设计的问题是，它使得大桥整体结构看起来头重脚轻。

修建大桥时，在什么位置修建人行道，甚至是否要修建人行道这类问题看似无关紧要，但实际上却是涉及了美学、经济、政治、安全等多方面因素的综合性决定。不少大桥由于当地公民团体坚持要求大桥必须具备人行道或自行车道，结果最终设计不断推迟，或是建造成本大幅增加。而在一些极端情况下，一直要到大桥快要竣工时，设计与施工团队才最终敲定是否要修建人行道。旧金山—奥克兰湾大桥新桥东跨有一个15英尺宽的行人道，人行道中还并入了自行车道。现在，一些公民团员正致力于推动大桥西段也修建同样的人行道。类似这样的设计变更，最大的问题在于成本，以及如何获取相应的资金。

一些离地面较高的桥，比如，圣迭戈（San Diego）的科罗纳多大桥（Coronado Bridge），有时会故意在设计中取消人通道，以防止行人跳桥自杀。但没有行人道的桥梁，也不能完全杜绝自杀。一些意志坚决的自杀者会在桥上停下自己的车，以最快的速度冲到大桥栏杆，并迅速地翻越而下。而周围的人往往也很难在这些人实施自杀行动时及时反应，更不用说有效地阻止当事人的行为了。

金门大桥对自杀者来说似乎具有特殊的吸引力，为了防止此类事件增加，曾有人建议在大桥栏杆上方再建一层更高的栏杆，也有人觉得在大桥两侧安装安全网是更行之有效的防范措施。这些预防措施的建议自然引起了争论。支持增加安全措施的人认为，拯救生命比保存这座标志性建筑在美学上的完整度更重要，持反对意见的人则认为金门大桥的美也是不能打折的。在这种双方僵持不下的情况下，无论怎样的设计方案，都不会让每个人都满意。要同时达到两个相互对立的目标并非易事，但这种情况在设计工作中却非常普遍。

　　汽车内部空间设计师如何设计前排头枕，或是桥梁设计师如何处理人行道的问题，一直都是在多个影响因素之间做出的选择。这些选择受到来自设计本身，或是客观世界各种因素的限制。如果设计出的成品在外观上没有明显的瑕疵，并且能够正常发挥功能，人们通常会认为这个设计是成功的，虽然很少有人会去思考设计中到底进行了什么样的取舍。只要这些设计物能够正常使用，并且具有一定的美感，消费者与使用者往往就能够接受它们所呈现出来的外观。那些消费者不能接受的设计物，通常在功能或外形上不能自洽，并且这些问题也难以用简单的方法解决。简单地说，这种设计物就是失败的。

　　当一座大桥在交通高峰期倒塌时，人们自然知道大桥是有缺陷的。但并非所有的设计缺陷都能被人轻易察觉。有一些失败的设计，即使将它们放在我们面前，也很少有人能直接指出设计本身的问题。对设计问题的判断需要经验与判断力，因此即使设计最终发生故障，人们对于故障的原因也会争论不休。这些设计失败的原因有时能够追溯到居民委员会的干涉，有时甚至还能追溯到最初的设计过程。

　　解决很多具有挑战性的设计问题时，相关讨论通常是以头脑风暴的形式进行。这些讨论要求所有的参与者，无论是工程师、发明家、设计师还是经理、出资人，都不要害怕失败。在全国机器人竞赛中，教练常常会将学生分成数组，并且告诉他们："只要有想法就是好的，没有任何想法是愚蠢的；有些想法也许永远不会用在设计中，但它可能启发我们想到一些能够投入使用的办法。"学生们被告知，不要拒绝任何想法，无论这个想法最初看上去有多愚蠢，也至少要让它在黑板上或者其他地方存在一整天。

　　这样，这些新手设计师们才真正在竞赛中迈开了第一步，而他们的指导老师则会强调："你们要做的是一项工程，而不是一个发明。"机器人竞赛每年举办一次，比赛的创造者是迪安·卡门（Dean Kamen），他将机器人竞赛看作是"科学与技术的灵感与认可"（For Inspiration and Recognition of Science and Technology，简称 FIRST），而这"FIRST"也最终成为比赛的名字。在竞赛中，人们当然喜欢那些让人眼前一亮的创新，但事实上，参加比赛的团队成员大部分时间都在阅读与机器人有关的书籍，或是在相关网站上查看与过去的 FIRST 比赛有关的信息，并从过去参赛者的经历中汲取经验与教训。竞赛团队的指导老师的本职工作一般都是工程师，他们曾经说过："只有考察不同的想法，并从中找出最好的，才能最终使自己的设计变得更好。"

无数次改进似乎已经成为工程中必不可少的一部分。但"改进"又常常与"失败"紧密相连，因为如果我们认为事物没有缺陷、不可能失败，那么也就不会想要去改善它。有人认为进步源于失败，几乎所有的发明都是对已经存在的东西的改进。而无论发明的是什么，或者改进了多少次，当设计产品本身呈现不足的时候，人们自然而然地会想到再一次改善设计。正如在机器人竞赛中，当一个团队刚刚在地区对抗中取得了胜利，第二天又要面对更大挑战时，教练会对队员说："这只是暂时成功。"如果他们在第二天的比赛中失败，那当下的成功也算不上什么。

成功的设计当然是"成功"的，但这就是它全部的意义了。除了"该设计成功"这个事实外，成功的设计并不能教会我们更多东西。我们可以通过复制这些成功的设计以确保未来的设计一直不失败，但这个理论上的想法实施起来却并不容易。成功的设计之所以会成功，是因为规划、建造和使用的过程中都不存在差错。没有对原设计进行改动，没有对建筑材料进行替代，所有焊接缝都完美无缺，螺栓全都拧紧，质量检查人员也尽心尽力，并且所有维护工作都完成到位。如果上述这些内容（或者其他方面）稍有偏差，那些之前成功设计的复制品，实际上已经不能确保一定也成功了。当然，"成功"的原模型中可能本来也存在着一些隐秘的致命缺陷，只是一直没暴露出来。

即使我们能够精确复制已有设计，但谁又会想要这个精准的复制品？如果这样，世界不仅是一个无聊的地方，也是一个处处充满限制的地方。以桥梁为例，如果只是复制前人经验，那么跨度更长的大桥就永远都不会被设计出来。成功的事物最大的价值不是作为后来设计的模型，而是成为推动人们改进设计的动力。托马斯·爱迪生便是以这种永不言弃的态度而闻名世界。一份关于爱迪生的记录中写道，"（在寻找灯丝材料的过程中）他尝试了至少 6000 种世界各地的蔬菜纤维"，然而没有一种是合适的。当被问及是否会因如此多次的失败而感到沮丧时，爱迪生回答说："这些经验并不完全是失败，因为每次实验都成功地告诉我，这个被测试的材料是不适用的。"爱迪生遵循的这一原则，其实是 19 世纪美国教育家托马斯·帕尔默（Thomas H. Palmer）传授给学生的学习准则：

> 你应该学到的是，
> 尝试，再试一次。
> 如果你的尝试不成功，
> 尝试，再试一次。

这样的观念在很多地方都曾出现过。例如萨缪尔·贝克特（Samuel Beckett）就在一首相似的诗里写道："尝试过，失败过。不要害怕失败，再尝试一次。即使再次失败，失败并不可怕。"

通过反复的实验，爱迪生的实验室重要找到了理想的材料——碳化棉线。现在，灯泡亮起已经成为象征"灵感"的产物，它代表了创造者的洞察力、突破性以及成功的喜悦。但就像有些灯泡会在接通时立即烧毁一样，在发明创造新事物的过程中，大多数想法都是转瞬即逝，无法带来任何效益。

人们并不指望一场头脑风暴能解决所有设计问题，头脑风暴的目的是在短时间内尽可能多地获取创造性思维，尽可能多地捕捉灵感出现的瞬间。头脑风暴会议结束后，人们已经累积了足够多的想法，于是善后工作开始，将好的、有用的创意保存起来，抛弃那些无用的、失败的想法。然而，真正的问题是——如何在设计的初期阶段确定一个创意到底是好是坏？人们往往难以在成熟的系统中测试这些设计创意，即使能，也不能确定那些"好"的创意能在多长时间内持续发挥作用。而那些被抛弃的"无用"想法真的是无用的吗？就像一个烧毁的灯泡，知道它为什么会烧毁，比知道其他灯泡为什么不烧毁要有意义得多。

失败的案例也许是一个很好的激励机制，也许具有更大的教学意义，但当工程失败涉及人的生命安全时，失败就成了人们最不想看到的状况。没有哪个设计师或工程师会希望自己设计的设备或建筑在使用时发生灾难性事故，这也是工程师们进行设计工作时会特意考虑事故率的原因。如果工程师无法合理预测可能会发生的故障，那么也就无法将应对故障的防御性措施融入设计。但无论设计师考虑得多么周到，设计物仍然存在发生故障的可能，没有人能完全确定设计物在一些难以想到的作用力下，会产生怎样的不良后果。当人们修建一座新建筑或新系统时，"创新"很有可能会将建筑或系统带入一个未知的领域，之前并显得不重要的物理现象很可能在新状况下成为日后失败的伏笔。

桥梁展示了人类的创造性和工程实践能力，正是这些能力使得人类文明在成功与失败的交替作用下不断前进。人类工程几乎和人类文明一样古老，在希罗多德（Herodotus）和恺撒（Caesar）的故事中，古老的工程项目就已经被多次提到。像金字塔和巨石阵这类建筑的修建过程，虽然缺乏相应的书面记录，但其存在本身就已经彰显了工程的巨大规模和当时人类的野心。

　　几千年后，人类修建桥梁的努力并未停止。大多数工程师都幻想过修建一座跨越白令海峡的大桥将北美与亚洲连接起来，或是设计一座横跨直布罗陀海峡的大桥将欧洲与非洲连接起来。纵观历史，人类一直在为建设新的桥梁而努力，桥梁建设工程似乎成为人类为之奋斗的伟大目标。毕竟，人类到月球的距离不过是一座桥再加上一些野心，人类和其他星球的距离也一样。

　　除了像保险丝一样的故意设计的失败，大部分设计失败都被认为是意外事件。但设计物的意外事故，到底是设计本身造成的，还是使用者造成的，这很难确定。例如高速公路上时有发生的汽车相撞事故，究竟是因为驾驶员不合时宜的冒险行为和粗心大意，还是因为汽车本身在设计与制造环节出现了问题？抑或是由于高速公路的不合理设计，使得这种驾驶行为在任何速度下都不安全？没有人能得出完全确定的结论。

第十二章 休斯敦，我们遇到了麻烦

所有的人造物，尤其是那些人们频繁接触的东西，因其"人造"的属性，必然会存在一些缺陷。就像人人都有的坏习惯一样，一些技术上的缺陷可能危害并不大（人的坏习惯并不会产生多大伤害，最多是让他人感到有些不舒服罢了）。在相处的过程中，人们甚至会逐渐适应这些恼人的习惯，并接受它们作为生活的一部分。同样的，在长时间的接触中，我们也倾向于忽略技术和系统带来的一些令人烦恼的问题。我们知道完美的事物并不存在，我们也并不期望技术产物能够永远圆满完成任务，因此我们设计了便于维修的各种机器设备。当一台机器损坏时，我们会拍拍它，然后给它第二次、第三次，甚至第四次机会。我们认为这样的故障是事物本身的一部分，就像我们接受亲人朋友的坏习惯一样。航天飞机上不完美的 O 形密封圈和隔热泡沫存在问题，但我们也这样接受了这些问题，并认为这是它们本身的固有问题，甚至认为是它们"个性"的独特体现。

1986 年 1 月，飞行了 73 秒后，"挑战者"号航天飞机发生爆炸。很少有灾难性事故像"挑战者"号航天飞机事故那样引人瞩目，也很少有事故带来如此持久、深远的影响。"挑战者"号的这次飞行任务之所以非常令人期待，很大程度上是因为其中一名飞行员的职业——他是一名教师，是人类历史上首位进入太空的教师。飞行的一项计划是，"挑战者"号进入轨道后，这名教师，克里斯塔·麦考利夫（Christa

McAuliffe），将为全美的学生直播一堂来自太空的课程。事故发生后，电视上一再播放爆炸时的录像，而助推火箭连接处的一个看似无关紧要的小问题也引起了越来越多的关注。正如我们现在得知的那样，火箭喷出的热气流影响了固定外部燃料箱的支架，之后松动的支架破坏了航天飞机，并导致了最终的爆炸灾难。

密封圈是一个不起眼的小部件，很容易被腐蚀，因此也被认为是系统中的一个薄弱环节。实际上，"挑战者"号飞行当天的天气异常寒冷，而寒冷的天气会加剧气体泄漏。工程师曾建议取消发射，但管理层的坚持促成了此次发射。作为事故调查委员会的一员，理查德·费曼（Richard Feynman）在报告的附录中写道："固体火箭助推器的 O 形密封圈并未被腐蚀，腐蚀作用不是导致事故的主要原因。"根据费曼的调查，故障在灾难发生之前就已经存在了。

调查委员会的调查活动持续了 3 个月，在此期间委员会进行了多次公开和不公开的听证会，其中的一个亮点是费曼的桌面实验。费曼先是将一个夹了夹子的 O 形密封圈浸在一杯冰水中，然后再把它从冰冷的水中拿出来。当费曼松开夹子后，橡胶密封圈并没有立即恢复原来的圆形，这说明它已经失去了部分弹性。类似的，在寒冷的环境里，安装在助推火箭接头上的密封圈很可能无法达到设计期待的密封效果。费曼极具说服力的现场展示与推理证明了当初工程师的警告是有道理的。管理者的无知，以及最终准许发射的鲁莽行为造成了无法挽回的悲剧——航天飞机爆炸的景象成为人们心中挥之不去的阴影。他的证词有效地体现了委员会在相关文件中的结论："发射'挑战者'号的决定是失败的。"

毫无疑问，O 形密封环本身存在缺陷，但工程师们都认为在温度较高的环境下使用这种密封圈并无问题——事实也的确如此。如果事前管理层重视了工程师对在寒冷的天气里发射航天飞机的警告，事故也许不会发生。调查最终认定 NASA 与火箭制造商莫顿聚硫橡胶公司（Morton

Thiokol）为事故责任方。国会也组建了事故委员会，并组织举行了相应的事故听证会。这次听证会认为事故和密封环的技术问题有关，也了解到事前有工程师提出中止发射，但他们最终认定"NASA 将按时发射与减少成本看得比安全问题更重要，这才是事故的主要原因"。

"挑战者"号事故给我们带来的教训是，工程师和管理者应该相互合作，相互尊重，只有两者关系和谐才能达到理想效果——这不仅是针对 NASA 及其承包商的建议，更是对所有技术组织的启发。不幸的是，人类性格上的固有缺陷往往在人们做决定时占了上风。

32 个月后，航天飞机终于再次开始执行任务，此时，无论是航天飞机本身还是团队内部的管理活动都各有改进。"挑战者"号事故发生后的 87 个航天飞机飞行任务都得以成功完成。但在 2003 年 1 月，"哥伦比亚"号航天飞机发射之后，一块绝缘泡沫从外部的燃料箱剥离，击中了航天飞机左翼前缘，左翼用于屏蔽外界热量的结构区域因此受到影响。工程师们担心这个小事故可能造成更坏的影响，他们在地面展开了随机试验，模拟被砸中机翼可能发生的情况。工程师曾要求拍摄航天飞机机翼外观照片，以及要求航天飞机上的机组成员检查机翼，但这些请求被管理层忽视了。在损坏状态下重新进入大气层，航天飞机将面临极大的不确定性，对于工程师们的担心，管理者认为泡沫的影响无关紧要，并批准哥伦比亚返航。很快，航天飞机隔热层受损的问题带来了可怕的后果，"哥伦比亚"号在进入大气层后，高温热气通过机翼进入飞机内部。"哥伦比亚"号在得克萨斯解体的图像，又给人们带来一次汲取经验教训的机会，而这个教训和"挑战者"号灾难的教训又是如此相似。"哥伦比亚"号事故调查委员会最终给出的报告称："NASA 的组织内部的问题和此次事故有着极大的关系。"

2 年又 6 个月后，航天飞机再次开始执行任务，也许之后的航天飞机飞行任务会一直顺利地进行下去。但除了 NASA 和相关组织，需要时刻铭记着"挑战者"号和"哥伦比亚"号事故的还有我们。管理人员与工程师共同工作，往往会对工程师的工作起到反作用，尤其是在那些管理者没有丝毫技术背景的情况下。项目一旦出现问题，人们的第一直觉往往是责怪工程师和他们的设计，但如果进一步探究原委，我们会发现故障的根本原因通常比简陋的设计或是粗糙的电气元件更微妙、更复杂。工程师往往倾向于选择更保守的方案以确保安全，而管理者对冒险行为却有很高的接纳度，两者的冲突自然不可避免。2010 年墨西哥湾石油泄漏事故是一个更为经典的案例，这是一连串失败导致的事故。

在 2010 年的春夏之交，《纽约时报》连续几天用头版头条报道了墨西哥湾石油泄漏事件，有些文章甚至长达三四页。事故发生几周后，关于石油泄漏情况和石油蔓延区域的地图也陆续出现。大约在一个月后，一篇名为《最新石油泄漏情况》的短文报道了航空测量结果，并在地图上标出了关于石油将在何时扩展到何地的预测结果。6 月 2 日，《纽约时报》发布了文章《第 42 天：漏油事件的最新情况》。《纽约时报》明确表示泄漏可能还要持续一段时间，他们将会继续刊载相关文章，例如控制进一步泄漏的措施，石油清理情况，以及该事件造成的环境、政治影响等等。

与纸质媒体一样，电视和网络媒体也密切关注着墨西哥湾事件的发展。在 CNN 电视台，安德森·库珀（Anderson Cooper）就石油泄漏事件开播了一档每日播出的电视节目，并经常从墨西哥湾海岸发回报道。其他新闻媒体也制作了类似的节目。建筑专业周刊《工程新闻记录》（*Engineering News-Record*，ENR）重点报道了相关技术、行业背景和监管方面的信息，以及它们在事故上分别承担的责任。《工程新闻记录》报道相关事故的历史可以追溯到 19 世纪，周刊上的文章许多都与大型建筑的结构性事故有关。2010 年 6 月初，人们逐渐失去了耐性，而《工程新闻记录》在这时发表了文章《墨西哥湾石油泄漏事故：工程界的耻辱》。文章指出："人类在取得各项工程进步的同时，也制造了同样惊人的工程灾难，作为其中一个鲜活的例子，墨西哥湾石油泄漏事故将深深刻在每个人的记忆中。"

和《工程新闻记录》其他的报道一样，这篇报道也迅速收到了许多读者的反馈。其中一名读者认为这篇报道是"对工程业的侮辱和恶意攻击"，并要求《工程新闻记录》撤回该文章。另一位读者指责该期刊"将一切问题都归咎于工程师"，并给出了一些成功的工程案例。完美无缺的过程项目只存在于幻想中，现实中根本不可能设计出完美的产品，更不用说后续的制造和施工过程了。实际上，无论是生活物品的设计制造，还是海上钻井平台的设计施工工作，都并非易事。一个设计物的实现不仅受到自然规律、材料性质、生产过程的限制，工程师的工作也受到管理层、公司、政府等多方因素影响。另一封给编辑的信指出了这点："很少人意识到，对技术一无所知的管理人员常常干预、改变工程师的设计，但最终承担后果的却是工程师。"读者们认为"在墨西哥湾发生的事情，和'挑战者'号事故、'哥伦比亚'号空难等一系列其他重大工程灾难并无不同"。

当然，航天飞机和石油钻井平台在硬件和功能上有很大区别，没有人会让航天飞机钻井，也没人会认为石油钻井平台能飞。但无论是航天飞机，还是钻井平台，它们都是复杂的技术系统中最容易引人关注的部分，它们也分别体现了其所在系统难以描述的复杂性。航天飞机设计的系统的确涵盖了太多方面。首先，一架航天飞机之所以能够存在，离不开美国航空航天局的技术支持，以及政治家对太空发展的政治支持；建设航天飞机所需的资金来自国会拨款；设计一架航天飞机需要一个工程师团队；规划航天飞机每一项飞行任务的团队通常由科学家和管理人员共同组成；软件工程师也参与其中，他们的工作职责是通过编程，来让计算机帮助航天飞机完成飞行与返航任务。航天飞机的每一个项目都需要管理人员来进行组织和监管，石油钻机也无法对自己进行构思、投资、设计或运营。所有复杂人造的技术系统都涉及一个同样复杂的由人组成的团队，团队中，个体与个体之间为一个共同的目的相互交流，积极互动，就像机械中齿轮组件一样。2010 年春夏之交在墨西哥湾发生的事故，既是机械装置的失败，也是人类协作的失败。

"深水地平线"钻井机价值 5 亿美元，由韩国现代重工（Hyundai Heavy Industries）建造，2001 年完工。据报道，"深水地平线"是"世界上最先进的钻机之一"。钻机总体长约 400 英尺，宽约 250 英尺，高约 135 英尺。它是半潜式的，这意味着钻井平台水下部分的吃水深度是可变的。因此在进行钻井操作时，"深水地平线"会左右摇晃。钻井平台采用动态定位方式进行固定，即使在将近 30 英尺的风浪中，平台也能在助推器的作用下固定在钻孔上方。在理想的条件下，"深水地平线"能够在将近 8000 英尺深的水中钻探，并向下推进 30000 英尺以达到石油矿床。除了携带完成这项任务所需的机械和设备外，钻井平台还能容纳 130 个工作人员同时工作。事故发生前，使用该钻机的 BP 全球公司（前身是英国石油公司），曾在密西西比三角洲东南部 42 英里处进行钻井操作。2010 年 4 月 20 日，钻井平台发生爆炸，大火熊熊燃烧了两天。事故直接导致 11 名工人死亡，17 人受伤。

早期的应对措施主要集中在灭火与其后的恢复性工作，媒体报道的主要内容也集中在这两方面。但人们很快意识到，尽管扑灭了大火，此次事故带来的灾难却没有因此结束。海面上出现了 5 英里长的油膜，并且还在持续扩散，这意味着钻井中存在渗漏点。钻井处于深海中，静水压力几乎是海平面的 150 倍，井中的压力更大。为了应对巨大的压力，"深水地平线"钻井机安装了远程控制的防喷器——这是油井失控时切断石油泄漏的重要渠道。防喷器高 54 英尺，总体结构相当复杂，包含了各种管道、阀门和活塞。爆炸发生的当晚，防喷器并没有按计划地发挥放喷功能，随后石油从井口和破裂的管道中溢出，情况完全失控。人们也曾尝试修复泄漏点，但由于油井处于深海中，修复工作需要远程进行。几天后，海岸警卫队批准了远程水下机器人修复工作，结果还是没能顺利修复防喷器。事故发生之初，人们估计石油泄漏速率大约是每天1000桶（即42000加仑）。除了水下机器人，人们还安排了摄像机在油井口附近进行拍摄，前方发回的图像显示石油和天然气正在通过3个不同的泄漏点向外溢出。图像公布后，人们预计每天泄漏的石油应该是5000桶左右。

2010年4月，钻井平台"深水地平线"发生爆炸，最终钻井平台沉没在墨西哥湾约5000英尺深的海水中。事故造成海湾底部防喷器的液压装置管柱破裂。防喷器本是用于紧急情况下防止石油意外泄漏，但由于管柱破裂，防喷器无法关闭油井，所以石油在之后的几个月里持续泄漏。

由于机器人水下作业无法阻止泄漏，BP公司应该至少尝试着收集一些泄漏出来的石油，以减轻损失和危害。但该公司采取的措施非常特别，而且让人困惑不解。爆炸 17 天后，BP 公司将一个 40 英尺高、98 吨重的钢制焊接"穹顶"罩在一部分破损管道上，企图通过它来收集一些泄漏的石油。这个矩形的穹顶连着一根长管，可以将收集到的石油引到附近的船上，从而避免污染海水和沿海地区。人们意识到在深海的低温环境下，连接穹顶和船只的管道可能结冰，因此在石油管道外修建了一圈外管，引入温暖的表面水以防止石油结冰。不幸的是，这个设计没有考虑到外管也可能因温度过低而结冰，最终由于外管无法引入温水，石油管道也因此堵塞。任何设计都受限于设计师的思考能力，在墨西哥湾石油泄漏事故的处理工作中，设计师的思考还不够完善。

吸油穹顶方案失效两天后，BP 公司宣布将采用"废物注射法"给油井止流。原理类似于用儿童玩具堵塞厕所，具体来说就是将碎轮胎部件、高尔夫球、塑料立方体和打结的绳索等物品，通过一个泵发送到防喷器中，期望这些物品能够将渗漏点堵住。这项技术更专业的说法是将"桥联剂"注入管道系统，而该技术也曾成功阻止过世界各地的油井泄漏。一位曾在 1991 年波斯湾战争之后用废物注射法阻止了科威特油田泄漏的油井工作人员认为，这项技术是科学原理与过往经验的完美结合。但人们并未在如此深的海水里尝试过废物注射法，海底巨大的压力，以及喷涌而出的石油与气体，最终使得发射过来的大块物件无法按计划堵塞泄漏点。

接下来要解决的是油井中的巨大压力。油井产生的向上压力高达每平方英寸 13000 磅，人们打算用一个向下压力来与这个压力抗衡，以止住不断喷出的石油和气体。其中一个措施是所谓的"顶部压井法"。这将用到高密度钻井液，一种由黏土、水和硫酸钡混合而成的浆料，它也的确如其名称中暗示的那样分量不轻。该措施计划将高密度钻井液泵入泄漏的井中以填充管道，期望通过泥浆不断累积起来的重量来客服油井压力。如果这个方法奏效，那么这口油井将会被水泥永久密封。

与此同时，人们也计划将一个倒漏斗形状的安全圆顶罩在防喷器上，以通过相连的管道将石油引流到海面。而这个方案的问题在于，首先要让水下机器人接近防喷器，才能让安全圆顶发挥作用。考虑到油井周围的实际情况，这似乎并不容易实现。最终安装好安全罩后，由于海水中巨大的压力，其吸油效果并不理想。

第3个方案是在油井中插入管道，吸收一些石油。人们成功地将一根直径4英寸的管道插入了破损的、直径21英寸的油井管道，并顺利捕获一些原油，阻止了部分石油进入墨西哥湾。这项措施在一定程度上发挥了作用，泄漏的原油被输送到船上并进行相应的处理。起到预期作用的管道只有4英寸大小，按理说更大的管道应该能够更有效地收集石油，但更大的管道也面临着更大的压力，来自油井的压力更容易将大一些的管道喷出来，因此，尽管4英寸管道收集到的石油量有限，但这依然比无法捕获石油的大管道更好。

经历了4个星期的尴尬失败后，管道吸油的方案终于按计划生效，BP公司也松了一口气。他们将之前遭遇的一连串失败描述为"技术改造工作的一部分"，并强调这是一个"学习，重建，再做一次"的过程。

通过输油管道，人们每天能够收集到多达25000桶的原油，之后石油被引到海面船只上，工作人员点燃这些石油，以减少它们对该海域的影响。不久后，BP又尝试了一种新的策略。尽管管道收集法能够解决一些问题，但BP公司决定终止这个临时处理方案，然后永久关闭该油井。移除安全罩和吸油管道后，所以BP公司在油井表面安装了新的覆盖系统，他们希望这一系统在完全关闭时，能够彻底封住井口。覆盖系统成功地附着在油井泄漏处。但在关闭所有阀门之前，首先要通过压力测试来确定油井受压状况。如果油井出现问题，那么完全关闭井口可能导致油井内部压力过大，这样即使封住了井口，石油也可能因为压力过大而在别处泄漏。

整个覆盖系统重达 90 吨，从安装后的第二周开始，阀门逐渐关闭，覆盖系统承受的压力也逐渐上升，这意味着油井别处并没有明显的泄漏。之后油井附近出现了一些石油渗漏和甲烷气体泄漏的迹象，对于如何处理这个状况，政府和 BP 公司出现了分歧。政府希望 BP 石油公司做好随时打开阀门释放井上压力的准备。但由于油井已经封闭，所以 BP 公司希望油井一直保持被封的状态，直到他们想出更好的解决方案。如果石油再次喷出，BP 公司的计划是换上一个事先准备好的、更宽松的覆盖系统，宽松的覆盖系统能将大部分石油引向水面船舶，以便后续处理。

到此时，对抗压力的战斗已演变成公共关系和政治力量的斗争。一家公共关系公司的总裁对当时的争论的说法是，"他们都希望对方和自己站在统一战线，但由于双方着眼点不同，要达成一致显得非常困难。"那些在华盛顿发号施令的人想要降低情况进一步恶化的风险，对他们来说，更换覆盖系统是最好的选择；但 BP 公司希望越早封闭油井越好，毕竟最终对该公司的处罚金额就是以石油泄漏量决定的。当需要合作的各方都为自身利益行动时，风险和利益的适当平衡总是难以实现。油井仍存在"未确定的异常情况"，政府要求 BP 公司仔细监测油井压力，但放弃了尽快更换覆盖系统的要求。最终，在事故发生近 3 个月后，终于有公告表示石油泄漏已经被成功止住了。

成功地阻止石油泄漏以后，BP 公司展开了封闭油井的工作——首先将钻井液自上方泵入井中，之后再泵入水泥。这种封堵方法名为"静态封堵法"，有时也称"牛头封堵法"。BP 公司并没有像媒体预测的那样"立刻开展封堵工作"，直到 3 个星期后，他们才正式开始封井工作。在约 8 个小时的时间内，人们将 2300 桶高密度钻井液泵入油井。之后暂停灌入泥浆的操作，通过读取压力表上的压力指数，人们并没有发现新的泄漏点，看起来封堵工作正在顺利进行。海岸警卫队海军上将萨德·艾伦（Thad Allen），在当时负责代表回应事故相关情况，他也乐观地表示整个石油泄漏事故终于接近尾声。几天后，人们开始往灌注了泥浆的油井顶部倾倒水泥。由于并不确定水泥是否能够填充内井管和外井管之间的空隙，BP公司钻了两口减压井。当其中一口减压井与主井道相交时，就能从底部封堵油井，一旦"底部封堵"顺利完成，油井就被完全封闭了。之前媒体对于石油泄漏事故的报道是"一个从工程到环境，再到经济的巨大失败"，但最终油井顺利封堵，让之前的众多关注显得有些多余。此时，人们开始思考这次事故的前前后后，他们开始质疑石油泄漏事件是否"被政治家、科学家和媒体夸大了"，而作为一名媒体人，CNN的安德森·库珀怀疑的对象就包括了他自己。

此时，油井顺利封顶，华盛顿的行政当局也给出了石油泄漏的总量，并表示只有占总量约25%的泄漏油仍待处理，其余75%都以蒸发、燃烧、溶解等方式被处理掉了。墨西哥湾所处地区常有热带风暴，在处理石油泄漏善后事宜期间，这些风暴还曾阻断油井修复工作。但同样也是这些风暴，能够将石油分散成小液滴，以便食油菌更快速地分解石油。到达墨西哥湾海岸的石油，往往凝结成焦油球，海岸工作人员能够像收集普通垃圾一样处理这些石油。漂流到其他地方石油，可能最终会被掩埋在沙里或其他沉积物中，逐渐退出人们的视野。

然而，一些持怀疑态度的环境科学家并不同意政府对待处理石油总量及其潜在影响的预判。这些环境科学家称，一项独立调查显示多达80%的石油"仍然潜伏在海面下"，有些甚至已经沉淀到海床上，而这些石油对鱼类来说是有毒的。换句话说，石油泄漏导致的真正后果可能会在未来较长的一段时间内不断累加，而这样的累加到底会导致怎样的结局，仍需要进一步调查和研究。

　　尽管存在来自各方的担忧，媒体仍然尽量从多个角度报道了事故进展，人们尝试了各种方案来阻止石油泄漏，并积极开凿用于底部封堵的两口减压井以控制事态发展。按照设计，减压井将在海下约 18000 英尺处与主井相交，这个深度已经深入海床，之后可以通过这两口井向主井道中注入钻井液。在这个"底部封堵"的过程中，随着重型钻井液的累积，井中石油将会受到更大的压力。

　　减压井施工过程往往是缓慢的，在"深水地平线"事故中，减压井工程预计的完成时间是在当年的 8 月之后，而 8 月已经是事故发生的第 4 个月了。钻取减压井之所以要花费这么长时间，是因为其工序具有特殊性。在通常情况下，当减压井开凿到靠近主井道时，每前进一段距离，都需要暂停钻井工作，取回钻井钻头，然后再向钻井点下放一个测量磁场的装置，确定目标井道的精确位置，以便进行下一步操作。由于井道是由钢材制成，而钢材能够影响地球磁场，所以通过测量磁场的变化就能够了解主井道的精确位置信息。如果墨西哥湾事故处理方也采取这项技术进行相关操作，那么当减压井达到约 17000 英尺深时，尽管此时距离目标井道底部仅 1000 英尺，之后的工作却要花费相当长的时间，仅仅是将钻头从减压井提出就要花费数小时的时间。首先暂停钻井，接着取回磁场探测仪，最后重新放入钻头，整套工序下来，大约要花去 17 个小时。

　　该项技术在 2010 年取得了较大进展，磁场探测装置能够在钻井的过程中与钻头一起安全地共享井内空间，这就节约了中间停工取钻头的时间。但官方发言称，即使新技术能够节约一些时间，减压井钻取工程仍然会非常缓慢，因为钻井的位置一定要非常、非常精确。实际上，即便有磁场探测器的帮助，钻井工作仍可能由于施工过程的失误而最终失败。就在墨西哥湾事故的前一年，澳大利亚海岸也发生了类似的事故，工作人员经过了 5 次尝试，才最终顺利将减压井与主井道连接在一起。

曾有人乐观地认为减压井将在 8 月前顺利完成，而事实证明最初"8 月中旬完工"的估计更实际一些。

由于顶部封堵已经顺利完成，底部封堵工作的重要性和关注度都有所下降。然而事实上，在顶部封堵工作结束几周后，"政府科学家仍在研究测试结果，以确定完成减压井的精确程序"。

在控制和处理泄漏事故期间，来自社会各界的出谋划策层出不穷，有不少人就"如何阻止石油泄漏"这一问题提出了自己的建议。而许多普通公民在想要为事故贡献自己力量的时候却受到了打击，他们既无法把自己的方案提交到白宫，也无法联系到 BP 公司的相关工作人员。BP 公司在自家网站上开出了一块地方，供人们书写自己对该事故解决方案的建议，但每条建议都有"字数限制"。爆炸 8 周后，BP 收到了超过 8 万条处理泄漏石油的建议。随着海水冲到岸边的石油越来越多，网站上的相关建议也越来越多。在众多的建议中，工程师、发明家威拉德·沃滕堡（Willard Wattenburg）的建议最终递交到美国能源部部长朱棣文（Steven Chu）的手上。当然，这和沃滕堡本人的履历不无关系。1991 年，伊拉克人从科威特撤退时留下了 500 座燃烧的石油油井，而沃滕堡的工作就是负责处理这些燃烧的油井。当时，相关专家的估计是，全部扑灭这些大火以及关闭油井后的善后工作，总共需要约 5 年时间。但沃滕堡奇迹般地在 7 个月内完成了这项任务。沃滕堡阻止墨西哥湾石油泄漏的方案是，将数百吨钢球投入油井中。他的理由是，如果钢球足够大，它们的重量就能够与石油向上涌出的冲击力抗衡，并最终堵塞井道，之后用钻井液封堵井口即可。能源部秘书给沃滕堡的回信中表示，能源部曾经考虑过类似的计划，但由于这个方案导致的并发后果难以估计，因此该方案最终未能实施。其他一些建议中还提到使用爆炸物，例如用核爆炸设备炸毁油井，之后再封堵井口。这个方案的缺陷，实在是太显而易见了。

负责协调相关方案的是休斯敦的指挥中心，在这里，工作人员通过视频监控海底相关工作的进行情况。负责协调指挥中心相关事宜的工作人员，就是之前在飓风事故期间负责协调工作的人员，而指挥中心不仅有来自 BP 公司的员工，也有来自爆炸发生时在钻井平台上工作的跨洋贸易公司和哈里伯顿公司（Halliburton Company）的员工，甚至还有同行竞争对手，例如埃克森美孚（Exxon Mobil）的员工。BP 公司一位副总裁解释了 500 多名工程师、技术人员以及技术支持人员是如何处理事故所面临的状况的："我们期望每一个方案都能成功，但我们也为失败做好了准备。"这也解释了为什么 BP 公司会同时着手于多个不同方案。在危机发生 3 个月后，有传闻称朱棣文将会参与相关工作，"帮助解决"石油泄漏的问题。朱棣文不仅是能源部部长，也是 1997 年诺贝尔物理学奖获得者。

如果说工程师和管理者之间的复杂关系和糟糕的交流状况导致了石油泄漏事故，那么，科学家和政治家的参与，又增加了止漏工作的复杂性。对泄漏石油的清理工作由于工程师、科学家、政治家、管理者等各方参与，变得越发复杂。其中一个各方争执的焦点是对相关网站的控制权。最初 BP 公司使用的网址是 deepwaterhorizonresponse.com，与石油泄漏及清理工作相关进展都会在这个网站上公布，不过在事故发生两个月后，负责监管海岸警卫队相关工作的国土安全局，将网站名的后缀更改为".gov"。

在处理事故的过程中，据说朱棣文曾指派一个由美国国家实验室高级官员（同时也是科学家）组成的团队前往休斯敦，以确定防喷器无法正常工作的原因。同时这个"世界顶尖科学家"组成的团队也需要与BP 合作，在确定防喷器故障原因后，给出可行的应对方案。科学家利用先进的伽马射线技术对防喷器进行了检测，发现一个叫作"剪力闸"（a shear ram）的关键组件并未有效展开，正是这个组件最终导致了防喷器无法有效工作。尽管科学家们找到了产生问题的原因，但他们也无法提出更好的解决方案。当然，问题本身也的确难以轻易解决。由于没有减压井方案，人们的注意力几乎全部都放在防喷器故障上，因为这不仅是问题的直接原因，而且如果能够修复这个故障，这将会是有效阻止石油泄漏的最直接方案。如果最坏的情况发生，减压井可能无法工作。一些内部工作人员也承认，有可能主井道受到的损坏过于严重，导致底部封堵方案无法实施。

与此同时，关于防喷器的机械故障，人们也有了进一步了解，并正努力解决这个问题。"全封闭式剪力闸"本应该是紧急情况下的最后一道防线。但人们发现，这个剪力闸居然被卡住了。这是技术方面的问题，而不属于工程故障，也并非一个可以从中汲取经验教训的失败案例。防喷器这种部件的设计思路是，如果所有其他阻断石油泄漏的方法失效，那么全封闭式剪力闸将用刀片切断钻井杆，并完全封闭油井。在"深水地平线"事故中，由于剪力闸只展开了一部分，因此它无法像预期的那样阻断石油泄漏。人们一开始推测的故障原因是，在偶然的情况下，钻杆的某个接头正好与剪力闸刀片处在同一平面上。钻杆接头是上下两段杆的连接件，由钢制套环组成，结果钢材的额外厚度使剪力闸无法完全关闭。另一个猜测则来自防喷器内部伽马射线图像，根据图像来看，似乎是钻井杆的两个单独的部分，不知什么原因，夹在剪力闸两半之间，阻止其发挥作用。而其中一部分，可能是在石油喷发时，被涌上来的石油推到剪力闸中间的。

在墨西哥湾事件发生的一年前，人们就展开了深水中防喷器可靠性的相关研究。研究对象是在过去25年内，在美国和其他地方的15000口油井。研究发现，有11例油井，当钻机船员无法控制油井时，内置防喷器就会被激活，但其中5例的防喷器无法像当初设计的那样控制石油流量。这意味着，防喷器的故障率高达45％，这样的故障率在工程上是无法被接受的。

（1979 年，发生在墨西哥尤卡坦半岛的 *Ixtoc I* 油井泄漏事故，是当时世界上最大的泄漏事件之一，事故的原因被认定是液压管破裂及剪力闸故障。1990 年得克萨斯及 1997 年路易斯安那海岸的石油泄漏也是由剪力闸失效造成的，只是这两起事故后果没有那么严重。另外，仅仅在"深水地平线"事故发生的 4 个月之前，跨洋贸易公司的另一个钻井机正在北海钻井，当井内压力突然加剧时，防喷器就像最初设计的那样正常地发挥了止流作用，封住了喷涌而出的石油和泥浆。所谓的失败率数据，不过是一个数字，在真实世界里，相关工作人员面临的只有"发生"与"不发生"或者"成功"与"失败"这两种情况。）

防喷器不仅可靠性低，其维护费用也非常昂贵。修复一个防喷器，首先要停止钻井作业，然后才能将防喷器取出，而在这个过程中，每分钟的花费约为 700 美元。政府曾发起过一项对防喷器可靠性的研究，在将近 90000 次测试中，故障只出现了 62 次，也就是说，故障比例小于0.07%。由于实际情况（45% 的故障率）与该测试结果有巨大出入，这个研究结果受到了多方质疑，但石油行业仍然以这个测试数据为依据，将防喷器的检测频率从每 14 天进行 1 次降低到每 35 天进行 1 次。降低检测频率后，石油公司预计每年将会节省大约 1.93 亿美元。这种涉及成本与收益比的现实问题，总会使情况更加复杂，不仅是石油行业，其他行业也是如此。

在这个事件中，政府、媒体和民众的关注点都集中在 BP 公司，但其他公司并未因此而感到轻松一些。在 BP 公司忙于回收泄漏石油时，跨洋贸易公司也受到了极为仔细的审查。跨洋贸易公司是"深水地平线"钻井平台的所有方，正是他们以每天 55 万美元的价格将"深水地平线"租给了 BP 公司。在墨西哥石油泄漏事故发生之前，由于一系列严重事故，跨洋贸易公司将重点关注的范围从"深水地平线"系列钻井平台扩大到了所有的钻井平台。为此，跨洋贸易公司专门委托英国劳埃德船级社（Lloyd's Register）对北美地区相关业务进行大规模的安全审查。劳埃德船级社是一家风险管理公司，他们受托对跨洋贸易公司在休斯敦的总部以及部分钻井机进行调查，并按"保密协议"给出相应报告。

据《纽约时报》公布的报告称，由于"岸上管理工作存在严重的官僚作风"，"钻井工人中普遍存在不满情绪"。反过来，这又导致了"钻井平台方和休斯敦总部之间的互不信任"。而所谓的安全手册，它们"是为应付法律法规所写，而不是为实际操作写的"。由于害怕被报复，钻井机上的工人往往不敢报告钻井机相关问题，推迟相关维护保养工作也已"习以为常"。因此，一些起到关键作用的设施，即使已经处于发生故障的边缘，工作人员也不得不继续使用它们。这些调查报告所展示的信息也许揭示了"深水地平线"沉没的真相：钻井机上镇流器系统（这一系统的主要作用是保持钻井平台的平衡）出现的问题没有得到妥善维护，于是最终成为导致钻井平台下沉的主要原因。如果"深水地平线"在火灾之后没有沉没，那么油井井道也不会破裂，石油泄漏事故可能就不会发生。

但实际情况是石油大量泄漏，并对该海域造成了灾难性影响。一方面，人们为控制石油泄漏而不断努力；另一方面，国会和其他听证会，石油行业内的相关调查，以及初步故障分析也在同时进行中，相应的分析、调查结果也都以最快速度公布在各家媒体上。一开始的相关推测都没有考虑到防喷器本身的技术问题，最初大家认为石油泄漏是由于管理层不明智决策造成的——为了节约时间和缓解经济成本的压力，他们忽视了操作安全。一位 BP 员工将这个项目描述为"噩梦井"，因为在泄漏事故发生前，该油井就曾经发生多次看似微不足道的小故障，现在看来，这些故障像是来自油井的警告。无论中间过程如何，这些警告最终都被忽视了。例如，事前油井管套曾经出现过气体泄漏，但工作人员误读了油井压力测试仪，所以他们认为油井仍处于密封状态。在此情况下，工人开始替换井内的钻井液。很快人们就注意到井内的不均衡压力，并逐渐失去对油井的控制。甲烷气体带着水和泥浆涌入防喷器管道中，之后继续上升数百英尺，混入钻井机上方的空气中。也许是当时钻井设备中的小火花，也可能是其他原因产生的火星将空气中的甲烷点燃，最终油井爆炸，钻井平台在一片火光中沉没。

政府专门组织了调查小组来收集"深水地平线"事故的相关信息，而在调查开始之前，相关组织就已有一次针对该事故的听证会。听证会上的相关证词表明，事前为了防止假警报唤醒睡觉的船员，人们将钻井机上的紧急报警器设置为"禁止响铃"模式。这个不明智的举动最终导致了部分船员的丧生。调查小组收集到的信息显示，在事故发生的几周前，诸如应急设备发生泄漏、控制系统崩溃、突然断电等事故接连发生，这进一步表明油井系统缺乏良好的维护工作。实际情况是，早在2009年的审查中，检测人员就发现了数百个需要维修的地方，除此之外，在工人的操作过程中还存在着各项问题。很明显，这些问题在审查之后也并未得到改正。负责独立审查的劳埃德船级社则在事故发生的几个星期前，发现了钻井平台上独特的"安全文化"——工人因为害怕被打击报复而不愿报告钻井机出现的问题。综合这些调查结果来看，"深水地平线"长期处在一个刻意忽略安全问题的环境中，这几乎是为事故发生提供了所有必要条件，事故的到来只是时间问题而已。

美国国家工程学院审查委员会的调查结果显示，这次石油泄漏事故本是"可预防"的，但"一连串复杂、连续的人为错误"及几处设备故障最终导致了此次事故。参议院能源委员会主席将事故归因于由技术问题、人员问题、监管不力等几项因素共同导致的爆炸。而国会调查小组则认为主要问题源于整个工程急于求成，相关人员为了降低成本而希望尽快完成钻井工作，在此过程中违反行业标准操作，造成了严重后果。根据石油行业专家和高级管理人员的证词，这些错误在设计油井时就已经产生了。一般来说，钻井平台建成后应该安装数个油井尾管（well liner），而 BP 公司只使用了一个尾管，这增加了气体到达钻机上部空间的机会。与此同时，工程师还应该使用间隔物以确保钻井管保持在井眼正中位置，为了削减成本，BP 公司使用的间隔物数量也比标准规定更少一些。这可能导致套管水泥无法均匀地流入环隙中，为气体逸出留出了空间。（负责调查事故的总统委员会成员发现，哈里伯顿公司的工程师推荐在工程中使用 21 个"扶正器"，BP 在设计中计划使用至少 16 个扶正器。但真正施工时只采购了 6 个扶正器，施工方也根据实际情况做出了调整，试图让 6 个扶正器达到 16 个扶正器的效果。）

在水泥填充工作结束后，并没有人按惯例检查是否存在泄漏点，或是用套筒固定井口。这种节约成本的策略的确可以节省时间和金钱，但也同时增加了石油泄漏的风险。根据一位资深工程师估计，通过这些"提高效率"的操作，BP 公司至少将工期缩短了一周，这相当于每天节约了大约 100 万美元的支出。

泄漏发生后，环保主义者、墨西哥湾沿岸国家以及相关地区官方都认为石油泄漏将对生态环境产生破坏。而阻止石油涌向海岸以及清理石油的工作也让人失望。一位关注深海沉淀石油的环境科学家对这个情况表示了担忧，因为这些沉入海底的石油也许在未来几年或几十年内都将一直沉在海底，不仅打捞难度大，而且难以清除，它们最后造成的影响仍然是个"未知数"。

有时候人们认为一切都在掌控之中，但事故往往就在这不经意间发生了。无论是尤卡坦石油泄漏，还是得克萨斯和路易斯安那的事故，人们都能够从中汲取相关教训，学习一些经验。但这些事故并没有引起广泛关注，也只有很少的人还记得它们，这也许是因为它们并没有对美国造成太大影响。如果对事故的不良后果没有切身体会，人们就倾向于假设一切都很顺利，并放松警惕，这似乎是人的天性，但这种行为不应该成为工程工作中的常态。

负责管理矿产开采和海上钻井相关业务的是美国内政部，在事故发生后，他们受到了来自各方的批评。因为该机构常常在公开发言中淡化环境问题和技术问题，同时还对能源勘探活动设置障碍。在关于增加海洋钻井活动的相关风险和利益的报告中，内政部几乎没有提到防喷器。

一位观察家将这次收尾工作描述为"生物学家和工程师之间的战争"。在墨西哥湾事故发生后，一些政府机构对环境问题进行了可以理解的过度补偿，例如它们与环境保护署合作，批准那些防止石油进入沼泽或其他生态敏感区的行动。当然，也有些人认为这样的事后补救为时已晚，能起到的效果也并不显著。政府机构承受着巨大的压力，他们不得不加强对海湾、石油等相关项目的评估与考察工作，而其他的看似无关的项目则被延迟了，例如明尼苏达州政府的一项桥梁建设计划。

泄漏事故发生的 3 个星期后，公众第一次在媒体上清晰地看到了石油是如何从海平面下 1 英里深的管道中涌出的，而这段视频也成为墨西哥湾石油泄漏事件的标志性影像资料。到了此时，越来越多的媒体将这次事故描述为一次灾难性事件。由于受到深海水流的影响，人们很难判断石油和天然气泄漏的原始速度，但可以肯定的是，泄漏的速度正在逐渐增加。科学家们也对相关问题进行了推测，并伴有一些争论，例如每天大约有多少石油溢出，而这些石油又将被风、气旋、洋流带到哪些地区，以及石油泄漏对墨西哥湾沿岸生态系统可能会产生怎样的危害等等。这些争论涉及气象学、生态学、流体力学等多方面知识，回答和解决相关问题都需要各学科研究者相互合作，这种情况带来的紧迫感使人们意识到必须尽快控制石油泄漏，同时也要尽快获得石油泄漏量的准确数据。很明显，要全部清除约 500 万桶石油，可能需要几个月甚至几年时间，而确定石油泄漏速度对于规划相关清除方案至关重要。

对于石油泄漏量的估算需要结合以下 3 种信息来分析：一是对泄漏点视频进行分析，简要计算逸出的碳氢化合物量；二是对水流情况和油井状况进行模拟；三是计算船舶回收的浮到海水表面的石油量。最初，政府给出的数据是每日泄漏量约为 1000 桶，一周之后，这个数字被修改为 5000 桶，随后的估计值变为"1.2 万桶到 1.9 万桶之间"。估计值较大的波动表明，相关人员对泄漏量的估计充满了不确定性。"1.2 万桶到 1.9 万桶之间"这个估计值使得墨西哥湾石油泄漏事件成为美国历史上最大的石油泄漏事故。1989 年，"埃克森·瓦尔德兹"号（Exxon Valdez）油轮在阿拉斯加威廉王子湾触礁，导致了大量石油泄漏，而墨西哥湾油井单日的石油泄漏量已经超过了"瓦尔德兹"事故。2005年，卡特里娜飓风破坏了新奥尔良和墨西哥湾沿岸的部分地区，由于事故地点有所重合，人们也将墨西哥湾石油泄漏事故与 2005 年的飓风灾害进行了比较。然而，政府再次修正了石油泄漏量数据，这次，日泄漏量上升为"2 万桶到 4 万桶之间"。在爆炸发生 8 周后，政府又在公开声明中进行了一次修正，每日泄漏量增加到"3.5 万桶到 6 万桶之间"。石油公司随后对政府的官方估计提出了质疑，称政府的估计比实际泄漏量高出 50%。实际上，在石油泄漏事故中，BP 公司面临的罚款达到每桶 4300 美元，最新的估计值可能使这项支出达到数十亿美元。

尽管泄漏的速度越来越快，泄露量越来越大，"美国史上最严重的环境污染灾难"这一说法还是受到了不少质疑。历史学家表示，20 世纪 30 年代的沙尘暴引起的美国社会剧变，"瓦尔德兹"号油轮触礁造成的阿拉斯加港湾漏油事件，杀虫剂 DDT 对土壤和动物的持续危害，这些环境污染事件和"深水地平线"事故相比都有过之而无不及。历史学家也指出，"深水地平线"钻井平台沉没的那天，正是"地球日"设立40周年的纪念日，这无疑是个巨大讽刺，毕竟"地球日"的设立就是为了提醒人们从环境污染的灾害中汲取教训。

这不是墨西哥湾第一次遭遇这样的环境污染了。20世纪中期，墨西哥湾的许可倾倒区被倒入了各种炸弹、化学武器和其他军械，这些危险物品至今仍留在海底。从20世纪60年代开始，这片海域发生了超过300起离岸钻井平台引起的石油泄漏，其泄漏的石油及相关物总量超过50万桶之多。其中4起较小的泄漏是由"深水地平线"钻井平台事件引发的。然而，"深水地平线"最终的毁灭性爆炸让这些泄漏看上去都无关紧要了，其爆炸产生的石油泄漏总量达到500万桶，其中只有大约80万桶被回收。如此巨大的泄漏量虽然不是史上第一大环境灾难，但已经足以摧毁本已十分脆弱的墨西哥湾经济，并且让一家全球性企业处在破产的边缘，狠狠地羞辱了政府当局。一次技术性的失败引发的震荡能有多大，由此可见。

在早期的问责过程中，各方面的责任人、相关组织及其做出的设计决定都被牵扯其中。问责委员会在爆炸后的第3周开始举行听证会，听取来自BP公司、跨洋贸易公司和哈里伯顿公司的经理们，以及从事水泥密封油井工作的承包商们的证词。哈里伯顿公司在事故前已经做了预防巩固工作，但这个工序是本应该在BP公司投产之前就完成的。承包商坚称所有工序都按照BP公司的设计来进行。因此，整个问责过程不应该只针对不合理的设计，还应该针对做出不合理设计的设计者。不管事故是谁的责任，引发事故的主要因素被认定为是不够有效的密封作业。所实施的密封作业似乎是"经济上的最佳选择"，但在安全性上却十分冒险，问题多多：水泥没能提供一个完整的密封，这让瓦斯气体从钻孔中泄漏出来；随后水泥没能快速凝结，瓦斯继续泄漏；用于密封的水泥含有氮元素，其状态难以控制，最终形成了不牢固的密封（实际上在事故发生前数小时，该钻井平台曾出现过不止 1 起瓦斯泄漏报告）。众议院能源和商业委员会十分关注这些假设中的最后一个。要得到关于这些假设的最终正确判定，必须依赖证据，然而此事故的证物都深埋在海底。待油井完全密封后，其 325 吨重的防喷器就可以被打捞上来以供法庭分析；而要打捞整个"深水地平线"钻井平台则不太现实，因为它实在是太大了。另外，对于这些假设的准确测试需要把钻管修复后才进行，这也不太可能。人们在听证会上提出和探索了各种假设，但还是缺少证据，最终很难确定到底哪种情况才是事故真相。

除了国会举行的这些听证会，由海岸警卫队和矿产资源管理司成员组成的联合调查小组也针对事故进行了问询。矿产资源管理司作为一个内政部门，主要负责保护公共环境，并对使用政府管制油田的公司征收税款。矿物管理机构如果加速执照的审核，会得到一定的酬谢，这一点使得矿产资源管理司成了该事故的利益冲突方。在"深水地平线"这个案例中，尽管 BP 公司未能提供在濒危物种和哺乳动物聚集区域附近开展钻井作业的许可证，矿产资源管理司还是核准了 BP 公司在墨西哥湾钻油的申请。每当该机构的生物学家和工程师要在报告中讨论可能发生的事故，或可能给野生动物带来的伤害时，机构管理层就会向其施压，要求必须更改报告内容，不能提及这些事情。这种经历无疑会改变这些职员工作环境的风气。另外，"深水地平线"钻井平台的作业申请里还缺失了有关放喷器里的剪力闸的强度信息，这个剪力闸本应在紧急情况下起作用。负责审查该申请的工程师后来承认，他并没有按章审查相关信息，他只是将这份申请默认为是依照规程来提交的。因此，石油公司的设备证书，实际上是由他们自己来给自己颁发的。

离岸石油钻井的问题显然已经不仅仅是设计的问题了。在问询之后，华盛顿当局宣布，将矿产资源管理司拆分为两家机构，一家负责公共安全和环境保护执行，另一家负责征收租金和税收。这个决定让人不禁想到美国原子能委员会（ the Atomic Energy Commission，AEC）在 1975 年的分拆——它最后被拆为美国核能管理委员会（Nuclear Regulatory Commission）和美国能源研究开发署（Energy Research and Development Administration），后者没过多久就并入了能源部。美国原子能委员会当年的拆分并不是因为发生了什么具体的事故，而矿产资源管理司的拆分则很明显是因为"深水地平线"。当然，这家机构早应该在事故前就参照 AEC 的例子进行拆分了。

在一份初期的调查报告里，由美国国家工程学院和全国研究理事会组成的委员会，将其负责调查的事故原因总结为"没能从过去'差点出事'的经历中及时醒悟并规避失败"。这种思维模式不禁让人想到了之前的火箭发射项目。在墨西哥湾的这次事故中，委员会发现在井体密封中存在"对检查和平衡的重要性考虑不足"。没有证据表明责任方"适当地开展了对固有风险、不确定性和潜在危险的管理"；对于影响安全的各种因素，也没有一个"系统性的途径"来进行处置。简单地说，问题就是，管理者会在缺乏对安全的敬意和考量下，做出与安全相悖的决定。在最终报告中，委员会不出所料地向大家建议："请思考如何通过实践和标准来推进一种安全文化的建立，并摸索出一种方法，来确保安全保障不会因为进度和成本问题而大打折扣"。在这份报告出炉以前，其他相关的调查团体也在加班加点地工作。

"深水地平线"钻井平台事故发生一个月后，由两党共同组建的国家级委员会被指定来调查事故原因以及事故产生的环境污染。他们要"确保这样的事故再也不要发生"。这是一个看上去比较正义而且理由充足的任务，但也同时是一个不现实的任务。想要杜绝下一起离岸钻井事故的发生——或是其他任何种类的事故——唯一的办法就是停止探索和创新。与此同时，政府当局颁发了禁止在墨西哥湾进行其他深海钻井作业的强制命令，但联邦法庭对该禁令颁布了解除令。很明显，禁令会对该区域的经济造成很大冲击。通过不停上诉，最终该禁令提前一个月解除，但却又很快变成了对新区域开采作业的无限期禁止。随后，该禁令又演变为对特定区域恢复有限制地开采。政策变过来又变过去，其根本原因，还是在于缺乏对石油开采风险的量化分析。

所有的技术以及技术尝试都是有风险的，"深水地平线"钻井平台事故不仅证明了风险的存在，也深刻地体现了如果行动超出限制将会有多危险。越过了界限，失败就一定会发生，但要想揭示到底是哪一个冒险因素对事故整体造成了什么样的影响，这并不容易。哪怕是像"深水地平线"钻井平台和随后的海湾石油泄漏这样广泛被关注和提及的事故，完全的详细的事故原因也很难完全确定下来。但就算过去的失败能被完全理解，也并不意味着以后就能规避失败。未来与过去会有不同，新的东西当然有可能会出现错误。人类以及人类的创造物也会像过去一样，做不到完美。依据总统委员会的说法，这次事故是"管理上的失误"。如果3家参与了钻井和钻井密封的公司能够"做出更好的决策和风险评估"，也许这起事故就不会发生。这起事故最终被归结为是"系统性的失败"，而且，如果没有对工业产业和联邦监管的重大改革，类似的事故还会有可能在未来继续发生。

"深水地平线"钻井平台防喷器的真正问题被认为是设计上的缺陷。当油井喷发时，流动的石油所产生的力让钻管偏离了油井中心，并卡住了剪切装置。因此，当剪力闸被激活时，其剪刀柄不能重合到一起，中间存在1.5英寸的缝隙，虽然不大，但足够让大量的石油涌出。受此事故影响，海洋能源管理监管和执法局（the Bureau of Ocean Energy Management, Regulation, and Enforcement）推行了更严格的安全措施，而那些与测试放喷装置相关的工作人员并没有被要求在偏离中心的情况下进行测试。监管者和设计者都希望能够预测各种潜在的失败可能性，但各种风险、机遇和后果纠缠在一起，总是充满争议。根据一位研究马康多石油泄漏的学者的说法，该泄漏"是很多错误造成的"，并且他认为失效的防喷器和另外的 9、10 甚至是 11 个原因一起，共同导致了事故发生。

海岸警卫队以及海洋能源管理监管和执法局的联合工作组出具的最终报告，帮助我们确认了这种说法。该报告给出了结论：所发生的毁灭性爆炸、持续不断的石油泄漏以及随后的环境污染，是"差劲的风险管理、对计划的临时改变、没有及时观察关键仪表的度数并迅速反应、相关公司和责任人对油井控制响应和紧急桥梁响应没有培训到位"这一系列原因造成的。根据事故报告，最主要的责任在于 BP 公司，但这并不意味与之相关的其他承包商就没有过错。BP 公司在一份声明中表示，其同意事故报告的"核心结论"，即"'深水地平线'钻井平台的事故是由多个原因造成的，涉及包括跨洋贸易公司和哈里伯顿公司在内的多个相关责任公司和责任人"。这份声明的措辞也意味着事故发生后还会继续长久的法律诉讼。

哪怕是"深水地平线"钻井平台这样重大的事故，随着时间的推移，人们也渐渐忘记了它带来的教训。虽然这个事件的名字还存留在公众的记忆中，但事故的本质和起因，就像在半个世纪以前倾倒进墨西哥湾的那些伤害环境的武器一样，被慢慢遗忘。哪怕是"挑战者"号航天飞机的事故，也没能让人们吸取教训，从而避免"哥伦比亚"号航天飞机的坠落，所以你很难指望像"深水地平线"钻井平台这样的事故，能有效地阻止未来的类似事故发生。为什么离岸工业的安全记录会持续恶化？一位在石油行业曾经从事执行经理工作的监管者对此解释道："人们会忘记害怕的感觉。"换句话说，失败恐惧症可能不会对他们造成什么影响。但不管人们是不是恐惧失败，我们都可以通过总结过去的失败经验，开发出坚持严肃对待技术文化的设备、系统和程序，来降低失败的影响。不幸的是，当复杂的科技、难懂的专业和有缺陷的个体交叉影响时，我们几乎可以断定失败一定会到来，也许不是今天，不是下周或明年，但最终一定会来。实际上，如果失败到来的越晚，人们越会倾向于相信失败不会发生。这样的态度滋生了自满，导致了技术上的、政治上的、组织上的和精神上的松懈。

第十三章　独脚舞者

　　孩子们大多喜欢火车，也喜欢起重机。当我还是一个孩子时，就很喜欢一个火车模型，这个模型上面就装有一个起重机。起重机的机身可以左右旋转，两个起重臂可以把臂杆和钩子抬上抬下。在玩耍的过程中，模型火车经常会脱轨，这时我就会召唤起重机，把倾斜的车厢扶正，让它重新回到轨道上。我最喜欢的建造模型玩具里也有起重机。我当时拥有的模型零件比较少，所以我做的第一个起重机的大小和容量都有限。我做梦都想要建一个更大、更华丽的模型，其中起重机要更高，更灵活，并且由电机来驱动。但作为孩子，我们总会渐渐厌倦于在温暖安全的家里拆拆装装那些钢梁、滑轮和起重臂，我们想要到外面的世界去寻求更大的冒险——就算这意味着可能会出现一些失败。虽然总伴随着失败，但孩子们可以从玩耍中学到很多。

　　我的童年是在布鲁克林的一个街区度过的，那里房子之间的空隙很小，周围就是人行道。对于男孩子们来说，地铁风栅是一个充满吸引力的地方，时不时会有进站列车的声响随风传来。黑暗的隧道里还会冲出来一股气流，感觉就像是被活塞推出来的那样。那种上升的气流，能把站在上面的人穿的裙子和衣服都吹起来——你一定见过玛丽莲·梦露的那张著名照片吧——但是对于青春期前的小男孩来说，他们对金发美女的裙子并没有那么感兴趣。反倒是上升气流很有趣，因为它能把手帕降落伞吹起来，还让它不会落地，就像一种对抗地心引力的巨大存在。除此之外，地铁风栅还有个吸引着他们的地方：风栅里传来的噪声和风，预示着某一班列车即将进站，而人们赶车时匆匆忙忙，总会不小心把一些钱物落在栅栏里。

从地铁站的结构来看，通风管道的底部平面可能在风栅下面 15—20 英尺的地方。到了中午，当太阳可以直接照射进那些空间时，藏在那下面的奖品比如硬币、钥匙、笔、戒指和耳环等等就会呈现在小男孩们眼前。挖掘这些宝藏，成了我们小时候的一种消遣，也锻炼了我们的耐心。不用太精良的装备，我们只需要一根足够长的细绳，一个重物——比如一把找不着钥匙的挂锁——来系在绳子的一端，还有一块嚼过的口香糖（有时候我们会用一小块磁铁来代替挂锁和口香糖，但事实证明大多数情况下磁铁的效果并不好）。就像工厂厂房里来回移动的门式起重机那样，我们站在想要的目标上方，对准目标，选取一个垂直于目标上方的点，接着放下线去获取猎物。这是最关键的步骤，因为网格很小，只有 2 英寸左右的宽度，没办法做太多调整，如果线放下去了调来调去都离目标太远，那我们就只有把线收上来，找另外一个更合适的网格重新放线下去。

什么事做多了，都会变得简单。多吊几次后，我们就可以快速地找到目标的正上方，然后再把线放下去。但这仅仅是整个任务的开始。当有黏性的口香糖看上去就要到达目标，离目标仅有几英寸的时候，我们会有意识地快速放下一截绳子，让绳子下面的口香糖自由落体，利用这个冲力，迫使口香糖和目标粘在一起。接着就需要把绳子取回，这时候一定要慢慢地匀速拉动绳子。然而，就像其他任何一个系统一样，整个探索宝物的过程在每个阶段都有可能会失败。当宝物——就拿硬币举例吧，大多数时候我们的宝物就是硬币——靠近栅栏下方时，可能会出现好几个不同的情况导致失败：用口香糖粘硬币总是需要几次尝试才能粘上，但没粘上的那几次会让口香糖沾上尘土，黏性变小，有可能粘不住硬币，硬币就会掉下去；或者硬币没有粘在负重物的中间，露出了它的边缘，在通过栅栏时就有可能被刮下来，再一次掉进去；又或者我们可能已经安全地把硬币拉出来了，但由于太激动了，硬币没拿稳，又从栅栏掉下去了。如果想拉上来的是一个 25 美分的硬币，其大小几乎无法通过那个栅栏。我们必须心无旁骛地观察它掉落的轨迹，移动我们的"起重机"到它落下的地方再试一试。我们从失败中学习，当然，我们的成功率也因此上升。

整个过程中，我们都需要趴在地上，地上的钢筋网格会弄得我们的手肘和膝盖很痛，但我们充满了毅力，可以专注地在地铁风栅上坚持数小时。我们逐渐弄清楚了列车驶过的频率，并且发现了列车带来的气流会影响我们的绳子的稳定性，导致钓取宝物的行动前功尽弃。努力一段时间，我们能收获一把零钱，加起来大概有一美元多一点（钥匙和珠宝对我们来说没什么吸引力）。要说这些硬币有多大用处，其实我们也就是拿来买些便宜的糖果。但在整个过程中，我们充分发挥想象力，获得了快乐和成功的喜悦，这才是最有魅力的地方。寻宝时，我们就像是那些在天空中的直升机，在战场上或是在即将沉没的船上方盘旋，营救伤者，把他们吊离危险区域。我们是人肉起重机，是一种天钩。一开始我们什么都不知道，但通过学习和努力，我们中的一些人在长大后会变成工程师，变成设计者，负责设计出不会在实际操作中出现失误的起重机，设计每一根臂杆、每一根线缆以及可靠的控制系统。

设计是在后方的文书工作，建设是在前线的艰苦战斗。一座跨度很大的大桥、一座高耸入云的建筑，它们的设计过程可能是在空调房里的电脑上完成的，但要把这设计变成真实世界里跨越宽阔河流的大桥或是城市中心的摩天大楼，风险非常大，任何微小的失误都可能全盘皆输。在虚拟的电脑世界里，物体的重量忽略不计，各种信息都在以光速传递，关键词和繁杂的数字可以在眨眼之间到处复制粘贴。然而在现实中，克服地心引力需要时间和能量，建造高耸入云的悬索桥也需要把几千英里长的钢丝在索塔与锚碇之间展开。在繁忙的航道上，几千吨重的钢梁要被升吊在半空中，然后迅速拼接在一起；建造一座高楼时，巨大的钢梁、钢柱也要被从繁忙的商业街上吊起来，并在空中移动。

自古以来，起重机就被应用在建造工程里了。最原始的起重机是用木头制造的——先是把两根木条的一端绑在一起（这一端就被称为顶端），然后再安装一个滑轮组。起重机的顶端要立起来，并且用数根绷索连接，这样，在顶端上挂着的货物才能在半空中重新定位。在地面端，两根木条需要分开一定的距离，形成一个比较稳定的三角结构。在两根木条之间还要装上一个轮轴，用于缠绕提供提升力的绳子。绳子的运动是通过轮轴的转动来带动，轮轴的动力则来源于轮柄、绞盘或是踏板。相对比较小型的起重机可以靠直接转动轮柄来提供动力，但大型一些起重机就需要靠不停地踩踏板来提供动力，就像老鼠在鼠笼的跑轮上跑圈那样。这种基础类型的起重机是由维特鲁威描述记载的，其中提到的木条被称之为三脚吊架。木制起重机随着时间推移而演变进化，结构也更复杂，吊起的物品也更重。从中世纪开始直至现代，木制起重机一直被人们广泛使用，其最常见的用途就是建造教堂。

起重设备的概念在文艺复兴时期的笔记、论文、目录，以及所谓的"机器戏院"里都有广泛记载和说明。达·芬奇为我们勾勒出了起重机的原型；阿格里科拉（Agricola）的《矿冶全书》（De re metallica），于1556年第一次出版，书中有很多插图都在描述从矿井里吊出矿石和其他材料的起重设备；阿戈斯蒂诺·拉梅利（Agostino Ramelli）在那本关于各种各样新奇机器的书里，也介绍了起重设备这类机器。但一直到维多利亚时代，起重机的结构都没有发生什么变化。随着铸铁制造的发展，由铸铁制成的大型拱肋、立柱和横梁在桥梁和建筑中被大量地使用，这些结构件可以通过三脚吊架和滑轮组来组装。起重机可以相对轻松地固定住某个部件，直到其他部件也被提升到合适的位置，之后所有的部件结合在一起，组成一个强大且稳固的、不需要外力支撑的结构。世界上的第一座铁桥（名字就叫"铁桥"，位于英格兰的煤溪谷），就是通过这种方式来搭建的。同样，在 1851 年的世博会上，位于伦敦海德公园的水晶宫展览馆，其使用锻铸铁制成的梁，也是通过这种方式来搭建的。由锻铁制造的各式起重机也被广泛用于码头货船的装卸作业，钢制的起重机则在 19 世纪末 20 世纪初开始投入使用。在巴拿马运河的建设过程中，施工方采用的是非固定式起重机，动力强劲。他们没有选择装载吊钩，而是选择装载铲斗（就像我们所熟知的蒸汽铲）。这样的起重机在运河的建设中发挥了重要的作用，并被证明是不可或缺的机具。

起重机有时也是十分有用的教学工具。吊车、起重机还有它们那些很高大的"亲戚"——广播塔和拉线式电杆，这些东西常常会出现在工程入门课程的作业问题里，因为它们在概念上很简单，但是在几何学上却很有挑战性。这些问题的三维特性，可以测试出初学者的空间想象力和几何计算能力。起重机最重要的功能是把货物从一个地方转移到另外一个地方——通常是抬高点或者放低点——其中的动作应该相对比较慢而且谨慎。这不仅仅是为了作业更安全、控制更精准，也是为了杜绝突然的移动作业产生的惯性造成一些不受控、不稳定的影响。一般来说，在工程学中，加速度以及其产生的作用力相对其他力来说非常小，小到可以忽略不计。因此，根据牛顿的第二运动定律所描述的"物体所受的合力等于其质量乘以加速度"，不同的力之间可以有效地彼此制衡。

一台现代起重机本质上是机械操纵的绞车绞盘与吊杆吊臂的组合，基座那一端通常是枢轴和转轮，另外一端一般都装有滑轮组和铲斗，下面会有电缆通过，一直延伸到三脚吊架上。这种结构让原先支撑货物的垂直力被改变为和吊臂同方向的拉伸力，经过这样的转换后，只需拉动绞车里的起重绳索，就能吊起货物。在当代，建造用起重机变得更复杂，规模更大，同时起吊能力也更强。2008 年前后，我们时常能在新闻上看到那些最大型的起重机，因为那一年发生了一些严重的起重机事故。每一种建造作业都很危险，在美国平均每天有 4 名工人因此而死亡。因建造事故而死亡的人数在 2008 年和 2009 年有所下降，但这更多的是因为不景气的经济形势，毕竟在工地上的工人变少了。就起重机事故而言，近年来，一共有 82 名工人死亡，工人受伤的数量也在增加，并且大多数的事故都没有得到本地新闻和行业媒体的注意。但发生在2008 年的几起起重机事故却受到了极高的关注，被新闻媒体广泛报道（因为这些事故已经不再仅仅局限于工地之内）。在工地上工作确实有很大风险，但人们没料到的是，当普通公民们走在楼宇之间的道路上，头顶或者旁边就是隐约可见的起重机时，这个风险就已经延伸到了他们的日常生活中。

大型的非固定式起重机，不需要外部动力，就可以通过车轮或履带移动到工地上的任意地点。它本质上是一个有自主动力的起重设备，在作业时需要伸展出支撑架来保持稳定性。不过这种起重机起吊的高度和宽度被吊杆长度所限制。当需要建造一座很高的建筑时，哪怕是最大型的非固定式起重机也没办法满足，这种情况下起重系统就要与未完成的建筑一同搭建起来，通常还要搭建得更快更高。比如纽约世贸大厦的双子塔，这座大楼在 20 世纪 60 年代末期开工建设，4 台起重机搭建在每座大楼建设中的钢结构上，随着建筑的不断增高而被重新迁移到更高的地方。这项技术起源于澳大利亚，这种不断向上走的设备被称为长颈鹿起重机。每台起重机都有一个起重臂，可以覆盖一个扇形的作业区域，4 台起重机相互之间覆盖的区域是有所重叠的。

要使用这种巧妙的引导系统需要进行仔细筹划。工人不仅要随着建筑物的建设而改变起重机的位置，并且在建筑物完工后还需要把起重机转移回地面。还是拿刚才双子塔的例子来说，4 台起重机的其中一个可以把其他 3 个的部件转移到地面上去，但最后一个起重机本身要转移到地面去并不容易。这种情况下就需要用一个稍微小型一点的起重机来完成最后的转移工作，这个小型起重机必须能够被拆成可以塞进服务电梯里的部件，通过服务电梯来运送上去。阿联酋在建设世界上最高的建筑时就使用了这种设计和长颈鹿类似的起重机，这座建筑在建设时被命名为迪拜塔，2010 年落成后被重新命名为哈利法塔。当这座塔从 156 楼开始由钢筋混凝土结构转变为钢结构时，起重机向上转移的运输工作就让结构设计师们煞费苦心。而这仅仅是城市中最显眼的、依靠灵活的非固定式起重机来建设的工程。蓬勃发展的迪拜，直到其经济随着全球经济萧条而下滑之前，都被称为"世界上最知名的设计旅游圣地"，这和城市里大量高耸入云的起重机不无关系。

　　在过去的两个世纪里，随着新建的建筑物（包括新形式的大跨度桥梁和摩天大楼）越来越大，设计工程师的工作量逐渐增多，他们需要思考如何去完成那些前无古人的建造工作。在 19 世纪初，悬索桥常使用锻铁做成的链条来连接，这些链条可以被一根接着一根地吊在空中，然后在脚手架上完成对接和安装。约翰·罗布林设计了一种方法，把数千根独立的钢丝旋转在一起，组成粗重的悬索来代替链条。但这种悬索太长太重，如果在地面就组装好，就很难被吊到空中去。在他随后设计的桥梁中，他决定采用这种新式设计，而这种设计里的施工方法则是重中之重。很显然，如果施工方法失败了，整个工程也就失败了。约翰·罗布林设计的这种旋转式线缆被他儿子的公司继续使用，并出现在很多地标性的悬索桥上，包括乔治·华盛顿大桥和金门大桥。

　　混凝土桥在 20 世纪开始变得很常见，而到了 20 世纪末，大量的大跨度桥梁纷纷涌现，其中不乏那些建造在高耸的山谷或是宽阔的河流之上的桥梁。建造这类大跨度的桥梁，建设者们需要想出一些创新的施工方法，并且需要使用与之匹配的起重设备。在有些情况下，起重设备本身就是一个大型的建筑物，它必须足够强大且坚固，才能把大型的预制混凝土桥面段升吊起来，并在空中进行转移，直到它们被安装到两个相邻的桥墩之间。而在其他的方案中，建设者常常需要用到驳接式起重机来安装较短的梁段——先是把梁段对称平衡地放置在桥墩两侧，再慢慢延伸，直到与相邻桥墩的梁段对接。有时候悬臂梁在对接完成之前，需要伸出去好几百英尺。设计这样的施工计划，做好预防失败的方案和设计建筑本身一样的重要，并且专用的起重机在工程中会起到十分重要的作用。

时至今日，用于大桥和高楼建造最常见的一类起重机就是塔式起重机。塔式起重机的塔体通常在建筑物内部或旁边，塔体顶端有一根可旋转的水平臂，水平臂上装有吊钩，可以在水平臂能覆盖的范围内来回移动。世界上第一台正式的台塔式起重机在 20 世纪初建成，而第一台自升式塔式起重机则要追溯到中世纪。

配有水平臂的塔式起重机有时候被叫作"锤头鲨"（Hammerheads）。这类起重机起源于 20 世纪初的造船厂和码头。随着时间的推移，它也在逐渐进化。起重司机所在的驾驶舱靠近塔体顶端，位于水平臂和其配重中间，因此他并没有 360 度的视野去观察下面的动静。即便如此，在必要的无线电辅助下，一个经验丰富的塔式起重机司机也能将一担货物准确地吊到想要到达的任何地方，精确到每英尺。这些固定的机器建筑（并非完全不能移动）越来越多地出现在世界各地的大型建筑工地上。还有一种塔式起重机，被称为动臂式塔式起重机（luffers），其悬臂可以调节成与塔体不同的角度，以适应不同的起吊需求。从远处看，这种起重机就像是在地面运行的履带式起重机，爬到了一个很高、很脆弱的底座上，并且在上面筑巢。与锤头鲨式塔式起重机相比，动臂式塔式起重机能更好地适应比较狭窄的施工地点，比如说建筑物十分密集的纽约。不管是哪种形式的塔式起重机，在 19 世纪末 20 世纪初，其数量可以在一定程度上反映这座城市的经济健康程度以及工业发展状况。T形结构的锤头鲨式塔式起重机，看上去就像是一个单脚站立、靠着一只隐藏的脚趾旋转的舞者，靠着自身努力一步一步地蹿高。这些起重机变得随处可见，人们常常抬起头观察它们是如何工作的，当然，人们也会看到它们是如何经常性地发生失误。

在阿联酋服役的那些起重机，曾经一度被认为质量高于行业平均水平。据说，在2006年，单单在迪拜这一个城市，就有2000台塔式起重机昼夜不停地工作着。支持者们声称，全世界大约125000台各式各样的起重机，其中有1/4都在阿联酋服役运行，不过起重机供应商们提供的数字却低得多。某位游客曾称这座城市为"起重机之城"，锤头鲨式塔式起重机布满了天际线。这些起重机象征着城市的繁荣发展，其数量常常被故意夸大。然而，由于迪拜过多的建筑工地，再加上政府松懈的监管，差劲的维护，以及大量进口劳动力带来的多语言多文化给交流带来的困难，事故总是频繁发生（其中很多都被瞒下来了）。

锤头鲨式塔式起重机的力学原理相对来说比较简单。竖直的塔体通常被固定在一个大型的混凝土底座上，该底座提供了稳定的基础，这样起重机才能正常运行并起吊重物。塔体的主要功能是为了让水平臂能够稳定在一个适当的高度。水平臂包含了两个基础部件：用来起吊重物的主臂，以及用来保持整个起重机平衡稳定的配重。水平臂绕着塔体旋转，主臂和配重总是在一条直线上。必要时，塔体顶端的线缆和连接杆也能帮助较长的主臂保持水平不弯曲的状态。为了把货物起吊并转移到施工地点的任意地方，水平臂必须以塔体为轴心来旋转，起吊装置和配重也必须装载在滑轮上，这样它们才可以在水平臂上来回移动，保持起重机的平衡。

1999 年，起重机群在中国长江三峡大坝工程中服役运行。起重机坐落在垂直的塔体上，其高度可根据工程进度而调节，然而，事故在调节高度时极易发生。2008 年，在美国发生的一系列起重机事故，使起重机的监管程序得以更新，内容涉及起重机的管理、检查、维护、建立、操作和拆除。

　　一台塔式起重机能吊起多重的货物，取决于货物离塔体有多远。起吊的货物离塔体越远，起重机发生事故的可能性就越大。塔式起重机的最大起升能力并非不受任何限制，它与货物离塔体轴心的水平距离紧密相关。从力学上来说，力和长度的乘积被称之为力矩。这里的力矩不是指一个瞬时的概念，而是指力在弯曲、扭曲、旋转或推翻这个建筑物时产生的趋势（在塔体的中心点，起吊货物产生的力矩与配重产生的力矩相互抵消，因此总体的趋势并不会让塔体倾斜）。如果塔式起重机多次试图吊起超出其最大能力的重物，巨大的力矩可能会让水平主臂弯曲变形。这种情况发生后，主臂和配重中间的平衡会被破坏，从而让整个起重机失去平衡，最后倾翻（为避免这样的事故发生，现代的塔式起重机都装载有一套精细的、包含限制开关的电脑控制系统）。一台塔式起重机的最大能力是用水平主臂能够承受的最大力矩来表述的。一台水平主臂有 60 米长的起重机可以在距离塔体 60 米的位置处吊起 50 吨重的货物，则这样的水平被定义为 3000 吨米级起重机。起吊地点离塔体越近，可以起吊的货物也越重。因为大部分的起重机是在美国领土外制造，所以公制的度量标准被大量采用。

在 21 世纪初，世界上的超大型塔式起重机大多数都是由丹麦的克劳尔起重机公司（Krøll Cranes）制造的。最大起升能力纪录的保持者是名为克劳尔 K−10000 的塔式起重机，一个标准版的 K−10000 塔式起重机可以在距离塔体 82 米的位置处吊起 120 吨重的货物（120 × 82 = 9840，大约 10000 吨米，因此得名 K−10000）。长臂版的 K−10000 塔式起重机则可以在距离塔体 100 米的位置处吊起 94 吨重的货物。也就是说，其水平悬臂比一个标准足球场还长。不过这种起重机的生产数量有限，到 2004 年底，该公司总共也就只生产了 15 台。此外，克劳尔公司还设计了一种更大的起重机，取名为 K−25000，标价 2000 万美元，但到了 2011 年末，一台也没卖出。依据工程师们所熟知的静力学，为了让这些庞然大物保持平衡，K−10000 这样的塔式起重机设计的旋转速度很低，旋转一整圈需要两分半钟的时间。这样的设计不仅仅解决了加速度带来的问题，同时也给货物的上升预留了充足的时间。最大负荷的货物差不多只能以低于每分钟 20 英尺的速度被提升起来，一担较轻的货物可以以 10 倍的速度提升，但仍然需要花费几分钟才能到达高楼顶端。

如果塔式起重机的高度超出了建筑工地的当前需求，这多余的高度不会带来什么优势，反而还有不小的风险和高昂的成本，所以塔式起重机通常都是随着建筑物的增高而增高。塔式起重机的初始安装工程是由地面可移动式起重机来完成，这就决定了初始塔体的高度不会太高。随着建筑物的不断增高，塔式起重机也必须不断增高，这样才能发挥其作用。要完成这样的"爬升"或者说是"跳跃"，工人们需要用液压支柱把塔体打开一个 20 英尺的缺口，然后把新的塔节安装进缺口中，再利用液压支柱把塔顶下落到新的塔节之下，保证整个塔体的稳定性（类似

K－10000 这样的超大型塔式起重机有可能会使用它本身的附属起重机来完成爬升作业）。因为自动限位开关以及其他安全设备的存在，塔式起重机的日常起吊作业被严格限制在最大负荷之内，所以塔式起重机最危险的作业就是自身塔体的升高和降低了。

当经济形势很好的时候，美国本土有超过 3000 台塔式起重机在服役运行，每天进行超过 10.5 万次起吊作业。现代科技早已渗透在我们的生活中，有时我们往往会忽略它们，就像起重机可能是建筑工地上最容易被忽视的一部分，除非有特别严重的事故发生。其实大部分的起重机事故都不是由构造设计的缺陷造成的，人为的失误和愚蠢才是大多数事故的起因。在 2005 年夏天的一个著名案例中，位于佛罗里达州杰克逊维尔海滩（Jacksonville Beach）的公寓楼建设工地上有一台大型履带式起重机正在工作，这台起重机的主臂超过 100 英尺长，在主臂末端连接有一根动臂，可以延伸整个起重臂到达 140 英尺。事故当天，原本操作这台起重机的司机因伤离职，这台起重机由一个缺乏经验的新司机来操作。

一般来说，起重机的主臂和动臂在夜里都处于关闭状态，所以当第二天的工作开始时，代班司机的第一个任务就是把主臂和动臂打开。根据起重机的使用手册，主臂和动臂是不能同时操作的，为了确保这个规则得以贯彻执行，起重机的系统电脑被设定了这样的程序：如果主臂和动臂其中之一超过了安全角度的限制，整个起重机就会停止所有动作。然而为了让起重机设备能够被正常的装配、拆除和运输，控制面板上装有一个旁路限制开关来规避上述的限制。为了启用旁路功能，需要操作者用一只手按下旁路开关，另外一只手来操作主臂或动臂，这样主臂和动臂就没办法同时被操作。在杰克逊维尔海滩的这个案例中，因伤离职的那位司机把一块硬币嵌到了旁路开关的缝隙里，这样旁路开关就处于一直被按下去的状态，司机的双手就可以用来同时操作主臂和动臂了

（这种绝对危险的方式并不是只有这位司机知道，其他人也尝试过，有些操作人员就用胶布缠住旁路开关来达到同样的目的）。

当早晨启动起重机时，代班司机确实注意到了那个嵌在旁路开关里的硬币，但他没有把硬币取出来。根据联邦职业安全与健康管理局（the Occupational Safety and Health Administration，OSHA）出具的事故报告，代班司机后来发现系统出了故障，于是他把那枚硬币取出来了，但这造成了整个起重机突然全部停止工作。这个故障被汇报给了起重机公司的销售代表。销售代表向代班司机发出指示，告知其不得再次将硬币嵌进旁路开关，并重启控制电脑以恢复起重机作业。完成重启后，该司机又重新开始操作起重机，但不久后控制电脑又出现故障。这次，司机没有再去咨询起重机公司的建议，他把那枚硬币又嵌进了旁路开关，这样他就可以继续正常操作起重机了。到了晚上，他把起重机调至休眠模式。第二天早上，据该司机事后陈述，他的上司催着他赶紧起吊一批货物，事故发生时他正在进行这些作业。

带着无知或是蔑视的态度，这位司机用双手同时来操作主臂和动臂，他知道嵌在旁路开关里的硬币会降低安全性，但也许他认为其他限制开关能阻止危险的发生，所以他一点也不担心会出事故。按照规则，当主臂与水平线夹角超过 88 度时，限位开关会关闭动力让起重机停止工作，但在这个案例中旁路开关被保持在打开的状态，主臂超过 88 度后继续上升，直至与水平线垂直，线缆被拉断，主臂被拉弯，动臂掉落在下面的施工建筑物上，数名工人因此而受伤。从保险公司提出的数据来看，80% 的起重机事故都是这种操作人员失误造成的。

这个事故总让人觉得似曾相识：尽管设备出了故障，但仍然继续使用，直至事故的发生。警示标志不断提醒着人们这样做很危险，但来自管理层的压力让工人们不得不为了赶工期而铤而走险。正如我们耳熟能详的"挑战者"号事故，在寒冷天气下，O 形密封圈变得不稳定，失去了密封的作用，这个小零件的失效最终导致了"挑战者"号航天飞机发射失败。1986 年 1 月，NASA 发射"挑战者"号之前，他们已经成功发射了 20 多次，成功经验给了 NASA 过度的自信，他们认为即使诸如隔热瓦、油泵和 O 形密封圈这些零件有些小问题，航天飞机也能成功发射并正常运行。"挑战者"号事故后，困扰 NASA 的隔热瓦问题还是没能解决。在"哥伦比亚"号航天飞机起飞时，外部燃料箱表面脱落的一块泡沫材料击中航天飞机左翼，造成了表面损伤。当航天飞机返回时，经过大气层产生的剧烈摩擦，最终引发了事故。系统发出报警的时候是在警告我们，请求我们更悲观一点，但人性让我们面对这些小问题小缺陷的时候，总是习惯于保持盲目的乐观。

早在 2008 年，两起塔式起重机的爬升作业事故就得到了媒体的高度关注，监管部门也因此加强了对大型起重机的监管。2008 年 3 月 15 日，星期六，在曼哈顿东部的一个建筑工地上，一台动臂式塔式起重机处于工作状态。这台起重机为了适应 22 层楼的高度，正在进行爬升作业。起重机的塔体通过巨型钢圈与旁边的在建大楼连接，以起到固定作用，当时前两个支撑环已经在 3 楼和 9 楼被固定好，工人们正在安装连接到 18 楼的第 3 个支撑环。根据后来的事故报告，第 3 个支撑环在安装好后突然损坏，6 吨重的支撑环开始坠落并砸坏了位于 9 楼的支撑环，随后 3 楼的支撑环也被砸坏，3 个支撑环全部坠落。起重机塔体变得不再稳定，发生倾倒，砸向了对面街上的一栋公寓楼。这起事故共造成 7 人死亡，20 余人受伤。

几天后，事故主因浮出水面——用于吊住支撑环的黄色尼龙绳存在质量问题。起吊这种级别的重物所使用的尼龙绳，理应在每次使用前都要检查是否有割伤、撕裂和磨损，但为了赶工期，这样的预防措施往往被忽略。再加上建筑工地上尘土飞扬，绳索本身的颜色都被掩盖了，那些细小的损伤也被尘土包裹着，很容易被忽略掉。在事故照片里，黄色尼龙绳破烂得就像小孩子的鞋带一样，这条绳索很有可能早已过了使用期限。

纽约这起事故发生后不到两周，在迈阿密发生了另外一起与建筑工地相关的起重机事故——一段用于增加塔体高度的塔体节从 30 楼左右的高度坠落（这一塔体节足有 20 英尺长，7 吨重）。坠落的塔体节砸毁了旁边的一座房子，这座房子正好是承包商的办公室。2 名工人遇难，5 名工人受伤。在职业安全与健康管理局的事故报告公布之前，事故主因就被确定了：吊住塔体节的绳索出了问题。

这两起事故发生的时间十分接近，再加上前几年发生的其他事故，塔式起重机的安全问题终于引起了大家足够的重视，其中又以爬升作业时的巨大风险为甚。事故调查员对于"起重机事故"和"索具事故"的定义是不同的，迈阿密和纽约的这两起事故被归到了索具事故里。尽管如此，在大众眼里，不管是链条、吊挂、绳索还是其他什么跟索具相关的东西，只要出了事故，起重机的操作就脱不了干系。

就在 2008 年 3 月 15 日那起事故发生后 10 个星期左右，纽约又发生了一起塔式起重机事故，不过这起事故里并没有涉及起重机的爬升作业。起重机的塔体转盘突然断裂，整个起重机轰然倒下，砸中了相邻的一栋公寓楼，起重机司机和另一名工人在事故中丧生。事故原因被归结为塔体转盘的连接装置出现了故障，其中一个钢制零件的焊接不牢。多起事故接连发生，让包括纽约在内的密集型大城市的管理者和居民们十分担忧，很多建筑工地就在人行道和街道旁边，居民和车辆的安全都受到了威胁。

这些事故发生后，加强对起重机的监督和管理的声音不绝于耳，新的法律和条例也随之出台。引用《工程新闻记录》的社论，当人们终于意识到"要把起重机事故的随机原因和人为原因区分开来很困难"时，就明白了起重机作业并不是什么高精尖的火箭科技，有效的监管才是最重要的。而为了改变"遍布全美国的懒散监管",这个行业需要新的管理条例来约束。在得克萨斯州,起重机工人不需要什么证书就能上岗,单单在 2005 年和 2006 年这两年就发生了 26 起起重机相关的人员死亡(在全美国范围内则是 157 起)。

贪污腐败也是导致事故频发的原因之一。2008 年 3 月纽约那次起重机事故后几天,一名市政工作人员被捕,原因是他伪造了一份监察报告,该报告声称他早前在接到某台起重机支撑系统有问题的投诉后——就是后来在 3 月 15 日出事故那台——进行了实地考察,但实际上他并没有去核实情况。接下来的一周,市政府提议在未来每次起重机搭建、爬升和拆解的过程中,都必须有一名市政监察员在场。接下来的一个月,城市住建部的部长(他同时也是一名科班出身的建筑师),因 2008 年纽约第二起起重机事故的许可证问题而引咎辞职,他承认了那张许可证不应该被签发。为了尽快找到合适的人选来填补住建部部长一职的空缺,市长办公室建议降低原先该职位必须由注册建筑师或持证工程师来担任的标准,这样该职位就能由最合适的人来担任,而不非得是建筑师或工程师。不出意料,建筑业的职业联合会对此强烈反对。就像立法者们不断尝试着收紧对起重机使用和管理的控制,建筑工业的代表们也在不断地反对着这些约束。在佛罗里达州迈阿密—戴德县(Miami-Dade County),飓风天气很常见,因此县政府新颁发的安全条例里面,就明确规定了一台起重机必须能承受速度达到 146 英里每小时的大风。但根据工程专家的说法,在新规定的标准下,起重机的爬升作业,以及起重机与楼体之间的固定作业都将会变得更危险。这一规定不仅会耗费更多的时间和金钱,也无法保障工人们的人身安全。

要安全使用起重机,起重机的设计必须遵循基本的力学原理,但操作者的意志也非常重要。操作者是否严格执行操作规程,不随意绕过限制开关的安全措施,将决定起重机作业是否能安全进行。但责任也不是完全在起重机操作者，因为他们也无法得知索具装配作业是否达到了安全要求。如果索具装配工使用了破损的连接装置，那这些装置还真的就是整个作业"最薄弱的连接"。如果一根吊索已经沾满了泥土和油污，那么工人们肯定没办法好好检查它，这根吊索就不具备使用条件，至少在它被清洗干净之前不能使用。即使是干净的合成纤维吊带，如果褪色了也不能使用，因为褪色证明了这根吊带已经暴晒多年，紫外线早已伤害了高分子材料。这些都是一个合格的索具装配工应该知道的。一根新的黄色尼龙绳的价格跟整个工程数百万美元的成本比起来简直不足一提，但如果不及时更换，不认真对待，一旦出了事故将付出高昂的代价。

纽约住建部对那起索具事故进行了长达一年的调查，最终发现用于爬升作业的其中一根涤纶吊索确实受损了。根据调查中呈现的证词，事故第二天调查员就在工具棚里面找到了一根新的绳索，那根受损的绳索根本没必要坚持拿来使用。此外，索具装配组在作业时只用了 4 个锚点，而不是厂家推荐的 8 个。厂家的规章其实也是整个设计的重要组成部分，厂家在制定规章时考虑了作业过程中各种力之间平衡，所以忽视规章十分危险。如果按照规章使用了 8 根绳索（就算包括受损的那根）正确地固定好，可能这次事故就不会发生。在大约两年前，纽约曾经发生过一次塔体节在拆卸作业中坠落到街上的事故，造成了 3 名建筑工人和 2 名行人受伤。这也是因为索具装配不当造成的。有了前车之鉴，其实 2008 年的那次严重事故可以被避免，索具装配组的组长和装配公司的老板也就不用面对过失杀人罪的指控。在对索具装配组组长的庭审中，辩方律师坚称他的客户遵守了"行业规范"，是"工程设计的缺陷导致了起重机的脆弱"，索具装配工无法掌控这些。

负责起重机搭建计划的工程师在庭审中出庭作证，尽管他指出事故的原因是使用了受损绳索，但他同时也为索具装配工说了好话，称他是"最注意安全的索具装配工之一"。这次审判应被告方的要求并没有陪审团参与，最终该索具装配工被法官宣判无罪。他的律师成功输出了自己的观点：他的客户是整个工程中一系列错误因素的替罪羊。他声称起重机的基座和地基没有连接牢固，用于把起重机固定在楼体上的钢梁是"劣质的"，并且市政监察员的监管也不到位。在事故发生后的官司中，很多潜在的因素都可以被用来当作事故发生的原因，也许没有任何一个因素可以被确认为事故主因，但实际上如果只有其中一两个因素存在，事故也许就不会发生。然而，这么多问题很巧合地同时出现在这起事故中，带来一连串的失误，最终 7 个人为此付出了生命的代价。

2008 年纽约的另一起事故，就是主臂坠落到街上去的那起，事故起因是塔体转盘的连接装置出现了故障，其中一个钢制零件的焊接不牢。因为当时那个起重机的型号已经停产，想采购到新零件非常困难。制造替换件的价格不菲，有一家公司报价 34000 美元，另一家报价 120000 美元，并且它们的交货期是 7 个月到 2 年。起重机的所有者最终找到了一家报价仅有 20000 美元的公司，并且该公司承诺 3 个月交货。他最终选择了最便宜的这家公司，尽管这家公司自己也承认"对这个焊接工作信心不足"。这家总部坐落于纽约的起重机公司是一家"著名的起重机供应商"，人称起重机之王，该公司的老板因多起事故被指控过失杀人罪。一系列起重机事故的发生都与该起重机公司有关，曾经有一名观察员说过，"这个公司真的是太爱贪便宜了"。索具失效的那次事故里的起重机也是属于这家公司的，检察官们一致认为该公司老板对事故有很大责任。不久后，那位曾经批准了因焊接不牢而导致事故的起重机作业许可的监察员，被指控玩忽职守并引咎辞职。

紧随着起重机事故，纽约又爆出了一则丑闻：首席起重机监察员承认受贿。他伪造了一份起重机（尽管不是塔式起重机）的监察报告，以掩盖他敷衍了事的监察工作，甚至他可能根本就没去监察。他还给那些没有通过考试的起重机操作员签发了从业执照（有些起重机操作员也因为未参加考试却持有执照而被起诉）。这些丑闻的揭露促进了新规章制度的讨论和建立，纽约住建部的起重分部宣布，从此以后在起重机开始爬升作业之前，必须由工程师或者起重机厂家来提供详尽的索具装配计划。职业安全与健康管理局也宣布它们会开始审查起重机的安全以及操作者的资质。再一次，失败和死亡的发生，终于带来了新的措施，以求在未来降低风险。

职业安全与健康管理局新的起重机安全规章在 2010 年正式签发生效，取代了 40 年未更新的旧版。在近千页文件中，最深入的改变就是起重机操作员必须在他要操作的这台起重机上取得操作许可证，该许可证仅对特定的这台起重机有效。新规生效后，大约 200000 名工人以及他们所属的公司被要求必须在 2014 年之前匹配新规，并且许可证的认证费用要由它们自行解决。新规同样考虑到了那些已经投入使用的新技术和新产品，比如合成纤维吊索这样的新型绳索。新规提高了对索具的重视，要求索具装配工在作业时必须遵循厂家的操作指南。除此之外，在起重机搭建之前其零件也要被逐个审查；过往在电力系统附近操作起重机曾造成大量的人员伤亡，新规规定此类作业也必须采取特定的强制安全措施。

当然，减少作业的动作幅度也可以降低风险。2008 年后半年的经济衰退严重影响了建筑业，大量的项目被取消、延期或者减小规模。传统的起重机是因为某个特定的工程而被搭建使用，当工程结束——有可能是完成了也有可能是放弃了——正常的作业流程是将起重机拆解然后运送到另一个工地上。当暂时没有另一个工地需要用起重机时，起重机就没地方放了。放眼全世界，很多起重机就那样无所事事地伫立在未完成的建筑物旁，那些曾经伴随着太阳日复一日升起和落下，在阳光的照耀下不停旋转作业的场景也消失了。那些半途而废的建筑工地，如今看上去就像一个起重机停车场。在迪拜和拉斯维加斯这样繁荣不再的城市里，起重机一动不动，失去了生机。曾经，大量起重机不分昼夜地工作，布满了城市的天际线，让市民们、投资者们和企业家们充满了希望，整个城市显得生机勃勃。如今，2009 年，起重机静止不动的画面则象征着整个城市建设的停滞。本该动起来的设备，现在成了静态雕塑。

受此影响，建筑业在 2009 年初遭遇了寒冬，失业率超过 20% 并有可能继续上升。人们讨论着如何让经济复苏，说得最多的就是刺激消费和基础建设，建筑公司和雇员们也是朝着这个方向寻找业务。当市政公共工程的项目出现时，极度渴望拿到业务的承包人们相互竞争，报价经常低于政府的预估。一年后，建筑业的失业率达到了 25%，还可能继续上升。金融危机，华尔街的救市，大财团的谨小慎微，都给建筑业的发展泼了一盆冷水，私营的建筑承包商举步维艰。

钢制旋转台上未被发现的虚焊导致了塔式起重机倾倒在大街上，同样的道理，金融系统中未被察觉的缺陷导致了一场财政危机。据报道，在 2010 年，联邦储备银行主席本·伯南克（Ben Bernanke）承认"他没有察觉到金融系统中的缺陷，该缺陷导致了房地产市场的低迷，并引发了一场经济灾难"。伯南克说，他没有意识到在次贷危机中"系统的缺陷和脆弱让原本的打击被加倍放大"。人们在愚蠢的财政政策里得到的教训与从起重机事故中得到的教训一样深刻。然而，当经济或者建筑业重新繁荣起来时，这些教训可能又得不到重视。只能希望当萧条过去，那些从起重机事故上、从结构和机械故障上、从组织上、管理上、财政失调上得到的教训可以不被遗忘。经验告诉我们，尽管经济的缓行让人们有更多时间来思考和总结过去的那些毁灭性错误，但人类的天性还是会对过去用血泪换来的教训产生质疑和否认。当然，也有些人，可能直接就像得了失忆症一样，把过去的教训忘个精光。

第十四章　历史与失败

我们每个人似乎都想要通过总结过去得到的教训，来拥有一个更成功的未来，但事情常常不如人愿，我们有时候不懂得如何才能找到最宝贵的经验。就在前总统奥巴马宣誓就职不久前，5位仍在世的美国总统——包括离任的、在任的和马上要就职的——集合在一起拍摄了一组具有历史意义的纪念照片。这几位总统在总统办公室里共同面对媒体，话题的重点自然而然就集中在取得成功这件事上。在任总统布什说，他以及他的前任们会给奥巴马分享他们的经验，他们都希望奥巴马能取得成功。奥巴马当然也是想取得成功的，不然他不会选择竞选总统。奥巴马表示，他希望能从几位总统的成功里学习到一些经验。

不幸的是，如果仅以过去成功的经验来挑战未来，那么肯定会存在局限性和危险性，除非你想做的仅仅是复制过去。前总统奥巴马当时的发言可能有些谨慎，不过在他参加竞选时就承诺要改革，并表明当他掌舵美国时，整个国家会是一个新气象。掌控任何一艘巨轮来通过困难重重的水域都充满了风险。遵循既定路线也许可以让一个人成功，但过去的成功除了靠能力，运气也占了很大一部分因素。那些以前看上去又安全又有保障的路线，未来不一定还会安全。我们必须总是抬头看路，注意前方的困难——比如隐约可见的冰山。

1912年，拥有前所未有独创设计的远洋邮轮"泰坦尼克"号在还未下水之前，就被宣称为是"永不沉没"的成功。就像我们现在都知道的那样，它在第一次出海时就沉没了。一个世纪后的现在，让我们针对这件事做一个思维实验。我们假设一下，"泰坦尼克"号运气好点，没有在那时那刻碰到那座巨大的北大西洋冰山，没有这次不幸的遭遇，它可能会安全地到达纽约，它成功的设计会得到证明。"泰坦尼克"号完成的跨洋航行越多，船长、船主以及潜在的旅客们就会对它卓越的适航性越来越有信心。与之竞争的轮船公司会想要效仿"泰坦尼克"号的成功，也会想在技术上，经济性上还有商业优势上做出一些改进。更大、更快、更豪华的远洋邮轮会被设计并制造出来。为了在商业利益上更有竞争力，新船可能船体更薄并携带更少的救生艇。毕竟，这些新船都是参考那艘永不沉没并取得巨大成功的"泰坦尼克"号而设计的。

但我们从它未能到达目的地纽约的巨大失败里了解到，就算是"泰坦尼克"号也不能抵挡住一座冰山的碰撞——这是船体设计的一个致命缺陷。后来那些所有参照本应成功的"泰坦尼克"号设计的远洋邮轮，也有可能存在潜在的相似缺陷。因为"泰坦尼克"号的成功带来的过度自信，作为其衍生物的那些船，将会不可避免地使用更薄的钢材来制造船体，船体变得更加脆弱，而更少的救生艇配备则会让海上事故造成更多的伤亡。有这样一种可能性，这些"泰坦尼克"号的"改进版"中的某一艘船会最终运气不好，在同样的地点遭遇了那座命中注定的冰山。只有到那时候，致命的舱壁设计缺陷，才会无可争辩地显现出来。成功的改革不是来自效仿过去的成功并试图比它更好，而是来自从失败中学习，汲取经验教训。这里所说的失败不一定需要真实发生过，它也可能是我们假设会发生的失败。

确实，"泰坦尼克"号的事故、失败和沉没并不是无法预料的。众所周知在北大西洋航行的远洋邮轮很有可能遭遇冰山，特别是在"泰坦尼克"号出海的 4 月份。冰山与邮轮擦身而过，船体可能被割开，表面的铆钉也可能被扯掉。一旦船体损坏，海水会进入船头，降低船的浮力。随着海水继续流入，船头继续下沉，高度有限的防水舱壁（一个致命的设计缺陷）会被淹没。船头接着继续下沉，船尾翘起来。如果船尾被抬出了水面，那就会出现一个船只设计时没有考虑到的情况——船身断成两半。不难算出，遭遇险情的人数会远远超过救生艇的容量。

这个已确认为事实的失败场景，应该作为避免设计失误的基础。然而不管是因为忽视、过度的自信还是基于经济因素考虑，船只的设计和运行都没有因此而修改或调整以确保这个有可能发生的场景不会真的发生。每个与之相关的人——从设计者到经营者到船员到乘客——看上去都更期望成功而不是害怕失败，可能他们觉得跨大西洋航行遇到冰山这种情况总体来说还是比较少见的吧。但成功是一个难以捉摸的向导，我们应该通过对失败可能会发生并且确实会发生的合理认知，来权衡我们对成功的期望。失败给我们提供了经验和智慧，让我们能预见到一个新提议的设计、计划或政策将会在哪里出错。对过去成功的过度信任肯定会导致将来惨痛的失败。

工程是一种着眼于未来的专业，但也需要时常回头看一看以校准进度；工程师通常会为下一代产品而起草计划，试图设计和实现那些未曾实现过的事物。工程师们会构想更大、更快、更强韧的结构和系统；他们也会创造更小、更轻、更高效的机器和设备。新事物取代旧事物，这个过程的意义在于超越曾经的成功，比以前更好。

如果说过去的成就能为现在的设计提供什么帮助，那就是人们会用过去的成功作为标准来评判现今的设计。从这个观点来说，只有非常接近现在的技术史，才真正对现代工程有用，而且必须能提供可演算的数据或是需要克服的难题。那些过去比较久的工程历史，实际上对于现代工程已经没有太多可以参考的东西。在工程的悠久历史上，有着一个接着一个的成就，这种传承会给年轻的工程师们一种荣耀感，激励着他们前行，但在实际技能上，那些脱离现实的历史并不能给他们带来什么实际的提升。

仅仅着眼于接近现在的历史，是目光短浅的。早已嵌入社会和文化里的工程历史，以及我们如今在现实世界中所创造的那些卓越的工程，都向我们展示了工程的真正意义。工程师们知道他们遇到的问题不仅仅是在技术这个维度，但如果不打下坚实的技术基础，那么他们的方案最终都会漏洞百出。因此在工程教育和实习中，工程历史最有意义的用途不是告诉新工程师们那些老古董们是怎么运行的，而是告诉大家工程学不断超越自我、不断创新的这种永恒的追求。正是通过这样的努力，工程技术才在历史文化长河里留下了浓墨重彩的一笔。

在之前举办的一次开放式研讨会上，英国结构工程师协会的萨瑟兰（R. J. M. Sutherland）表达了他的观点，他认为："如果未来的设计师们可以独自培养出一种回头审视过去项目的习惯，并学会质疑设计的初衷是否得到兑现，那大多数的工程灾难都可以被避免。"不幸的是，这种审视和质疑很少有设计师能真正做到。工程界所取得的昭著成就，一般都是倾向于从过去的失败中寻找答案，而不是从稳定且持续增长的成功经验中继承——无论是发现工件有细小缺陷这样的小事，还是工艺现状达不到要求这样的大问题，都是如此。自负的设计师托马斯·鲍奇设计的泰河大桥坍塌之后，同一段铁路上的福斯湾大桥（Firth of Forth）没有再沿用他的设计。与其沿用原先鲍奇设计的悬索桥结构，英国铁路公司宁愿重新任命一位设计师来完成这项设计，设计师约翰·福勒（John Fowler）接替了这项工作，他和本杰明·贝克（Benjamin Baker）一起完成了福斯湾大桥的设计。这座拥有开创性悬臂结构的大桥至今仍然在服役。加拿大人在设计第一座魁北克大桥时，试图在长度上和经济性上超越福斯湾大桥，然而设计上的失误导致了这座桥在建设过程中两度坍塌。经过了这次失败，加拿大人吸取了教训，第二座魁北克大桥便成为从失败中学习反思的经典案例，它们甚至开创了令新工程师们时刻警醒的"铁戒仪式"。塔科马海峡大桥的坍塌几乎在一夜之间让工程师们醍醐灌顶，开始重视起空气动力学在桥梁建设中的应用，这才有了后来横跨在英国塞文河和亨伯河（Severn and Humber Rivers）上那些非常成功的新悬索桥。一段有启发性和借鉴性的工程历史可以告诉工程师们如何从失败中吸取教训，并借此做出更多、更好的成功设计。以史为鉴，不单单是为了告诫工程师们要以谦卑代替自大，也是为了教会工程师们如何制定出一套有效的自我修正方法。

　　工程的历史就像人类文明进程一样，是成功和失败的结合体。说起来可能让人有点不太能相信，但失败其实是这个结合体里更有用的一部分。尽管工程师们能从过往优秀的工程案例和重大的技术成果中学习到如何拥有更好的判断力和工作能力，但要成为一个卓越的工程师，一个卓越的人，不是读几本名人传记，或者总结几个过往成功案例的经验就能行的。其实，在建筑工程的历史中，不乏那些遵守着成功设计的传统但却最终失败的大桥设计：1847 年的迪河大桥、1879 年的泰河大桥、1907 年的魁北克大桥以及 1940 年的塔科马海峡大桥。虽然上述的每个桥梁设计都尝试在现有工艺条件下挑战长度、长细比和经济性等各方面的极限，但这些建筑中没有任何一个是真正使用了全新的技术；它们似乎只是在跟随着成功案例的步子在走（虽然在某些情况下，步子跨得有点太大了）。

　　若干年前，保罗·G. 西布利（Paul G. Sibly）和阿利斯泰尔·C. 沃克（Alistair C. Walker）出版了一本书，他们详细地研究了各种在建设中、改建中和完成后发生的桥梁坍塌事故。这个以西布利博士论文为基础的研究显示，19 世纪中期到 20 世纪中期之间的这些大型桥梁事故令人惊讶地显现出周期性趋势，差不多每 30 年就会发生一次重大的桥梁事故。这个规律已经被迪河大桥、泰河大桥、魁北克大桥和塔科马海峡大桥所验证，并且在 1970 年再度被延续，两座钢制箱梁桥在建设过程中坍塌，一座位于威尔士的米尔福德港（Milford Haven），另一座位于澳大利亚的墨尔本（"银桥"在 1967 年坍塌时已经建成 40 年，因此它并没有被归入这个规律。2007 年坍塌的明尼阿波利斯的 I–35W 大桥也没有被计入，因为坍塌前该桥梁正在进行维修，维修所用的重型设备和材料改变了桥梁的荷载）。

这种引人注意的规律性，让人不得不猜想在 2000 年会不会又发生一次重大的桥梁事故。此时，最有可能延续这种规律的桥梁类型应该是斜拉桥。在整个 20 世纪 90 年代，斜拉桥大多出现了拉索摆动的问题，人们试图通过各种稳定装置来控制这一现象以保证桥梁的安全。在日本，拉索摆动的问题由于大量的降雨而变得更加棘手。人们将拉索表面做成了凸起的螺旋纹状，这样就可以将降雨时顺着拉索流下的水流打乱，减少拉索的摆动。除此之外还有很多类似的案例，主跨长度达到 2808 英尺的诺曼底大桥（Pont de Normandie）便是其中之一。于 20 世纪 90 年代中期建成的这座大桥，也出现了拉索和桥面的摆动，人们用相互垂直的扎带和吸震装置对桥梁进行改造，以减少其流线型结构带来的摆动。我曾在 1998 年去过悉尼，驱车驶过主跨长度约为 1140 英尺的新格里布岛大桥（the new Glebe Island Bridge）。招待我此行的朋友告诉我，工程师们决定加装减震器来减少这座桥的振动。尽管这些问题仍然存在，但是设计师们在设计中已经逐渐把防震功能也考虑了进去，所以大型斜拉桥还没有发生过特别夸张的坍塌事故。我在 2009 年去韩国时看到了仁川大桥，发现这座大桥同样也装有减震器来减少桥的振动。

尽管这个问题一直存在，人们还是持续建造了更多更长的斜拉桥，于是拉索振动问题变得十分平常，并且可以预见。人们认为防震装置可以阻止桥梁发生事故，但这是否真的有效还有待验证。毋庸置疑的是，所采取的这些措施确实减少了桥梁的振动，并且能够检查到桥梁振动的幅度是否处在可以接受的范围内。这一系列改造给了桥梁工业很大的信心，让他们认为如果新的桥梁出现了问题，他们也能想办法控制住。这和 20 世纪 30 年代后期的悬索桥情况十分相似，在未被察觉的扭动导致塔科马海峡大桥坍塌之前，整个行业也是这样信心满满。虽然 2010 年全年斜拉桥没有出现大型的事故，但突然的扭动导致桥体变形这样的问题还是应该引起足够的重视。

在 20 世纪 90 年代，步行桥也经历了巨大的发展。步行桥不是什么新鲜的事物，人类历史上的第一座桥可能就是步行桥。步行桥看上去很简单，也很贴近自然，但其实这对于桥梁设计者来说是不小的挑战。可能是因为步行桥历史悠久，并且贴近人们的生活，所以其工程建设很少引起人们的注意，当人们谈论步行桥时，谈论得较多的是桥的建筑风格、美学以及新材料的使用，而不是桥的结构问题。不过，在 20 世纪行将结束时，这一切都改变了。

行人的通行带给桥体的负载和汽车通行、风力影响是不一样的。行人通行的负载看起来比较轻，也没那么剧烈，但这并不代表某一座桥就一定能承受住这样的负载。在金门大桥通行 15 周年纪念日的那天，人们纷纷走到桥上去庆祝，为了安全起见，汽车通道也随之关闭。然而涌上桥的人越来越多，金门大桥承受了其投入使用以来最大的负荷。当天桥上人群的总重量不得而知，但这个重量足以引发桥梁的形变，让人不禁想知道具体数字会是多少。人群的重量使得桥面下沉，主跨被压平，桥体左右不停地摇摆晃动。1975 年在新西兰也出现过类似的桥体晃动，当时是抗议者占领了奥克兰海湾大桥（Auckland Harbour Bridge）。但步行桥的工程师们通常都认为这些案例与步行桥没有关联性，它们只是极端情况下的异常情况而已。

在新千年到来之际，步行桥被赋予了功能之外的更多象征意义。在英格兰的盖茨黑德，赞助商组织了一场竞赛，让由建筑师和工程师组成的队伍来比赛设计一座步行桥。最终建成的桥，便是著名的盖茨黑德千禧桥，当有船只需要从桥下的泰恩河通过时，弯曲的桥面会升高，船只通过后，桥面又会放平，这个动作结合着桥体的拱梁，看上去就像是人的眼睛在日夜交替间睁开和闭合。英国人很喜欢给各种各样的东西取外号，这座桥也不例外，他们把这座桥叫作"眨眼桥"。在日本，结构工程师莱斯利·罗伯逊（Leslie Robertson）和建筑师贝聿铭（I. M. Pei）一起合作，为地势偏远的美秀美术馆建造了一座引人注目的入口桥。在一些西方国家，工程师兼建筑师圣地亚哥·卡拉特拉瓦设计了几座引人注目的斜拉桥，它们都只由一根主杆来支撑。这其中有一座桥，它的作用是连接密尔沃基（Milwaukee）市中心和同样由圣地亚哥·卡拉特拉瓦设计的一座艺术博物馆。另外在伦敦，一名工程师、一名建筑师和一名雕刻家合作建造了一座横跨于泰晤士河上的千禧桥，连接着泰特现代艺术馆（Tate Modern）和圣保罗大教堂（St.Paul's Cathedral）。

人们记住伦敦千禧桥的主要原因是，其在 2000 年 6 月正式开放仅仅几天后就因为桥面摇摆幅度过大而被迫关闭。在此之前，巴黎的一座步行桥也发生过相似的事情。索尔费里诺铁桥（the Passerelle Solferino）建造的初衷是为了连接位于塞纳河两岸的奥赛美术馆（Musée d'Orsay）和杜伊勒里花园（Tuileries Quay），给来往的行人提供便利。在桥梁正式开通前，建设方安排了 150 人在桥上以特定的节奏跳舞来测试桥梁的动态可靠度，但在开通日那天，这座在科技上和美学上都造诣颇高的桥梁还是出现了大幅的桥面摇摆。虽然摆动幅度只有 1 英尺左右，但高度紧张的法国政府依然选择先关闭这座桥。暂时关闭一座摇摆的桥是明智的，谁也不知道桥的摇摆最终会带来什么样的后果，稍有不慎便有可能引起恐慌，酿成惨剧。在 1883 年的阵亡将士纪念日，就曾经发生过这样的事例。那时，布鲁克林大桥刚开通一周左右，桥上行人们的过度恐慌造成的骚乱导致 12 人被踩踏致死。1958 年，乌克兰基辅的一座步行悬索桥因周末行人过多，出现了桥体摇晃的现象，随后被迫关闭。最近的 2010 年 11 月，柬埔寨金边市数百万人涌上街头庆祝一年一度的泼水节，一座悬索桥的桥体摇晃导致 350 人坠落死亡，另外 400 人因恐慌骚乱而受伤。不幸的是，直到事故发生后，这座桥才被迫关闭。索尔费里诺铁桥的设计建造师马克·米勒曼（Marc Mimram）坦言道："设计一座步行桥比设计其他桥更难，因为步行桥需要较轻的重量和较长的跨度，这两者基本上是相互矛盾的。"但是，都到了 21 世纪初，为什么这样令人蒙羞的疏忽还会发生？现代的工程师们手上的工具是如此强大，电脑可以帮助工程师完成大量的计算和模拟，而他们的先辈们只能在沙土中用树枝画草图，为什么还会产生这样的错误？

正如西布利所研究的其他桥梁一样，步行桥的设计也逐渐趋同，变得平淡无奇。不过大多数步行桥的设计方案并没有考虑人群行走带来的水平力，这种水平力中有一半和人群的垂直步伐有关联。从历史上来看，对于大型桥梁来说，这种水平力没有什么影响，但像索尔费里诺铁桥和伦敦千禧桥这样细长的步行桥，其自身摆动频率和人群正常行走产生的频率很接近。虽然人群并不是都以整齐的步伐行走，但一旦桥梁不管因何原因摆动起来，桥上的人们为了保持平衡都会不自觉地陷入同一种步伐。这反而加剧了桥的摆动，并且形成了一种恶性循环。这样的摆动有时候会十分剧烈，以至于市政安全部门只能下令关闭桥梁。

索尔费里诺铁桥和伦敦千禧桥看上去一点都不相似，前者是拱桥，后面是一座十分低调的悬索桥。尽管它们外形上毫无共同之处，但它们在设计的基本原理上与其他步行桥并无二致，都没有考虑大量人群在桥上行走给桥梁带来的水平力。西布利指出，过去的成功经验已经不足以让步行桥的设计适应复杂的现实环境，在过往设计中被忽略的有些特征变成了决定性因素，按照这个标准，当原本看似无足轻重的一些现象揭露了桥梁使用的局限性时，桥梁界那个 30 年的事故循环规律就有可能继续下去。

即使这样，人们也没有停止采用更加大胆和激进的设计。悬索桥被设计得越来越长，最终导致了塔科马海峡大桥的坍塌，步行桥也是如此，细长的结构带来了更多的安全隐患。如果没有一次重大的事故发生，这样的设计趋势将毫无疑问继续延续下去。大卫克莱泽霍奇湖自行车与步行桥（the David Kreitzer Lake Hodges Bicycle and Pedestrian Bridge）位于加利福尼亚州的圣迭戈，长度达 1000 英尺，主跨长度达 330 英尺，却仅有 16 英寸的深度。这就是所谓的悬带桥，本质上就是一座桥面直接依附在紧绷的拉索上的悬索桥。其跨高比为 248，而坍塌的塔科马海峡大桥是 350。另外一座有问题的步行桥也位于圣迭戈，它连接了一座公园和一座会议中心，"象征着进入城市的大门"。这座桥被称为"独一无二的建筑"，也许正是这样的独特性造成了工期的拖延和成本的高涨——它的完工日期比预定计划延后了一年，并且总成本比预算的 2 倍还多。当事故发生时，混凝土从桥面中爆出，人们才发现这座桥的实际重量比预计多了 7%，支撑的悬索本应因此而改变设计。这种情况在普通设计的桥梁中也时有发生，但标志性建筑物，因其特立独行的设计似乎更容易出现这样的问题。在最理想的情况下，这些问题可以真的让工程师回头重新审视他们自己的设计，找到潜在的缺陷，在事故发生前就把它们解决掉。然而，事故的征兆往往并不被人重视。到最后往往是最不起眼的一些问题，造成了事故的发生。

但既然步行桥这种建筑已经投入使用了这么久，并经过了长足的发展，那为什么 30 年一次重大桥梁事故的规律还是会发生在伦敦千禧桥这样的步行桥上？每一代设计师都经历过或听说过重大的桥梁事故，如果重大事故刚过去不久，设计师们会对他们的创新型设计是否存在问题保持高度警惕。但随着时间流逝，重大事故逐渐远去，设计师们又会慢慢地放松警惕。特别是经历了长时间的成功之后，设计师们会在工作上变得很自满。引用西布利和沃克在 1977 年所写的话：

事故的发生，往往不是因为工程师们忽略了给建筑物提供足够的强度，而是因为在不知不觉中产生的不良习惯。设计方法的根基被渐渐遗忘，可靠性的界限也日渐模糊。成功经验加上设计师自满，设计方案中的扩建越来越多，越来越随意。

在伦敦千禧桥的案例中，这种新的不良习惯具体表现为，由行人行走产生的水平力引起的桥体晃动。当行人行走的频率恰好与桥体本身的自然频率一致时，这种晃动会加倍放大。桥梁设计者们很早就开始考虑行人脚步带来的垂直力，早在19世纪，一些桥梁就张贴了警示，告诫通过桥梁的士兵们不要使用整齐划一的脚步。然而，在传统的桥梁上，行人脚步带来的水平力几乎没什么影响，所以这种水平力就成为设计上首先被忽视的部分。

当一位工程师并不了解设计方法和建筑形态的起源时，这个问题就更加严重了。如果一位年轻的工程师并不了解建筑设计发展阶段的那些构想，不了解现有设计方法和建筑形态的适用性以及它有哪些不太明显的限制性，那他可以说是盲目地在未知领域中做设计，甚至他还以为自己很好地遵循了过去的成功路线。这种现象并不仅仅存在于桥梁工程中。

钢结构在建筑物中的广泛使用，可以追溯到19世纪80年代芝加哥建成的第一座摩天大楼。由钢柱和钢梁支撑整个结构，再用混凝土地板和砖石墙搭建起来的高楼，相对来说整体重量比较轻，建造过程也更高效。钢柱被混凝土和砖瓦包围住，也给建筑提供了一定的防火性。（众所周知，2001年9月11日，世贸大厦双子塔在撞击造成的大火中坍塌；而位于西街90号的一座已有近百年历史的建筑，却因其混凝土、砖瓦和钢柱梁的混合结构逃过了大火的毁灭。）一开始钢柱和钢梁是通过铆接的方法连接在一起的，随着工艺发展，连接方式变得更为轻巧。像帝国大厦那样的旧式钢结构摩天大楼，其填充物及混凝土砖石墙使整个建筑变得十分坚固，而在第二次世界大战后的很多大楼却不是这样，因为它们的玻璃幕墙仅仅是挂在楼体结构上。同时，焊接法逐渐取代了铆接法成为主流的连接方式。这些技术工艺的发展使得人们可以建造更高效、更经济的建筑，但其中有些潜在的缺陷还未涌现出来。

1994 年，当北岭大地震袭击了加利福尼亚州南部时，这些缺陷终于涌现了出来。结构工程师们惊讶地发现，很多钢柱和钢梁的焊接处都出现了断裂现象。接下来的一年，日本神户经历了一次更大的地震，相似的情况又发生了。这种没有预料到的问题引起了广泛关注，相关部门也展开了调查。调查人员发现，现有建筑的脆弱是由很多因素引起的。从 20 世纪开始，施工方式就从坚固的铆接变为脆弱的焊接，经历了多次工艺技术的更新。我们不能把最终的问题归咎于某一个单独的变化，而是这些所有的变化一起改变了建筑的稳定性，量变引发了质变。在所有的这些因素中，钢材使用的标准过于宽松、焊接用金属材料的宽容度不够、焊接工艺不够好、施工过程缺乏有效的监管，这几点因素尤为突出。这是一个为了经济性和高效性而放弃坚固设计的典型案例。由北岭地震和神户地震引发的这两场事故，促使监管人员制定了新的标准。但如果设计师们能把那份谨慎和考量，从最初的设计延续到最新的设计上，新标准就没必要推出。换句话说，记住历史，保持觉悟，这样建筑工程才能良好地发展下去。

拥有众多优秀工程师和管理者的 NASA，他们所实现的成就足以代表全人类的进步，他们专注于"填补知识领域的空缺"。具体来说，NASA 的工作人员撰写报告时，侧重于记录整个过程，而不是仅仅演算出结果。经验丰富的工程师们"不想让以后的研究者花时间和精力去思考我们做了哪些步骤以及我们为什么这样做"，所以他们的新式报告相比以前拥有更多详尽的细节。在 NASA 有一种共识："当新一代工程师和管理者雄心壮志地开发新项目时，确保前人用经验总结而来的知识储备能够完整传递下去是最重要的，不论是从一个项目传递到另一个项目，还是从一代人传递到下一代人。"

就算是技术能力比较强的一代人，也有可能因为缺乏实战经验，导致工作中出现问题。金牛座 XL 火箭比一般的那种能将小型卫星送入轨道的火箭还要强大，被称为是"加强版"的运载卫星火箭。2001 年，最初版本的金牛座火箭因转向系统的机械故障未能按预期把卫星送入轨道；改进后的金牛座 XL 火箭重新设计了转向系统，其负荷量达到了 3000 磅。2004 年 5 月，金牛座 XL 火箭第一次发射成功。其实，金牛座系列的火箭总共只部署了 8 支，每次发射都会间隔数年。2009 年 2 月，金牛座 XL 火箭再次发射，目的是将用于精确测量大气二氧化碳的轨道碳观测站送入既定轨道。但金牛座 XL 火箭未能完成任务，其用于保护卫星的整流罩没能正确分离，因此火箭达不到既定速度与高度，任务失败。金牛座 XL 火箭及其负载物一同掉落进了南极洲附近的海底。即使没有故障件可以拿来分析，事故的原因也很快被查出来了：一些硬件设备出了故障，最终导致了事故发生。但事实上，造成事故的根本的原因应该是"组织性的行为、状态和操作水平失控"。仅仅针对表层的原因做出改进，而不深究根本原因，未来还会有很大可能失败。NASA 事故调查委员会的带头人一针见血地指出："参与轨道碳观测站发射的很多人对发射设备几乎没有任何经验。发射作业越少，应该越注重发射程序，前人留下的程序步骤里包含了大量用实战总结出来的经验和教训。"

成功的发射当然是意味着预见了问题并成功阻止了问题发生。然而，没有经历过失败，或者说只经历过成功，对我们来说都是不利的。正式的程序步骤包含了过去的教训，但工程师们和管理者们却总有办法不按程序来。毕竟我们总是试图去超越过去，这意味着改变，改变我们的设计方案、制造工艺和工作方式。不幸的是，我们以为自己是在原有经验的基础上改进，而事实上我们丢弃了最宝贵的经验。也正因为这样，我们总是在不经意间就被失败和事故当头一击。

新千年开始后，我们不能断定桥梁界 30 年一次大事故的规律已经不成立了。伦敦和巴黎的那两座步行桥事故又一次敲打着我们的神经，即使是使用最新的技术，最新的工具来建造桥梁，失败也有可能发生。知识和工具都有其局限性，而找出这些局限性往往要通过发现建筑的异常现象或是经历重大的事故才行。那么，哪种桥梁最有可能在不健全的知识体系下完成设计和建设，我们是不是能预见其中之一会在 2030 年左右延续西布利提出的 30 年规律？根据我的经验，出问题的桥梁很可能是一座斜拉桥，工程师们总是想着朝着前人未曾达到的高度去扩展桥梁的规模，即使拉索的振动不停提醒着他们危险可能到来；它也有可能是一座后张预应力混凝土箱梁桥（最近涌现的一种新型桥梁），其悬臂施工法也在不停挑战着自身的极限。

尽管西布利的原始观点来源于其对于金属制桥梁的研究，并明确表示该观点仅适用于金属制桥梁，但它的广泛适用性很快随着时间显现出来。因此，他和沃克重新归纳总结了桥梁事故的 30 年规律：

> 我们的研究显示，在每一个案例中，每一种使用创新技术的建筑刚刚开始建设时，人们往往十分谨慎地面对其建造工作，投入大量人力物力来确保新设计的成功。但随着新设计理念的普及，信心变成了自满，变成了对可能出现的技术困难的轻视。测试被认为是不必要的，实际上测试这项工作也确实被边缘化。在每一个案例中，设计都在不停地改变，直到从前忽略的次级效应占据主导，最终引发建筑的坍塌。

根据沃克和西布利的记载，在 1976 年一场关于海洋石油平台的会议上，"顶尖的设计师们承认他们其实并不了解北海的动态力会给石油平台带来什么影响"，他们的技术扩展"远超测试稳定性的范围"。2010年，他们对墨西哥湾漏油事件中石油钻塔和防喷阀的设计与测试也进行了详细的记载。

这种观点显然跟人们一贯认为的不同，一般来说人们会觉得技术知识就是循序渐进的，不断累积的。但如果技术本身真是不断累积的，并且随着每次技术的进步而更加强大，那新建的桥梁和钻井不是肯定应该比以前的更好吗？更重要的是，任何桥梁和钻井都不应该坍塌吧？新一代的工程师们也应该比上一代的更博学更聪明吧？数十年的成功被巨大事故打断的规律又该如何解释？工程设计在最初是十分原始和非理性的，未曾尝试过的新设计总是从试探慢慢开始。当了解清楚工程设计的根本时，如何解释这些现象就一目了然了。工程师在构思一个设计时，最开始都是以一种难以记录的图形化形式在脑海中慢慢勾勒出设计的雏形。只有当工程师拥有与其想象力匹配的素描和绘图能力，将其想法和构思清晰地呈现在图纸上，团队成员才能用工程科学、经济学的知识和专业经验来分析和评判这一构思的实用性和可构造性。设计的过程总是曲折而重复，工程师的工程技术知识和从过往案例中学到的经验，能够从其清晰明了的草图中体现出来，这对整个设计都很有帮助。这样的信息量和洞察力，能够帮助工程师的心灵之眼辨别出哪些是不稳定的设计，哪些设计应该摒弃。但如果这个过程是忽略了过去的失败经验而匆忙进行，那警报就不会响起，历史可能再次重复，失败还会找上门来。

技术历史学家尤金·弗格森（Eugene Ferguson）在《工程学和心灵之眼》（*Engineering and the Minds Eye*）这本书中，以历史学的角度详尽地说明了工程上那些难以用言辞表达的想法的作用。尽管他的工作表明，建筑或是其构思的图形化表述的质量和清晰性存在进化规律，但可以确定的是，如今的设计进程与千年以前的并没有什么本质上的不同。埃及金字塔、罗马拱桥、希腊神庙以及其他古文明留下的工程都是从某一位单独的工程师的内心里开始构思的，这与他是不是被认定的人选，能不能像他的后继者一样画一手好图无关。无论其画图技术如何，只有当设计师把他的想法展现出来后——不管是用树枝画在沙土上，还是用笔画在纸上（或是纸莎草纸和木头），或是用黏土做个模型出来——他的同事们才能对其表扬或批评，他的上级才能对其接受或拒绝，负责施工的建筑商才能尝试去建造。

在技术性知识和分析技术方面，工程学一直在进化，但设计中蕴含的本质从古至今没有改变过，其中包含着知识的世代传承，合理规整的工程历史，以及一堆案例学习的合集：它们不但可以消除工程建设中技术性和非技术性两方面的隔阂，而且还可以为如何阐述工程的本质提供一个理论上的框架。不仅如此，那些存在于年长的工程师脑海里、数不清的经典案例里的精妙工程方法，其精髓也会从图书馆里走出来，走出教室，最终走进设计师的办公室里。工程设计进程里的好故事永远不会过时，因为正是这些故事揭示了工程的本质，包括缺点和其他的一切。

19世纪和20世纪初的工程记录，完整保留了对那些挑战时代极限的伟大工程案例的详细讨论。大概正是因为精细记录的习惯，那些伟大工程的工程师们总是对设计如何激发、如何驱动、如何检查了然于胸，不像现今的工程师们，常常把这些遗忘在数字化电子化的模型里、代码里、草图里和工程图里。在一次历史和建造工程之间的关联性讨论里，一位参与者坦承，他发现与数字化时代的设计师相比，理解早期非数字化时代的设计师要更容易一些。工程设计的某些特征会永远保持其工艺技术的独立性，不论我们使用的工具是算盘、计算尺还是电脑。在数字时代，当设计进程有了更多的监督，那些临时增改的批注也会成为设计方案里的灵感之源。

　　传奇工程师拉尔夫·佩克（Ralph Peck）曾经广泛而精确地研究过工程评价这门学科，该学科也被认为是最难教授和学习的领域。在关于一座大坝的可靠性讨论里，佩克观察到，直至 1981 年十有八九的事故发生不是因为工艺水平的不足，而是因为可以避免也本应避免的疏忽。佩克同样指出，当我们谈论设计错误和失败时，"问题是难以量化的"，不仅如此，"解决方案也是难以量化的"。他承认分析和测试方法的进步肯定有意义，但集中精力研究这些也许会影响到调查事故因素的努力。对于工程工作中如何展现良好的判断力这个问题，佩克认为首先要对历史有一定的洞察力。然而有些情况却让他十分痛惜，比如在伊利诺伊州参加了注册工程师考试的人，居然不认识那座落成于 1874 年的伟大建筑——位于圣路易斯（Saint Louis）、横跨于密西西比河的伊兹大桥（the Eads Bridge）。

　　工程，从一开始就与人类文明紧密相关，很难想象如果没有工程师的工作——不管在远古时期这样的工作被称作什么——人类文明将会是什么样子。从诗歌到金字塔，这些经典的人类文明作品是永恒的，工程方法却总被认为会被新颖的、改进的方案所取代。在现代，尽管直升机可以取代软梯来完成金字塔石块的搭建，尽管电脑绘制的设计超越了前几代的工程师所能计算出的极限，但设计上最基本的东西，几千年来却没什么大的改变。其实，现代技术工具的适用性和强大的功能性，或许正在慢慢侵蚀着工程师们最基础的工程技能。更讽刺的是，要解决这种对基础设计技能和工程评价能力的侵蚀，从古老的工程著作里更容易找到方案。

　　过去，我所在的大学的图书馆专门为工程学留有一个分区，我常常在午饭后去阅读最新的期刊或者看看书架上都有些什么。最近的期刊都摆在最中间的那层架子上，过期的旧期刊摆在下面一层，书籍和专著摆在上面一层。不需要用梯子就可以轻松地拿到最新的期刊来阅读。但事实上，我还是喜欢用梯子，我想看看不经意间的发现会给我带来些什么。在期刊合订本那一层，书籍的标题都按着字母表的顺序严格排序，最新的杂志或期刊自然也就被放在这个字母类的最右端。在这个字母类的最右端和下一个字母类的最左端，会有一个空隙，所以那些最新的刊物就可以被轻松放回去，而不需要调整很多刊物的位置。

在书籍和专著的那一层，所有的书都按照主题和杜威十进制系统进行排列。这样的处理方式对我来说也还不错，因为根据这样的排列方式，最新的书有可能和很旧的书摆在一起。如果我去看桥梁那个区域，或许会在一本 19 世纪的悬索桥专著旁边发现一本 20 世纪末的桥梁专著。这种机缘巧合下，我多半会把这两本书都带到图书馆的小隔间里去阅读，并发现新旧两本专著里的基础意识观念是如此相似，尽管它们的分析和图形内容明确地表明这两本书并不来自同一个时代。

有一件事让我印象特别深刻，就是设计相关的书籍，不管是何时撰写和出版的，它都会明确或含蓄地讨论有关于失败的问题，并探讨如何去避免失败。这些书通常包含了对重大失败案例的研究，有时在序章里，有时在附录里，有时在正文里，有时贯穿全书。但著名的失败案例在书中往往只是简单提及，甚至只是用地理位置来代指，很显然作者们认为读者对这些故事和课程肯定都熟悉精通。有一个观点，我读过的书基本上都认同它，尽管有些书里对此的认同方式很含蓄很委婉，那就是：对于失败案例，了解当时的情况背景并理解事故原因是非常有价值的，这可以为日后的工作和研究提供洞察力和经验。

有一天，在边吃午饭边读了一本书评之后，我走到图书馆的工程区域去找新书。我已经事先从网络目录上找了这本书的书号，所以到了图书馆我就径直走上楼，走向了那本书所在的书架，书号就标在书脊上，很容易找到。结果我却没有找到这本书，感觉很失望，我想可能是有人比我先找到了这本书并且借走了它。虽然那一排书中间没有空隙，看上去不像刚有人拿走了一本书，但当时我确实是这么以为的。我下楼走到了图书借还台，向图书管理员询问这本书的去向。他拿着我写有书号的小纸条看了看，然后在文件系统里查询。根据系统里的结果，这本书没有被借出，图书管理员跟我一起上楼去查看是否是我找错了地方，或者是那本书被放在了临近的架子上。他也没能找到这本书，我们又回到了楼下，他向我询问了这本书的书名。

我经常出入图书馆的工程区域，图书管理员都已经十分了解我的阅读习惯。他知道我更喜欢看旧书，所以他默认我要找的那本书是在以前的目录里。当最终在目录里找到这本书时，他发现这本书是去年才出版的新书。我这才发现，他建立了新的图书排列规则。之所以建立新的规则，是因为我的几个生物医学工程的同事提出了相关要求。他们对 5 年之前出版的旧书没什么兴趣，在生物医学工程这个新兴领域里旧书也确实比较少，基本上都是最近出版的新书，所以他们对旧书如何排列并没有干涉。同时，旧书的存在可能会让两本主题接近的新书排列相隔的太远，这也不符合工程师们的喜好。

图书管理员制定的新排列规则接受了生物医学工程师们的建议，并解决了他们的需求：把 5 年内出版的新书与旧书分开摆放。新书都统一摆放在书架的架首，靠近楼梯边。这种方法会迫使图书管理员每年都要把达到 5 年标准的书挪到旧书那一边，但图书管理员似乎觉得这也不算太麻烦。他没告诉我这件事，可能就是因为他知道我肯定会反对这样的排列方式。果然，当我知道了这件事后，立刻就表达出强烈不满。但现在我知道了要找的那本书在哪里，我又先走上楼去寻找这本书。我走到了那个摆满新书的书架前，突然发现这一架书很多都是电脑技术类的书，至少有一半与这个主题有关。对比之下，我要找的那本书周围几乎没有几本相近主题的书，用一只手就能盖住这几本书，于是可以毫不费力地把它们同时拿到小隔间里去阅读。也许把新书都放在一起，是有这样的好处，但我担心这样的便利可能会带来智慧上的损失。

随着网络图书馆目录的精细化，书籍和论文配送服务——更不用提谷歌图书扫描和搜索——以及其他电子化的便利服务越来越普及，需要使用图书馆工程分区的教员越来越少，学生们也舍弃了原来那些用了很久的桌椅，转移到了图书馆新增的学习区域，那里不仅设备更新，而且更加舒适。就连我也开始发现，网络上的数字资源比起图书馆使用起来更友好，也更引人入胜——虽然与传统图书馆的感觉不同，但同样能给我带来意外惊喜——所以我也渐渐地不再需要去校园里由砖瓦砌成的实体图书馆了。从前工程学院一直坚持着保留住图书馆工程分区的这块区域，但没有了光顾者，工程分区（其他分支也是一样）想要守住自己的地盘已经越来越难。最终，工程分区的藏书被转移到了主分区或者是其他储存点。关于这一点，大家都没什么异议。

有趣的是，书籍的分离——不管是新书和旧书之间的分开摆放，还是纸质书的逐渐电子化，以及书籍所代表的知识技术在时空上的分裂——最终会导致失败的增多。从民用工程的标准来看，电脑科学和软件工程领域还算是新兴领域，其中一些早期的从业者开始认识到，该领域并没有深厚的历史来为后来者作铺垫，特别是谈及失败案例或者失败规律时。软件工程师们尤其清楚，他们的工作很容易出现漏洞或者更糟的东西，所以电脑科学家们试图从其他工程领域得到处理失败的经验和觉察力。他们发现在桥梁工程领域中，现代桥梁史里对金属结构的运用可以追溯到18世纪末，地标性桥梁以及失败案例都有完善的记录和详细的分析总结。因此软件工程学的出版物里出现了与桥梁和结构工程师的访谈，这些访谈主要谈论的都是历史和失败。另外，从历史角度研究并撰写过失败案例的工程师们开始渐渐收到邀请，去软件工程相关的研讨会上进行演讲。新兴领域的成员们十分清楚有些东西他们并不了解，也很难从自己固有的领域里轻易了解到，所以他们通过与其他领域类比来寻找历史角度的洞察力和引导。软件工程师联盟对自有领域以及相近领域的失败案例进行报告和分析，并制作了相关通讯报告的合集，将其上传到网络上，这样就不再用到庞大的空间来储存纸质资料。软件工程师通过这些工作避免了大量的失败发生，但这些成效大多数没有记录在案，甚至他们自己都没有意识到是这样的工作起到了规避失败的作用。难以想象如果他们不这样做，情况会有多糟糕。

一些工程师热衷于追求前沿科技来提高其工程的工艺水准，他们并不习惯于回头看看自己所在领域的历史。他们并不认为那些历史与现在手头上的工作有太大的关系。就算他们对所处领域的历史有兴趣，他们也仅仅是把这份兴趣当作一个业余爱好，是一种可以在退休后闲来无事慢慢研究的爱好。他们至多认为这是他们职业生涯主要工作的一种文化附属品。

这种情况在悬索桥工程师中十分常见，其中又以 20 世纪 20 年代和 30 年代的那一代为甚。在那个时期，技术实现了一次重大飞跃，奥斯马·安曼设计的乔治·华盛顿大桥其主跨几乎达到了之前最长纪录的 2 倍。这个设计的胆识和魄力，带来了自维特鲁威时代以来最大的潜在攀比效应，其不常见的超长桥面让随后的悬索桥设计师们争先恐后地跟进，全然不顾这样的设计有多危险。安曼和其团队在设计乔治·华盛顿大桥时，因为设计思想实在是太超前了，所以他们非常注重细节，并且经常检查通过计算得出的推断和结论是否准确。如果他们没有花费大量精力来规划失败，那么乔治·华盛顿大桥就不会获得如此大的成功。在整个 20 世纪 30 年代，一些设计师选择跟风乔治·华盛顿大桥而没有学到其保持高度警惕性的精神，他们建造出的那些悬索桥，最终被证明是蒙羞之作。越来越轻、越来越不稳固的桥面在大风中剧烈摆动，塔科马海峡大桥也因此而坍塌。

当桥梁设计领域无可置疑的领导者都在跟随安曼的设计时，他们同样也忽略了悬索桥的历史和失败案例。尽管他们知道一个世纪以前木制桥面在大风中的脆弱表现，但他们认为现代的钢制桥面不用担心这个。他们以历史上的桥梁作为美学参考，却忽略了这些桥梁坍塌损坏时带来的经验教训。20 世纪的工程师铭记并仰慕托马斯·泰尔福特（Thomas Telford）在 1826 年建造的梅奈海峡悬索桥，认为这是接近完美的美学设计，但他们似乎忘记了一个事实：这座桥和它同时代的其他那些桥一样，质量很轻的木质桥面在大风中多次损坏。他们认为如今到了钢制桥时代，已经不再需要考虑这种问题。

1841 年，工程师约翰·罗布林为了设计一座能够抵挡住大风侵袭的悬索桥，从 19 世纪的失败案例中总结出了经验和办法，来抵抗大风这个桥梁结构"最大的敌人"。他明确地表述了他的结论，要想获得成功，悬索桥桥面必须具备"重量、大梁、桁架、拉索"四要素。也就是说，好的桥面必须：（1）够重，这样才有足够的惯性，其本身才不会因为大风而轻易摆动；（2）合理的大梁和桁架，这样桥面在受力时才能稳定地保持其形状；（3）额外的线缆和拉索，用以检查意外动态，以防其脱离控制。罗布林第一次将他的四要素实施在工程中，是在 1854 年建造尼亚加拉峡谷大桥（Niagara Gorge Bridge）时。这座大桥第一次实现了运载铁路车厢的功能。之后他建造了位于辛辛那提（Cincinnati）的俄亥俄河大桥（Ohio River Bridge），最终在 1883 年他最伟大的杰作布鲁克林大桥落成。不幸的是，随后的 10 年间，其他工程师渐渐完全放弃了罗布林所提出的成功四要素。到了安曼以及其他处于 20 世纪 30 年代的工程师这里，罗布林的理论已经被完全放弃。首先，线缆拉索被认为是多余的，他们认为布鲁克林大桥上的那些拉索并没有什么建筑作用，更多的是展现一种设计独特性。然后，为了追求美学上的细长度，用于提供稳定性的桁架结构也被舍弃。最后在桥面设计中，他们过重的桥体和狭窄的桥面通道都应该被舍弃。这种忽略历史的观点和风气，最终导致了塔科马海峡大桥的坍塌。

塔科马海峡大桥的坍塌使桥梁建造行业如梦初醒，全行业都开始重新关注历史上的经验教训，但这已经太晚了，悲剧已经发生。不久之后，塔科马海峡大桥事故的官方调查报告出炉，其结论与一个世纪之前的罗布林理论并无什么不同。20 世纪 40 年代，因为战争以及之前桥梁事故的影响，悬索桥的建造停滞了一段时间，在这之后悬索桥又一次大量的被建造，不过新的悬索桥在防风设计上更多的是参考历史上那些成功的桥梁，而不是近代的那些失败案例。

如果说工程师忽略了历史，那么其实历史学家也忽略了工程。历史学家在分析历史时，对于技术发展的关注度远低于政治等领域。像布鲁克林大桥这样的工程杰作，提供了便利且可靠的方式来连接布鲁克林区和曼哈顿下城，在连接曾经分裂的两个区域的过程中扮演了里程碑式的角色。有一段时间，技术领域的历史学家曾呼吁，应当对人类史上像这样的重大技术突破给予更多的认可和褒奖。包含着这类观点的书很少，只有一些对此充满情怀的历史学家共同合作，撰写了这样一本书，将对技术的尊重提升到了与经济、社会、文化和政治一样的高度。但正如过去的这一千年里所发生的那样，工程师专注于设计未来，历史学家专注于分析过去。这种单一的行为偏好，也许能够突出工程与历史之间一些在本质上的不同，但这样的分歧和排他性最终会导致低水平的工程和不完整的历史。

成功与失败的故事，以及从其中总结出来的经验教训，肯定不只是给工程学和历史学提供了参考，它们与时事也密切相关。2008 年开始的金融危机给我们提供了一个活生生的例子。房屋买卖市场的繁荣（成功）给人一种错觉，它让我们觉得房地产行业似乎可以持续繁荣下去。与此同时，过去的（成功的）贷款业务倾向于鼓励人们购买超过自己收入水平承受能力的房子。在长期公认的经验法则里，市场应该关注贷款业务的安全系数（工程师领域习惯使用的术语），以及客户是否能够持续将收入中的一部分用来偿还贷款，但事实上这些要点都被忽略了。这种十分冒险的金融工具依赖于房地产市场和经济形势的持续繁荣。但是，每样事物都有其高峰与低谷、成功与失败。金融危机在发生之前就被广泛地预见到了，而这并不需要多么高深的专业知识，只要不是那么目光短浅以至于只能看到成功的泡沫却不去想想失败的可能性，就能清晰地预见。如果没记错，金融危机爆发2年后，美联储的主席终于承认，他没能意识到金融系统里深深隐藏着的"缺陷和脆弱"。过去的成功可能会令人振奋，鼓舞人心，但并不一定是未来成功的可靠指导。任何一个系统的有效改进都不是通过成功经验而实施的，而要通过失败的教训进行总结。任何系统的设计师想要成功，都必须认识到以前的系统有哪些不足和缺陷，并加以改正。不管是编写代码还是制定银行政策，又或者是建造桥梁，任何系统都是一样的道理。

人类文明的历史本身就是一部有高峰有低谷、有成功有失败的故事。我们所谈论的这些高峰与低谷、成功与失败，所描述的对象有时候是一个帝国、一个王朝、一个家族，有时候也会是一个国家、一个州、一个城市。这些所有对象的共同点就是人类本身——既有统治者，也有被统治者。文明最基本的单元就是个体的人，当我们想要得到对这个世界的洞察力，去了解这个世界运行的方式及其系统的缺陷时，我们并不需要去看很多其他东西，我们只需要看看自己，从自己身上找到答案。这个世界的体系和系统都是由许多个体的人组成的，当出现问题时，我们应当看看自己是如何与这个世界相互影响的，给予了什么又得到了什么。

我们在人生中所尝试去做的每件事情，不能说都成功，但也不能说都失败。即使是最乐观的人，在他们心中，他们也不会觉得自己就一定有一份独一无二的成功秘密法则。即使是最悲观的人，他们也知道，从自己的失误中能学到很多经验，以后能做成一些事情。我们的生活就像是坐过山车，有上升有下落，有转弯有曲线，有时候还不停转圈。有些人选择尽量走狭窄的直道，很少偏离轨道，就像小时候去儿童公园时，他们从来不玩那些轻微颠簸的游乐设施；另外一些人，似乎就是天生的探险者，总是想要在那些十分刺激的游乐设施上玩耍，挑战着设施本身的极限，也挑战人类勇气的极限，他们上天入地，似乎无所不能。然而大多数人，只是处于这两者之间，慢慢地努力，去争取更高一点成就，有时也会极速下落，但始终在努力着。

　　理解失败和理解人生是一样的，即使我们生活中充满了陈词滥调。我们在电视机前观看体育赛事，也能理解其中胜利的喜悦以及失败的痛苦。我们都知道，当一切进展很顺利时，难免会前进太快，以至于自己的思想都有点跟不上这样的脚步。骄傲之后，往往就是失败。在挫折面前，我们跌倒，接着爬起来，拍拍身上的尘土，继续前行。

　　虽然大众普遍认为工程师和普通人不一样，但实际上工程师与从事其他工作的人并没有什么本质上的不同。工程师和他身边的任何一个人都一样，有可能成功也有可能失败。但如果他们是如此平凡，我们怎么可能指望他们的创作和设计，能具有其创作者本身都不具备的品质？幸运的是，不管是在现实中还是在虚拟世界里，工程师们通常都是协同合作，以一个团队的姿态来完成工作，他们一起捕捉和检查其他人的想法和计算，不管是虚无的梦想还是真实存在的错误。一个工程师的起伏往往可以由另一个工程师的起伏来平衡，所以作为一个团队，他们能保证总体的安全性和稳定性，这样就给他们的作品提供了技术品质的保证。有时候当大家都只看到形势比较好的那个方向，失败就有可能发生。这种情况很有可能出现在事情进展得十分顺利的时候，那时没有人觉得需要担心有可能的失败。他们觉得调试好的机器就会良好运转，没什么问题。当失败和事故发生时，就像在过山车上发生了事故一样，警醒的我们开始收集碎片，检查设计缺陷，寻找金属疲劳产生的裂缝，寻找铁道上可能存在的缺陷，质疑维护保养的流程和操作手册，直至我们了解清楚问题所在，然后重新设计更好、更安全的过山车轨道。

这本书上所提到的所有失败和故事都不是注定要发生的。如果圣玛丽桥上采用的眼杆——和坍塌的"银桥"所采用的一样——在热处理的过程中没处理好，或是存在更严重的难以察觉的缺陷，那先倒塌的就有可能是圣玛丽桥，而不是"银桥"了。如果是那样，那"银桥"也会因为安全隐患而被迫拆除。又或者，如果有人察觉到了"银桥"上出现的危险裂痕，相关部门也很有可能会采取极端措施将桥体关闭，直到完成细致专业的检查。但考虑到悬挂链的工艺水平和限制，代替性方案可能是限制桥体的交通量——沃尔多－汉考克大桥出现了吊索加速老化现象的那次危险，最后就是这样处理的。这个代替性方案至少可以给桥梁修缮争取到一定的时间。没有任何一个事故是一定会发生的。

如果当时桥面上没有建筑材料和设备，位于明尼苏达州的 I－35W 大桥可能就不会在坍塌。如果另外一座设计类似的上承式桁架桥或者另一段繁忙的州际高速公路发生了相对不是那么严重的事故，也许就会让所有的钢制桁架桥——包括明尼苏达州的那座——得到更细致的检查，从而避免重大事故发生。I－35W 大桥的弯曲角撑板也会被重新评估，不会再被忽略。关于塔科马海峡大桥，如果顾问设计师莫伊塞弗遵循桥梁权威设计师埃尔德里奇的方案，而不是把桥设计得更细长，如果设计师康德伦给复兴金融公司的警告能不被忽略而得到执行，那么塔科马海峡大桥也不会坍塌。如果塔科马海峡大桥没有坍塌，那就可能轮到其他按照 20 世纪 30 年代晚期美学风格设计的大桥在狂风中剧烈摇摆。人们也会因此对风力的影响做出重新评估，改变设计风格。

事故发生，是因为所有因素在那个特定的时间和地点一起产生作用，就像"泰坦尼克"号在北大西洋撞上那座冰山那样。人类的天性决定了，除非有事故发生，否则人们总是倾向于相信技术已经被熟练掌握，失败不会出现。工程师也是这样，尽管他们应该更懂这些道理。这不是什么逻辑性的结论，也不是历史学家总结出来经验规律，这就是无数历史和现实的真实面貌。

但历史和现实并不一定要呈现成这样。我们有充足的证据表明，长期连续的成功总是让我们充满了非理性的过度自信，直到一次巨大的失败，才让我们如梦初醒。就算是差点失败的警示也很少能起到作用，必须是巨大而确定的事故才能让我们对之前错误的观念彻底否定。也许，对这种模式的认知，需要通过一次又一次的失败来加强，通过一次又一次的事故分析、一次又一次的案例研究，灌输到学生和从业工程师（最好还有管理者）的脑中，最终让我们从延续成功的模式，转变为反对失败的模式。也许到那时，我们终于可以发自内心地懂得，延续曾经的成功最好的方式，就是更好地理解失败。

参考文献

第一章　令人警醒的案例

1. Nolan Law Group, "Did Regulatory Inaction Cause or Contribute to Flight 3407 Crash in Buffalo?" Feb. 16, 2009, http://www.nolan-law.com/did-regulatory-indiffeerence-play-a-role-in-icing-crash.

2. Ibid.; Matthew L. Wald, "Recreating a Plane Crash," *New York Times*, Feb. 19, 2009, http://www.nytimes.com/2009/02/19/nyregion/19crash.html.

3. Jerry Zremski and Tom Precious, "Piloting Caused Flight 3407's Fatal Stall," *Buffalo* (New York) *News*, Feb. 3, 2010, http://www.buffalonews.com/home.story/943789.html; Wald, "Recreating a Plane Crash." For a perspective that sees a crew member's failure to challenge a superior as a problem rooted in culture, see Malcolm Gladwell, *Outliers: The Story of Success* (New York: Little, Brown, 2008), especially chap. 7, "The Ethnic Theory of Plane Crashes."

4. Nolan Law, "Did Regulatory Inaction Cause"; Wald, "Recreating a Plane Crash"; Matthew L. Wald and Christine Negroni, "Errors Cited in '09 Crash May Persist, F.A.A. Says," *New York Times*, Feb. 1, 2010, p. A14.

5. George J. Pierson, "Wrong Impressions," letter to the editor, *Engineering News-Record*, Feb. 11, 2008, p. 7.

6. William J. Angelo, "Six People Indicted for Roles in Alleged CA/T Concrete Scam," *Engineering News-Record*, May 15, 2006, p. 18; William J. Angelo, "I-93 Panel Leaks Plague Boston's Central Artery Job," *Engineering News-Record*, Nov. 22, 2004, p. 13; Katie Zezima, "U.S. Declares Boston's Big Dig Safe for Motorists," *New York Times*, April 5, 2005; "'Big Dig' Leak Repairs to Take Years," *Civil Engineering*, Oct. 2005, p. 26; Sean P. Murphy and Raphael Lewis, "Big Dig Found Riddled with Leaks," *Boston Globe*, Boston.com, Nov. 10, 2004; William J. Angelo, "Concrete Supplier Fined in Central Artery/Tunnel Scam," *Engineering News-Record*, Aug. 6, 2007, p. 13.

7. Angelo, "Concrete Supplier Fined in Central Artery/Tunnel Scam."

8. Matthew L. Wald, "Late Design Change Is Cited in Collapse of Tunnel Ceiling," *New York Times*, Nov. 2, 2006, p. A18.

9. "Bits and Building Work May Be Factors in CA/T Collapse," *Engineering News-Record*, Aug. 7, 2006, p. 16.

10. William J. Angelo, "Collapse Report Stirs Debate on Epoxies," *Engineering News-Record*, July 23, 2007, pp. 10–12; William J. Angelo, "Epoxy Supplier Challenges Boston Tunnel Report," *Engineering News-Record*, July 26, 2007, http://enr. construction.com/news/transportation/archives/070726.asp.

11. Ken Belson, "A Mix of Sand, Gravel and Glue That Drives the City Ever Higher," *New York Times*, June 21, 2008, http://www.nytimes.com/2008/06/21/ nyregion/21industry.html.

12. For the Salginatobel Bridge, see, e.g., David P. Billington, *Robert Maillart's Bridges: The Art of Engineering* (Princeton, N.J.: Princeton University Press, 1979), chap. 8; Galinsky, "TWA Terminal, John F. Kennedy Airport NY," http://www.gal-insky.com/buildings/twa/index.htm; "Dubai to Open World's Tallest Building," Breitbart.com, Jan. 1, 2010.

13. Tony Illia, "Poor, Often-Homemade Concrete Blamed for Much Haiti Damage," *Engineering News-Record*, Feb. 4, 2010, http://enr.ecnext.com/coms2/ article_bucm100204HaitiPoorCon; Associated Press, "Haiti Bans Construction Using Quarry Sand," Feb. 14, 2010; Ayesha Bhatty, "Haiti Devastation Exposes Shoddy Construction," *BBC News*, Jan. 15, 2010, http://news.bbc.co.uk/2/hi/ americas/8460042.stm; Tom Sawyer and Nadine Post, "Haiti's Quake Assessment Is Small Step Toward Recovery," *Engineering News-Record*, Feb. 1, 2010, pp. 12–13.

14. Reginald DesRoches, Ozlem Ergun, and Julie Swann, "Haiti's Eternal Weight," *New York Times*, July 8, 2010, p. A25; Nadine M. Post, "Engineers Fear Substandard Rebuilding Coming in Quake-Torn Haiti," ENR.com, Feb. 3, 2010, http://enr.ecnext.com/coms2/article_inen100203QuakeTornHai; Associated Press, "Haiti Bans Construction Using Quarry Sand."

15. "Building Collapse Kills One Worker in Shanghai," *China Daily*, June 27, 2009, http://www.chinadaily.com.cn/china/2009–06/27/content_833067.htm; slideshow attachment to e-mail from Bruce Kirstein to author, Jan. 5, 2010; Associated Press, "Building, Factory Wall in China Topple, Killing 14," Oct. 3, 2010, http://enr.construction.com/yb/enr/article.aspx?story_id=150572484; Agence France-Presse, "Building Collapse Kills Eight in China," Oct. 3, 2010, http://www. google.com/hostednews/afp/article/ALeqM5h3PvA_fSfvuYdDSv3gyTRGl6DwE w?docId=CNG.23111bf2d9c2a75f1ce1e14c0bcb1919.261; "Sichuan Earthquake, Poorly-Built Schools and Parents: Schools Hit by the Sichuan Earthquake in 2008," *FactsandDetails.com*, http://factsanddetails.com/china.php?itemid=1020

&catid=10&subcatid=65.

16. Kirstein to author, Jan. 5, 2010.

17. Post, "Engineers Fear Substandard Rebuilding Coming"; William K. Rashbaum, "Company Hired to Test Concrete Faces Scrutiny," *New York Times*, June 21, 2008, http://www.nytimes.com/2008/06/21/nyregion/21concrete.html.

18. Richard Korman, "Indictment Filed against New York's Biggest Concrete Testing Laboratory," *Engineering News-Record*, Oct. 30, 2008, http://enr.ecnext.com/coms2/article_nefiar081030; John Eligon, "Concrete-Testing Firm Is Accused of Skipping Tests," *New York Times*, Oct. 31, 2008, p. A27.

19. Metropolitan Transportation Authority, "Second Avenue Subway," http://www.mta.info/capconstr/sas; Korman, "Indictment Filed"; Colin Moynihan, "Concrete Testing Executive Sentenced to up to 21 Years," *New York Times*, May 17, 2010, p. A28.

20. Sushil Cheema, "The Big Dig: The Yanks Uncover a Red Sox Jersey," *New York Times*, April 14, 2008, http://www.nytimes.com/2008/04/14/sports/baseball/14jersey.html; William K. Rashbaum and Ken Belson, "Cracks Emerge in Ramps at New Yankee Stadium," *New York Times*, Oct. 24, 2009, http://www.nytimes.com/2009/10/24/nyregion/24stadium.html; see also William K. Rashbaum, "Concrete Testing Inquiry Widens to Include a Supplier for Road Projects," *New York Times*, Aug. 18, 2009, p. A17.

21. David McCullough, *The Great Bridge* (New York: Simon & Schuster, 1972), pp. 374, 444–445.

22. Ibid., pp. 442–447.

23. Leslie Wayne, "Thousands of Homeowners Cite Drywall for Ills," *New York Times*, Oct. 8, 2009, http://www.nytimes.com/2009/10/08/business/08drywall.html; Julie Schmit, "Drywall from China Blamed for Problems in Homes," *USA Today*, March 17, 2009, http://www.usatoday.com/money/economy/housing/2009-03-16-chinese-drywall-sulfur_N.htm; Pam Hunter, Scott Judy, and Sam Barnes, "Paying to Replace Chinese Drywall," *Engineering-News Record*, April 19, 2010, pp. 10–11; Andrew Martin, "Drywall Flaws: Owners Gain Limited Relief," *New York Times*, Sept. 18, 2010, pp. A1, A3.

24. Mary Williams Walsh, "Bursting Pipes Lead to a Legal Battle," *New York Times*, Feb. 12, 2010, http://www.nytimes.com/2010/02/12/business/12pipes.html; Tom Sawyer, "PVC Pipe Firm's False-Claims Suit Unsealed by District Court," *Engineering News-Record*, Feb. 22, 2010, p. 15; Mary Williams Walsh, "Facing Suit, Pipe Maker Extends Guarantee," *New York Times*, April 6, 2010, pp. B1, B2.

25. Walsh, "Bursting Pipes Lead to a Legal Battle."

26. David Crawford, Reed Albergotti, and Ian Johnson, "Speed and Commerce Skewed Track's Design," *Wall Street Journal*, Feb. 16, 2010.

27. Ibid.; John Branch and Jonathan Abrams, "Luge Athlete's Death Casts Pall over Olympics," *New York Times*, Feb. 13, 2010, graphic, p. D2.

28. Crawford, Albergotti, and Johnson, "Speed and Commerce Skewed Track's Design."

29. David Crawford and Matt Futterman, "Luge Track Had Earlier Fixes Aimed at Safety," *Wall Street Journal*, Feb. 20, 2010, http://online.wsj.com/article/SB10001424052748703787304575075383263999728.html.

30. Branch and Abrams, "Luge Athlete's Death Casts Pall over Olympics," pp. A1, D2.

31. Crawford, Albergotti, and Johnson, "Speed and Commerce Skewed Track's Design."

第二章　意外总会发生

1. Diane Vaughan, *The Challenger Launch Decision: Risky Technology, Culture, and Deviance at NASA* (Chicago: University of Chicago Press, 1996), p. 274; R. P. Feynman, "Personal Observations of the Reliability of the Shuttle," see http://www.ralentz.com/old/space/feynman-report.html.

2. John Schwartz, "Minority Report Faults NASA as Compromising Safety," *New York Times*, Aug. 18, 2005, p. A18.

3. Todd Halvorson, "'We Were Lucky': NASA Underestimated Shuttle Dangers," *Florida Today*, Feb. 13, 2011, http://floridatoday.com/article/20110213/NEWS02/102130319/1007/NEWS02/We-were-lucky-NASA-underestimated-shuttle-dangers.

4. Newton quoted in John Bartlett, *Familiar Quotations*, 16th ed., Justin Kaplan, gen. ed. (Boston: Little, Brown, 1992), p. 303.

5. Newton quoted in Bartlett, *Familiar Quotations*, 16th ed., p. 281.

6. Gary Brierley, "Free to Fail," *Engineering News-Record*, April 25, 2011, p. U6.

7. Mark Schrope, "The Lost Legacy of the Last Great Oil Spill," *Nature*, July 15, 2010, pp. 304–305; Jo Tuckman, "Gulf Oil Spill: Parallels with Ixtoc Raise Fears of Ecological Tipping Point," *Guardian.co.uk*, June 1, 2010, http://www.guardian.co.uk/environment/2010/jun/01/gulf-oil-spill-ixtoc-ecological-tipping-point; Edward Tenner, "Technology's Disaster Clock," *The Atlantic*, June 18, 2010, http://www.theatlantic.com/science/archive/2010/06/technologys-disaster-clock/58367.

8. On bridge failures, see Paul Sibly, "The Prediction of Structural Failures," Ph.D. thesis. University of London, 1977.

9. Riddle of the Sphinx quoted in Bartlett, *Familiar Quotations,* 16th ed., p. 66, n. 1.

10. Vitruvius, *The Ten Books on Architecture,* trans. Morris Hicky Morgan (New York: Dover Publications, 1960), p. 80 (III, III, 4); compare Henry Petroski, *Design Paradigms: Case Histories of Error and Judgment in Engineering* (New York: Cambridge University Press, 1994), chaps. 2, 3; Henry Petroski, "Rereading Vitruvius," *American Scientist,* Nov.–Dec. 2010, pp. 457–461.

11. Vitruvius, *Ten Books on Architecture,* pp. 285–289 (X, II, 1–14).

12. Galileo, *Dialogues Concerning Two New Sciences,* H. Crew and A. de Salvio, trans. (New York: Dover Publications, [1954]), pp. 2, 4–5, 131.

13. Ibid., pp. 115–118; Petroski, *Design Paradigms,* pp. 64–74.

14. Galileo, *Dialogues Concerning Two New Sciences,* p. 5.

15. See Petroski, *Design Paradigms,* chap. 4. For background on the Hyatt Regency failure see Henry Petroski, *To Engineer Is Human: The Role of Failure in Successful Design* (New York: St. Martin's Press, 1985), chap. 8.

16. Joe Morgenstern, "The Fifty-Nine Story Crisis," *New Yorker,* May 29, 1995, pp. 45–53.

17. Ibid.

18. See, e.g., Linda Geppert, "Biology 101 on the Internet: Dissecting the Pentium Bug," *IEEE Spectrum,* Feb. 1996, pp. 16–17.

19. Miguel Helft, "Apple Confesses to Flaw in iPhone's Signal Meter," *New York Times,* July 3, 2010, pp. B1, B2; Apple, "Letter from Apple Regarding iPhone 4," July 2, 2010, http://www.apple.com/pr/library/2010/07/02appleletter.html; Matthias Gross to author, letter dated June 27, 2011; see also Matthias Gross, *Ignorance and Surprise: Science, Society, and Ecological Design* (Cambridge, Mass.: MIT Press, 2010).

20. Mike Gikas, "Lab Tests: Why Consumer Reports Can't Recommend the iPhone 4," Electronics Blog, *ConsumerReports.com,* July 13, 2010, http://blogs.consumerreports.org/electronics/2010/07/apple-iphone-4-antenna-issue-iphone4-problems-dropped-calls-lab-test-confirmed-problem-issues-signal-strength-att-network-gsm.html; "Apple iPhone 4 Bumper—Black," http://store.apple.com/us/product/MC597ZM/A#overview.

21. Peter Burrows and Connie Guglielmo, "Apple Engineer Told Jobs IPhone Antenna Might Cut Calls," *Bloomberg,* July 15, 2010, http://www.bloomberg.com/news/2010–07–15/apple-engineer-said-to-have-told-jobs-last-year-about-iphone-antenna-flaw.html; Bloomberg Business Week, "Apple Sets Up Cots for Engineers Solving iPhone Flaw," *Bloomberg.com,* July 17, 2010, http://www.businessweek.com/news/2010–07–17/apple-sets-up-cots-for-engineers-solving-iphone-flaw.html. Further iPhone glitches included alarms not going off on New

Year's Day and clocks falling back instead of springing forward one hour when daylight savings time went into effect in 2011: Associate Press, "Some iPhones Bungle Time Change," *Herald-Sun* (Durham, N.C.), March 14, 2011, p. A4.

22. Miguel Helft and Nick Bilton, "Design Flaw in iPhone 4, Testers Say," *New York Times*, July 13, 2010, http://www.nytimes.com/2010/07/13/technology/13apple.html?_r=1&emc=eta1; Gikas, "Lab Tests: Why Consumer Reports Can't Recommend the iPhone 4"; Gross, *Ignorance and Surprise*, p. 32.

23. Newton quoted in Bartlett, *Familiar Quotations*, 16th ed., p. 281.

第三章　"设计"失败

1. Russ McQuaid, "Piece Reattached after Coming Loose in Moderate Wind before Fatal Concert," *Fox59.com*, Aug. 18, 2011, http://www.fox59.com/news/wxin-grandstand-collapse-investigates-roof-fox59-investigates-condition-of-grandstands-roof-before-collapse-20110818,0,2486205.column.

2. For a description of the Apollo 13 accident, see, e.g., Charles Perrow, *Normal Accidents: Living with High-Risk Technologies* (Princeton, N.J.: Princeton University Press, 1999), pp. 271–278.

3. Steven J. Paley, *The Art of Invention: The Creative Process of Discovery and Design* (Auburn, N.Y.: Prometheus Books, 2010), pp. 157–159.

4. NACE International, "1988—The Aloha Incident," http://events.nace.org/library/corrosion/aircraft/aloha.asp; Wikipedia, "Aloha Airlines Flight 243," http://en.wikipedia.org/wiki/Aloha_Airlines_Flight_243.

5. Christopher Drew and Jad Mouawad, "Boeing Says Jet Cracks Are Early," *New York Times*, April 6, 2011, pp. B1, B7; Matthew L. Wald and Jad Mouawad, "Rivet Flaw Suspected in Jet's Roof," *New York Times*, April 26, 2011, pp. B1, B4.

6. Rainer F. Foelix, *Biology of Spiders* (Cambridge, Mass.: Harvard University Press, 1982), pp. 146–147.

7. On zippers, see, e.g., Henry Petroski, *The Evolution of Useful Things* (New York: Alfred A. Knopf, 1992), chap. 6, and Henry Petroski, *Invention by Design: How Engineers Get from Thought to Thing* (Cambridge, Mass.: Harvard University Press, 1996), chap. 4; see also Robert Friedel, *Zipper: An Exploration in Novelty* (New York: W. W. Norton, 1994).

8. Brett Stern, *99 Ways to Open a Beer Bottle without a Bottle Opener* (New York: Crown, 1993); Will Gottlieb, "Warning: 'Twist off' Means Twist Off," (Maine) *Coastal Journal*, June 23, 2011, p. 36.

9. On pop-top cans, see Petroski, *Evolution of Useful Things*, chap. 11.

10. Caltrans, "The San Francisco—Oakland Bay Bridge Seismic Safety Projects," http://baybridgeinfo.org/seismic_innovations.

11. Bureau of Reclamation, *Reclamation: Managing Water in the West* (U.S. Department of the Interior, 2006), p. 20.

12. Randy Kennedy, "Yankee Stadium Closed as Beam Falls onto Seats," *New York Times*, April 14, 1998, pp. A1, C3.

13. Douglas A. Anderson, "The Kingdome Implosion," *Journal of Explosives Engineering* 17, no. 5 (Sept.–Oct. 2000), pp. 6–15.

14. South Carolina Department of Transportation, "Cooper River Bridge: History," http://www.cooperriverbridge.org/history.shtml; Charles Dwyer, "Cooper River Bridge Demolition," annotated slide presentation, 36th Annual South Carolina State Highway Conference, Clemson, S.C., March 28, 2007, http://www.clemson.edu/t3s/workshop/2007/Dwyer.pdf.

15. Dwyer, "Cooper River Bridge Demolition," slides 13–87.

16. New York State Department of Transportation, "Lake Champlain Bridge Project," https://www.nysdot.gov/lakechamplainbridge/history; see also Christopher Kavars, "The Nuts and Bolts of Dynamic Monitoring," *Structural Engineering and Design*, Dec. 2010, pp. 26–29.

17. Aileen Cho, "Officials Hurrying with Plans to Replace Closed Crossing," *Engineering News-Record*, November 20, 2009, p. 15; Lohr McKinstry, "Flatiron Wins Contract for New Champlain Bridge," *ENR.com*, May 29, 2010, http://enr.construction.com/yb/enr/article.aspx?story_id=145562812&elq=182e4fdeabe54c b69a1945be86b3afc7.

18. "Controlled Explosives Topple Aging Champlain Bridge," *WPTZ.com*, Dec. 21, 2009, http://www.wptz.com/print/22026547/detail.html.

19. See, e.g., Donald Simanek, "Physics Lecture Demonstrations, with Some Problems and Puzzles, Too," http://www.lhup.edu/~dsimanek/scenario/demos.htm, s.v. "Chimney Toppling"; Gabriele Varieschi, Kaoru Kamiya, and Isabel Jully, "The Falling Chimney Web Page," http://myweb.lmu.edu/gvarieschi/chimney/chimney.html.

20. Mike Larson, "Tower Knockdown Scheme Does Not Go as Planned," *Engineering News-Record*, Nov. 22, 2010, p. 14.

21. Nadine M. Post, "Faulty Tower's Implosion Will Set New Record," *Engineering News-Record*, Nov. 30, 2009, pp. 12–13.

22. Ibid.

23. David Wolman, "Turning the Tides," *Wired*, Jan. 2009, pp. 109–113.

24. Ibid.

25. The Encyclopedia of Earth, "Price-Anderson Act of 1957, United States," http://www.eoearth.org/article/Price-Anderson_Act_of_1957,_United_States.

26. Barry B. LePatner, *Too Big to Fall: America's Failing Infrastructure and the Way Forward* (New York: Foster Publishing, 2010), p. 173.

第四章　材料力学研究

1. Department of Theoretical and Applied Mechanics, *The Times of TAM,* brochure (Urbana, Ill.: TAM Department, [2006]).

2. Ernst Mach, *The Science of Mechanics: A Critical and Historical Account of Its Development,* Thomas J. McCormack, trans. (La Salle, Ill.: Open Court, 1960), p. 1.

3. Instron, "History of SATEC," www.instron.com/wa/library/StreamFile. aspx?doc=466; Shakhzod M. Takhirov, Dick Parsons, and Don Clyde, "Documentation of the 4 Million Pound Southwark-Emery Universal Testing Machine," Earthquake Engineering Research Center, University of California, Berkeley, Aug. 2004, http://nees.berkeley.edu/Facilities/pdf/4MlbsUTM/4Mlb_Southwark_Emery_UTM.pdf.

4. James W. Phillips to author, e-mail message, June 14, 2010.

5. William Rosen, *The Most Powerful Idea in the World: A Story of Steam, Industry, and Invention* (New York: Random House, 2010), p. 68; Mark Gumz, quoted in Harold Evans, Gail Buckland, and David Lefer, *They Made America: From the Steam Engine to the Search Engine: Two Centuries of Innovators* (New York: Little, Brown, 2004), p. 465; Wen Hwee Liew to author, e-mail message dated July 19, 2011.

6. Timothy P. Dolen, "Advances in Mass Concrete Technology—The Hoover Dam Studies," in *Proceedings, Hoover Dam 75th Anniversary History Symposium,* Richard L. Wiltshire, David R. Gilbert, and Jerry R. Rogers, eds., American Society of Civil Engineers Annual Meeting, Las Vegas, Nev., Oct. 21–22, 2010, pp. 58–73; Katie Bartojay and Westin Joy, "Long-Term Properties of Hoover Dam Mass Concrete," ibid., pp. 74–84.

7. Ron Landgraf, ed., *JoMo Remembered: A Tribute Volume Celebrating the Life and Career of JoDean Morrow, Teacher, Researcher, Mentor and International Bon Vivant* (privately printed, 2009), p. 2.

8. Morrow quoted in ibid., p. 21.

9. James W. Phillips, compiler and editor, *Celebrating TAM's First 100 Years: A History of the Department of Theoretical and Applied Mechanics, University of Illinois at Urbana-Champaign, 1890–1990* (Urbana, Ill.: TAM Department, 1990), p. PHD-6.

10. Quoted in Rosen, *The Most Powerful Idea in the World,* p. 67.

11. For a broad perspective on fracture, see Brian Cotterell, *Fracture and Life* (London: Imperial College Press, 2010).

12. Stanley T. Rolfe and John M. Barsom, *Fracture and Fatigue Control in*

Structures: Applications of Fracture Mechanics (Englewood Cliffs, N.J.: Prentice-Hall, 1977).

13. American Society for Testing and Materials, *ASTM 1898–1998: A Century of Progress* (West Conshohocken, Pa.: ASTM, 1998). It was for ASTM's Committee E08 that I prepared the 2006 Annual Fatigue Lecture that grew into this chapter and the next.

14. Henry Petroski, *To Engineer Is Human: The Role of Failure in Successful Design* (New York: St. Martin's Press, 1985); Henry Petroski, "On the Fracture of Pencil Points," *Journal of Applied Mechanics* 54 (1987): 730–733; Henry Petroski, *The Pencil: A History of Design and Circumstance* (New York: Knopf, 1990); Henry Petroski, *The Evolution of Useful Things* (New York: Knopf, 1992).

第五章 反复出现的问题

1. Jason Annan and Pamela Gabriel, *The Great Cooper River Bridge* (Columbia: University of South Carolina Press, 2002).

2. Peter R. Lewis, "Safety First?" *Mechanical Engineering*, Sept. 2010, pp. 32–35.

3. Galileo, *Dialogues Concerning Two New Sciences*, trans. H. Crew and A. de Salvio (New York: Dover Publications, [1954]), pp. 2, 5.

4. William John Macquorn Rankine, "On the Causes of the Unexpected Breakage of the Journals of Railway Axles; and on the Means of Preventing Such Accidents by Observing the Law of Continuity in Their Construction," *Minutes of the Proceedings of the Institution of Civil Engineers* 2 (1843): 105–108.

5. Peter R. Lewis, *Disaster on the Dee: Robert Stephenson's Nemesis of 1847* (Stroud, Gloucestershire: Tempus Publishing, 2007); "Report of the Commissioners Appointed to Inquire into the Application of Iron to Railway Structures," *Journal of the Franklin Institute*, June 1850, p. 365; Derrick Beckett, *Stephensons' Britain* (Newton Abbot, Devon: David & Charles, 1984), pp. 123–125.

6. Lewis, *Disaster on the Dee*, pp. 93, 113–114, 121.

7. Ibid., pp. 95–109.

8. Ibid., pp. 116–118, 138–139.

9. Ibid., pp. 95, 103–104.

10. Peter Rhys Lewis, Ken Reynolds, and Colin Gagg, *Forensic Materials Engineering: Case Studies* (Boca Raton, Fla.: CRC Press, 2004); Peter R. Lewis and Colin Gagg, "Aesthetics versus Function: The Fall of the Dee Bridge, 1847," *Interdisciplinary Science Reviews* 29 (2004), 2: 177–191.

11. Lewis and Gagg, "Aesthetics versus Function."

12. See, e.g., Henry Petroski, *Design Paradigms: Case Histories of Error and Judgment in Engineering* (New York: Cambridge University Press, 1994), pp. 83–84.

13. Wikipedia, "Liverpool and Manchester Railway," http://en.wikipedia.org/wiki/Liverpool_and_Manchester_Railway; Peter R. Lewis and Alistair Nisbet, *Wheels to Disaster! The Oxford Train Wreck of Christmas Eve 1874* (Stroud, Gloucestershire: Tempus, 2008), pp. 56–76.

14. Frederick Braithwaite, "On the Fatigue and Consequent Fracture of Metals," *Minutes of the Proceedings of the Institution of Civil Engineers* 13 (1854): 463–467. See also discussion, ibid., pp. 467–475; Poncelet quoted in J. Y. Mann, "The Historical Development of Research on the Fracture of Materials and Structures," *Journal of the Australian Institute of Metals* 3 (1958), 3: 223. See also Walter Schütz, "A History of Fatigue," *Engineering Fracture Mechanics* 54 (1996), 2: 263–300.

15. Peter R. Lewis and Ken Reynolds, "Forensic Engineering: A Reappraisal of the Tay Bridge Disaster," *Interdisciplinary Science Reviews* 27 (2002), 4: 287–298; see also T. Martin and I. MacLeod, "The Tay Bridge Disaster: A Reappraisal Based on Modern Analysis Methods," *Proceedings of the Institution of Civil Engineers* 108 (1995), Civil Engineering: 77–83. For the story of the Tay Bridge, see also Peter R. Lewis, *Beautiful Railway Bridge of the Silvery Tay: Reinvestigating the Tay Bridge Disaster of 1879* (Stroud, Gloucestershire: Tempus, 2004).

16. Lewis and Reynolds, "Forensic Engineering," pp. 288, 290.

17. Lewis, *Beautiful Railway Bridge*, p. 69.

18. Ibid., p. 129.

19. Ibid., pp. 74, 75–76.

20. Ibid., pp. 70, 90; Lewis and Reynolds, "Forensic Engineering," p. 288.

21. Lewis, *Beautiful Railway Bridge*, pp. 133–134; Peter Lewis to author, e-mail message, September 22, 2010.

22. Lewis, *Beautiful Railway Bridge*, pp. 134–148.

23. B. Baker, *Long-Span Railway Bridges*, rev. ed. (London: Spon, 1873), p. 90; R. A. Smith, "The Wheel-Rail Interface—Some Recent Accidents," *Fatigue and Fracture in Engineering Materials and Structures* 26 (2003): 901–907; Matthew L. Wald, "Seaplane Fleet to Be Tested for Metal Fatigue after Crash," *New York Times*, Dec. 23, 2005, p. A16. See also R. A. Smith, "Railway Fatigue Failures: An Overview of a Long-Standing Problem," *Materialwissenschaft und Werkstofftechnik* 36 (2005): 697–705.

24. Sante Camo, "The Evolution of a Design," *Structural Engineer*, Jan. 2004, pp. 32–37.

25. Michael Cabanatuan, "Bay Bridge Officials Plan to Prevent Cracks," *San Francisco Chronicle*, July 15, 2010, http://www.sfgate.com/cgi-bin/article.cgi?f=/

c/a/2010/07/15/BAMU1EEJ8D.DTL; "Crews Find Bay Bridge Is Cracked," *New York Times*, Sept. 7, 2009, p. A10; "San Francisco Artery Reopens after Second Emergency Fix," *Engineering News-Record*, Nov. 9, 2009, p. 52.

第六章　新与旧

1. *Bridges—Technology and Insurance* (Munich: Munich Reinsurance Company, 1992), p. 85.

2. D. B. Steinman and C. H. Gronquist, "Building First Long-Span Suspension Bridge in Maine," *Engineering News-Record*, March 17, 1932, pp. 386–389.

3. Australian Transport Safety Bureau, "In-Flight Uncontained Engine Failure Overhead Batam Island, Indonesia, 4 November 2010," ATSB Transport Safety Report, Aviation Occurrence Investigation AO-2010–089, Preliminary (Canberra City: ATSB, 2010).

4. Stephen C. Foster, *Building the Penobscot Narrows Bridge and Observatory*, photographic essay ([Woolwich, Maine]: Cianbro/Reed & Reed, 2007), p. [vi]. Beginning in 2010, trucks weighing up to 100,000 pounds were allowed on the interstate highways in Maine and Vermont, thus making it less likely that they would have to use non-interstate roads like U.S. 1. See David Sharp, "Maine, Vermont Hail Truck-Weight Exemption," Burlingtonfreepress.com, Jan. 11, 2010; see also William B. Cassidy, "White House Backs Bigger Trucks in Maine, Vermont," *Journal of Commerce Online*, Sept. 20, 2010, http://www.joc.com/trucking/white-house-backs-bigger-trucks-maine-vermont.

5. Steinman and Gronquist, "Building First Long-Span Suspension Bridge in Maine," p. 386.

6. Peter Taber, "DOT Makes Urgent Call for New Bridge," *Waldo* (Maine) *Independent*, July 3, 2003, pp. 1, 9.

7. Bill Trotter, "Bridge Truck Ban Raises Anxiety," *Bangor* (Maine) *Daily News*, July 14, 2003, pp. A1, A8; William J. Angelo, "Maine Cables Get Extra Support in Rare Procedure," *Engineering News-Record*, Nov. 10, 2003, pp. 24, 27.

8. Foster, *Building the Penobscot Narrows Bridge and Observatory*, p. 48.

9. Ibid., p. 132; *Penobscot Narrows Bridge and Observatory*, official commemorative brochure, May 2007, pp. 12–13; Eugene C. Figg, Jr., and W. Denney Pate, "Cable-Stay Cradle System," U.S. Patent No. 7,003,835 (Feb. 28, 2006).

10. *Penobscot Narrows Bridge and Observatory*, p. 10; Foster, *Building the Penobscot Narrows Bridge and Observatory*, p. 56.

11. "And the Winner Is: Downeast Gateway Bridge," *Boston Globe*, Jan. 8, 2006, http://www.boston.com/news/local/maine/articles/2006/01/08/and_the_winner_is_downeast_gateway_bridge.

12. Richard G. Weingardt, *Circles in the Sky: The Life and Times of George Ferris* (Reston, Va.: ASCE Press, 2009), p. 88.

13. Foster, *Building the Penobscot Narrows Bridge and Observatory*, p. 57.

14. "The End of an Era . . . and the Beginning of Another," *Bucksport* (Maine) *Enterprise*, Jan. 4, 2007, p. 1.

15. Rich Hewitt, "Old Span's Removal Not Expected Soon," *Bangor* (Maine) *Daily News*, Oct. 14–15, 2006, p. A7; Larry Parks to author, e-mail message, Aug. 23, 2007.

16. Parks to author.

第七章　找寻事故的原因

1. See, e.g., Virginia Kent Dorris, "Hyatt Regency Hotel Walkways Collapse," in *When Technology Fails: Significant Technological Disasters, Accidents, and Failures of the Twentieth Century*, ed. Neil Schlager (Detroit: Gale Research, 1994), pp. 317–325; Norbert J. Delatte, Jr., *Beyond Failure: Forensic Case Studies for Civil Engineers* (Reston, Va.: ASCE Press, 2009), pp. 8–25; Henry Petroski, *To Engineer Is Human: The Role of Failure in Successful Design* (New York: St. Martin's Press, 1985), chap. 8 and illustration section following p. 106.

2. Rita Robison, "Point Pleasant Bridge Collapse," in *When Technology Fails*, p. 202.

3. Ibid., p. 203.

4. Delatte, *Beyond Failure*, p. 71; Robison, "Point Pleasant Bridge Collapse," pp. 202, 204; Abba G. Lichtenstein, "The Silver Bridge Collapse Recounted," *Journal of Performance of Constructed Facilities* 7, 4 (Nov. 1993): 251, 255–256.

5. Delatte, *Beyond Failure*, pp. 71–73; Robison, "Point Pleasant Bridge Collapse," p. 203; Wilson T. Ballard, "An Eyebar Suspension Span for the Ohio River," *Engineering News-Record*, June 20, 1929, p. 997.

6. Lichtenstein, "The Silver Bridge Collapse Recounted," p. 256; "Bridge Failure Probe Shuts Twin," *Engineering News-Record*, Jan. 9, 1969, p. 17.

7. Corrosion Doctors, "Silver Bridge Collapse," http://www.corrosion-doctors.org/Bridges/Silver-Bridge.htm.

8. "Cause of Silver Bridge Collapse Studied," *Civil Engineering*, Dec. 1968, p. 87; Robison, "Point Pleasant Bridge Collapse," pp. 203, 205; Lichtenstein, "Silver Bridge Collapse Recounted," p. 259; Robert T. Ratay, "Changes in Codes, Standards and Practices Following Structural Failures, Part 1: Bridges," *Structure*, Dec. 2010, p. 16; "Rules and Regulations," *Federal Register* 69, 239 (Dec. 14, 2004), p. 74,419.

9. "Collapsed Silver Bridge Is Reassembled," *Engineering News-Record*, April

25, 1968, pp. 28–30; Charles F. Scheffey, "Pt. Pleasant Bridge Collapse: Conclusions of the Federal Study," *Civil Engineering*, July 1971, pp. 41–45.

10. Delatte, *Beyond Failure*, p. 74; "Collapsed Silver Bridge Is Reassembled," p. 29.

11. "Bridge Failure Triggers Rash of Studies," *Engineering News-Record*, Jan. 4, 1968, p. 18.

12. Delatte, *Beyond Failure*, p. 75; Scheffey, "Pt. Pleasant Bridge Collapse," p. 42.

13. Scheffey, "Pt. Pleasant Bridge Collapse," p. 42.

14. W. Jack Cunningham to author, letter dated April 24, 1995; S. Reier, *The Bridges of New York* (New York: Quadrant Press, 1977), p. 47; "Birds on Big Bridge Vouch Its Strength," *New York Times*, Dec. 10, 1908, p. 3; Edward E. Sinclair, "Birds on New Bridge," letter to the editor, *New York Times*, Dec. 1, 1908. The reference to Kipling's "The Bridge Builders" is erroneous; perhaps the story of birds and bridges appears in another of his stories.

15. Chris LeRose, "The Collapse of the Silver Bridge," *West Virginia Historical Society Quarterly* XV (2001), http://www.wvculture.org/history/wvhs1504.html; Infoplease, "Chief Cornstalk," http://www.infoplease.com/ipa/A0900079.html.

16. Robison, "Point Pleasant Bridge Collapse," p. 202; Delatte, *Beyond Failure*, p. 74.

17. Lichtenstein, "Silver Bridge Collapse Recounted," pp. 249, 253–254; Robison, "Point Pleasant Bridge Collapse," p. 204.

18. Delatte, *Beyond Failure*, p. 75; Robison, "Point Pleasant Bridge Collapse," p. 204.

19. Daniel Dicker, "Point Pleasant Bridge Collapse Mechanism Analyzed," *Civil Engineering*, July 1971, pp. 61–66.

20. "Cause of Silver Bridge Collapse Studied"; Dicker, "Point Pleasant Bridge Collapse Mechanism," p. 64; Lichtenstein, "Silver Bridge Collapse Recounted," p. 260.

21. Stanley T. Rolfe and John M. Barsom, *Fracture and Fatigue Control in Structures: Applications of Fracture Mechanics* (Englewood Cliffs, N.J.: Prentice-Hall, 1977), pp. 2–4.

22. Delatte, *Beyond Failure*, p. 77; Rolf and Barsom, *Fracture and Fatigue Control*, pp. 13, 22. The distinction between stress-corrosion and corrosion-fatigue cracking is clarified in Joe Fineman to the editors of *American Scientist*, e-mail message dated Aug. 16, 2011.

23. National Transportation Safety Board, *Highway Accident Report: Collapse of U.S. 35 Highway Bridge, Point Pleasant, West Virginia, December 15, 1967*, Report No. NTSB-HAR-71–1, p. 126.

24. Robison, "Point Pleasant Bridge Collapse," p. 202.

25. Associated Press, "10 Years After TWA 800, Doubts Abound," *msnbc.com*, July 8, 2006, http://www.msnbc.msn.com/id/13773369.

26. Ibid.

27. William J. Broad, "Hard-Pressed Titanic Builder Skimped on Rivets, Book Says," *New York Times*, April 15, 2008, p. A1.

28. Ibid.

29. Ibid.

30. "Great Lakes' Biggest Ship to Be Launched Tomorrow," *New York Times*, June 6, 1958, p. 46.

31. Ibid.; "The Sinking of the SS Edmund Fitzgerald—November 10, 1975," http://cimss.ssec.wisc.edu/wxwise/fitz.html; Great Lakes Shipwreck Museum, "Edmund Fitzgerald," http://www.shipwreckmuseum.com/edmundfitzgerald.

第八章　工程师的责任

1. For the story of the Quebec Bridge, see, e.g., William D. Middleton, *The Bridge at Quebec* (Bloomington: Indiana University Press, 2001); see also Henry Petroski, *Engineers of Dreams: Great Bridge Builders and the Spanning of America* (New York: Alfred A. Knopf, 1995), pp. 101–118.

2. Yale University, "History of Yale Engineering," http://www.seas.yale.edu/about-history.php; "Yale Engineering through the Centuries," http://www.eng.yale.edu/eng150/timeline/index.html; American Physical Society, "J. Willard Gibbs," http://www.aps.org/programs/outreach/history/historicsites/gibbs.cfm.

3. Bruce Fellman, "The Rebuilding of Engineering," *Yale Magazine*, Nov. 1994, pp. 36–41.

4. *Who's Who in America*, 1994; Fellman, "Rebuilding of Engineering."

5. Fellman, "Rebuilding of Engineering," pp. 37, 39.

6. *Who's Who in America*; Fellman, "Rebuilding of Engineering," p. 39.

7. National Institutes of Health, "The Hippocratic Oath," http://www.nlm.nih.gov/hmd/greek/greek_oath.html; American Society of Civil Engineers, *Official Register* (Reston, Va.: ASCE, 2009), p. 13.

8. Fellman, "Rebuilding of Engineering," p. 39; Donald H. Jamieson, "The Iron Ring—Myth and Fact," unsourced photocopy; Wikipedia, "Iron Ring," http://en.wikipedia.org/wiki/Iron_Ring.

9. Norman R. Ball, "The Iron Ring: An Historical Perspective," *Engineering Dimensions*, March/April 1991, pp. 46, 48.

10. Peter R. Hart, *A Civil Society: A Brief Personal History of the Canadian So-*

ciety for Civil Engineering (Montreal: Canadian Society for Civil Engineering, 1997).

11. Jamieson, "The Iron Ring—Myth and Fact"; see also Augustine J. Fredrich, ed., *Sons of Martha: Civil Engineering Readings in Modern Literature* (New York: American Society of Civil Engineers, 1989), p. 63.

12. See Ball, "The Iron Ring," p. 48; see also John A. Ross, "Social Specifications for the Iron Ring," *BC Professional Engineer,* Aug. 1980, pp. 12–18; Fekri S. Osman, "The Iron Ring," *IEEE Engineering in Medicine and Biology Magazine,* June 1984, p. 39; Don Shields to author, letter dated April 14, 1998.

13. Bill Bryson, ed., *Seeing Further: The Story of the Royal Society* (London: HarperPress, 2010), endpapers.

14. "Ritual of the Calling of an Engineer, 1925–2000," *Canada's Stamp Details* 9, no. 2 (March/April 2000), http://www.canadapost.ca/cpo/mc/personal/collecting/stamps/archives/2000/2000_apr_ritual.jsf; "The Iron Ring: The Ritual of the Calling of an Engineer/Les rites d'engagement de l'ingenieur," http://www.ironring.ca; Ball, "The Iron Ring"; Osman, "The Iron Ring"; Rudyard Kipling, "Cold Iron," *PoemHunter.com,* http://www.poemhunter.com/poem/cold-iron. See also Robin S. Harris and Ian Montagnes, eds., *Cold Iron and Lady Godiva: Engineering Education at Toronto, 1920–1972* (Toronto: University of Toronto Press, 1973).

15. Jamieson, "The Iron Ring"; D. Allan Bromley to the author, note dated March 24, 1995.

16. Jamieson, "The Iron Ring"; Wikipedia, "Iron Ring"; Osman, "The Iron Ring"; G. J. Thomson to author, fax dated March 16, 1995. A tradition of engineers wearing a ring made of iron on a gold base was established in the late nineteenth century at the Swedish Royal Institute of Technology. In 1927, a group of mechanical engineering students from the German Technical University in Prague visited Sweden, where they learned of the Swedish custom. Upon returning to Prague, they instituted their own ring tradition. Ernst R. G. Eckert to author, letter dated May 24, 1995; Wikipedia, "The Ritual of the Calling of an Engineer," http://en.wikipedia.org/wiki/The_Ritual_of_the_Calling_of_an_Engineer.

17. Wikipedia, "Iron Ring."

18. Emanuel D. Rudolph, "Obituaries of Members of the Ohio Academy of Science: Report of the Necrology Committee," [1991], s.v. Lloyd Adair Chacey (1899–1990), https://kb.osu.edu/dspace/bitstream/1811/23480/1/V091N5_221.pdf; Oscar T. Lyon, Jr., "Nothing New," letter to the editor, *ASCE News,* Oct. 1989.

19. Lyon, "Nothing New"; Homer T. Borton, "The Order of the Engineer," *The Bent of Tau Beta Pi,* Spring 1978, pp. 35–37.

20. Borton, "The Order of the Engineer," p. 35; compare "The Order of the Engineer," http://www.order-of-the-engineer.org; G. N. Martin to Lloyd A. Chacey, letter dated July 17, 1972, reproduced in *Manual for Engineering Ring Presentations*, rev. ed. (Cleveland: Order of the Engineer, 1982), p. 6.

21. http://www.order-of-the-engineer.org. See also *Manual for Engineering Ring Presentations*, p. 2. Because I have chronic arthritis, which has on occasion caused my fingers and their joints to swell, I do not wear rings of any kind. For this reason, I have not recited the Obligation of an Engineer, nor do I plan to do so.

22. Order of the Engineer, *Order of the Engineer*, booklet (Cleveland, Ohio: Order of the Engineer, 1981).

23. Order of the Engineer, *Manual for Engineers Ring Presentations*, pp. 18–20.

24. Order of the Engineer, "About the Order," http://www.order-of-the-engineer.org.

25. Paul H. Wright, *Introduction to Engineering*, 2nd ed. (New York: Wiley, 1994), Fig. 3.1; Connie Parenteau and Glen Sutton, "The Ritual of the Calling of an Engineer (Iron Ring Ceremony)," PowerPoint presentation, Eng G 400, University of Alberta, 2006, http://www.engineering.ualberta.ca/pdfs/IronRing.pdf.

26. Parenteau and Sutton, "The Ritual of the Calling of an Engineer."

27. Ibid.; Rudyard Kipling, "Hymn of Breaking Strain," *The Engineer*, March 15, 1935; see also Rudyard Kipling, *Hymn of the Breaking Strain* (Garden City, N.Y.: Doran, 1935); http://etext.lib.virginia.edu/etcbin/toccer-new2?id=KipBrea.sgm&images=images/modeng&data=/texts/english/modeng/parsed&tag=public&part=all.

28. Parenteau and Sutton, "The Ritual of the Calling of an Engineer."

29. Wikipedia, "Iron Ring."

30. Order of the Engineer, *The Order of the Engineer*, p. 9; M. G. Britton, ". . . And Learning from Failure," *The Keystone Professional* (Association of Professional Engineers and Geoscientists of the Province of Manitoba), Spring 2010, p. 7. The ring ceremony I attended took place at the 2009 Forensic Engineering Congress, whose proceedings are contained in *Forensic Engineering 2009: Pathology of the Built Environment*, ed. Shen-en Chen et al. (Reston, Va.: American Society of Civil Engineers, 2009).

31. Although the tradition of wearing an Iron Ring is still most commonly associated with Canadian engineers, Scandinavian and other European engineers have followed similar traditions. Borton, "The Order of the Engineer," p. 36; *The Order of the Engineer*, p. 7; Carol Reese to author, email message, June 30, 2010;

Glen Sutton to author, email message, Feb. 1, 2010; Yngve Sundström to author, May 25, 1995; R. G. Eckert to author, May 24, 1995.

第九章　事前、事中和事后

1. See, e.g., "Tacoma Narrows Bridge Collapse Gallopin' Gertie," http://www. youtube.com/watch?v=j-zczJXSxnw.

2. "Big Tacoma Bridge Crashes 190 Feet into Puget Sound," *New York Times,* Nov. 8, 1940, p. 1.

3. Richard Scott, *In the Wake of Tacoma: Suspension Bridges and the Quest for Aerodynamic Stability* (Reston, Va.: ASCE Press, 2001), p. 41.

4. Richard S. Hobbs, *Catastrophe to Triumph: Bridges of the Tacoma Narrows* (Pullman: Washington State University Press, 2006), pp. 9–11; Scott, *In the Wake of Tacoma,* p. 41.

5. "Calling the Role of Key Construction Men Captured at Guam," *Pacific Builder and Engineer,* Dec. 1945, p. 48; Clark H. Eldridge, "The Tacoma Narrows Suspension Bridge," *Pacific Builder and Engineer,* July 6, 1940, pp. 34–40.

6. John Steele Gordon, "Tacoma Narrows Bridge Is Falling Down," AmericanHeritage.com, Nov. 7, 2007, http://www.americanheritage.com/articles/ web/20071107-tacoma-narrows-bridge-leon-moisseiff-galloping-gertie.shtml; Clark H. Eldridge, "The Tacoma Narrows Bridge," *Civil Engineering,* May 1940, pp. 299–302.

7. Henry Petroski, *Engineers of Dreams: Great Bridge Builders and the Spanning of America* (New York: Knopf, 1995), pp. 297–300; Hobbs, *Catastrophe to Triumph,* p. 12.

8. Hobbs, *Catastrophe to Triumph,* pp. 17–20.

9. Ibid., pp. 58–60.

10. "Big Tacoma Bridge Crashes," p. 1.

11. Hobbs, *Catastrophe to Triumph,* pp. 64–65.

12. Washington State Department of Transportation, "Tacoma Narrows Bridge: Tubby Trivia," http://www.wsdot.wa.gov/tnbhistory/tubby.htm.

13. "Big Tacoma Bridge Crashes," pp. 1, 5; "Charges Economy on Tacoma Bridge," *New York Times,* Nov. 9, 1940, p. 19.

14. "Big Tacoma Bridge Crashes," p. 5; "Charges Economy on Tacoma Bridge"; "A Great Bridge Falls," *New York Times,* Nov. 9, 1940, p. 16.

15. Othmar H. Ammann, Theodore von Kármán, and Glenn B. Woodruff, "The Failure of the Tacoma Narrows Bridge," report to Federal Works Agency, March 28, 1941; Scott, *In the Wake of Tacoma,* pp. 53–55.

16. Delroy Alexander, "A Lesson Well Learnt," *Construction Today,* Nov. 1990, p. 46.

17. "Professors Spread the Truth about Gertie," *Civil Engineering,* Dec. 1990, pp. 19–20; K. Yusuf Billah and Robert H. Scanlan, "Resonance, Tacoma Narrows Bridge Failure, and Undergraduate Physics Textbooks," *American Journal of Physics* 59 (1991): 118–124.

18. Billah and Scanlan, "Resonance," p. 120.

19. Ibid., pp. 121–122. A more general technical treatment, including the coupling of vertical and torsional oscillations of bridge decks, is contained in Earl Dowell, ed., *A Modern Course in Aeroelasticity,* 2nd rev. and enlarged ed. (Dordrecht: Klewer Academic Publishers, 1989).

20. Billah and Scanlan, "Resonance," p. 123.

21. Hobbs, *Catastrophe to Triumph,* pp. 79–82, 127.

22. Washington State Department of Transportation, "Tacoma Narrows Bridge Connections," http://www.wsdot.wa.gov/tnbhistory/connections/connections4.htm.

23. Hobbs, *Catastrophe to Triumph,* p. 100; Lawrence A. Rubin, *Mighty Mac: The Official Picture History of the Mackinac Bridge* (Detroit: Wayne State University Press, 1958). For Steinman's analysis of the behavior of suspension-bridge decks in the wind, see David B. Steinman, "Suspension Bridges: The Aerodynamic Problem and Its Solution," *American Scientist,* July 1954, pp. 397–438, 460.

24. Hobbs, *Catastrophe to Triumph,* pp. 123–127.

25. Thomas Spoth, Ben Whisler, and Tim Moore, "Crossing the Narrows," *Civil Engineering,* Feb. 2008, pp. 38–47.

26. Spoth et al., "Crossing the Narrows," p. 40.

27. Ibid., pp. 43, 45.

28. Ibid., pp. 45, 47.

29. Tom Spoth, Joe Viola, Augusto Molina, and Seth Condell, "The New Tacoma Narrows Bridge—From Inception to Opening," *Structural Engineering International* 1 (2008): 26; Thomas G. Dolan, "The Opening of the New Tacoma Narrows Bridge: 19,000 Miles of Wire Rope," *Wire Rope News & Sling Technology,* Oct. 2007, p. 44.

30. Sheila Bacon, "A Tale of Two Bridges," *Constructor,* Sept.–Oct. 2007, http://constructor.agc.org/features/archives/0709-64.asp; see also Mike Lindblom, "High-Wire Act," *Seattle Times, Pacific Northwest Magazine,* Sept. 11, 2005, pp. 14–15; Spoth et al., "Crossing the Narrows," p. 43.

31. Lindblom, "High-Wire Act," p. 28.

32. "Tacoma Narrows Bridge History," *Seattle Times,* July 13, 2007, p. A14.

第十章　法律问题

1. For background and failure analysis of the I-35W bridge, see Barry B. Le-Patner, *Too Big to Fall: America's Failing Infrastructure and the Way Forward* (New York: Foster Publishing, 2010), pp. 3–26.

2. Henry Petroski, "The Paradox of Failure," *Los Angeles Times,* Aug. 4, 2007, p. A17.

3. Tudor Van Hampton, "Engineers Swarm on U.S. Bridges to Check for Flaws," *Engineering News-Record,* Aug. 20, 2007, p. 12; Aileen Cho, Tom Ichniowski, and William Angelo, "Engineers Await Tragedy's Inevitable Impacts," *Engineering News-Record,* Aug. 13, 2007, pp. 12–16; Ken Wyatt, "I-35W Bridge Was Overloaded," letter to the editor, *Civil Engineering,* June 2009, p. 8.

4. Tudor Van Hampton, "Federal Probe Eyes Gusset-Plate Design," *Engineering News-Record,* Aug. 20, 2007, pp. 10–11; Tom Ichniowski, "NTSB Cites Gussets and Loads in Collapse," *Engineering News-Record,* Nov. 24, 2008, pp. 60–61.

5. Christina Capecchi, "Work Starts on Minneapolis Bridge Replacement," *New York Times,* Nov. 2, 2007, p. A20; Michael C. Loulakis, "Appellate Court Validates I-35W Bridge Procurement," *Civil Engineering,* Oct. 2009, p. 88; Aileen Cho and Tudor Van Hampton, "Agency Awards Flatiron Team Twin Cities Replacement Job," *Engineering News-Record,* Oct. 15, 2007, p. 12; Tudor Van Hampton, "Minneapolis Bridge Rebuild Draws Fire," *Engineering News-Record,* Oct. 1, 2007, pp. 10–11.

6. Monica Davey and Mathew L. Wald, "Potential Flaw Found in Design of Fallen Bridge," *New York Times,* Aug. 9, 2007, p. A1.

7. Monica Davey, "Back to Politics as Usual, after Bridge Failure," *New York Times,* Aug. 16, 2007, pp. A1, A16.

8. Kevin L. Western, Alan R. Phipps, and Christopher J. Burgess, "The New Minneapolis I-35W Bridge," *Structure Magazine,* April 2009, pp. 32–34; Christina Capecchi, "Residents Divided on Design for New Span in Minneapolis," *New York Times,* Oct. 13, 2007, p. A8.

9. "Span of Control," Economist.com, May 20, 2009; Western et al., "New Minneapolis I-35W Bridge"; see also LePatner, *Too Big to Fall,* pp. 147–148.

10. Henry Fountain, "Concrete: The Remix," *New York Times,* March 31, 2009, pp. D1, D4; Western et al., "New Minneapolis I-35W Bridge."

11. Ichniowski, "NTSB Cites Gussets and Loads in Collapse."

12. "At I-35W, Engineers Develop Bridge-Collapse Scenario," *Engineering News-Record,* Nov. 5, 2007, p. 19.

13. Associated Press, "Minneapolis Bridge Victims Seek Punitive Damages,"

June 28, 2010. For another failure scenario, see LePatner, *Too Big to Fall*, pp. 206–207, note 32.

14. Mike Kaszuba, "One More I-35W Collapse Lawsuit to Come?" (Minneapolis) *Star Tribune*, July 5, 2009; Aileen Cho and Tudor Hampton, "I-35W Suit to Target Engineer, Contractor," *Engineering News-Record*, April 6, 2009, pp. 12–13.

15. Richard Korman, "Judge Declines to Dismiss Collapse Case against Jacobs," *Engineering News-Record*, Sept. 7, 2009, p. 12.

16. Gerald Sheine to author, e-mail messages dated Nov. 12 and 26, 2009.

17. Ibid.

18. "Firm Settles Suit over Minn. Bridge Collapse," *USA Today*, Aug. 24, 2010, p. 3A; Brian Bakst, "Firm to Pay $52.4M in Minneapolis Bridge Collapse," Associated Press, Aug. 24, 2010; "URS Agrees to Pay $52.4M to Settle Claims from Minn. Bridge Collapse," ENR.com, Aug. 23, 2010, http://enr.construction.com/yb/enr/article.aspx?story_id=148975524.

第十一章　后座设计

1. For some brief comments on whether the new millennium began with the year 2000 or 2001, see Henry Petroski, *Pushing the Limits: New Adventures in Engineering* (New York: Alfred A. Knopf, 2004), pp. 248–249.

2. On the Millennium Bridge, see, e.g., ibid., pp. 107–112.

3. Joseph Edward Shigley, *Machine Design* (New York: McGraw-Hill, 1956); Richard Gordon Budynas and J. Keith Nisbett, *Shigley's Mechanical Engineering Design*, 8th ed. (New York: McGraw-Hill, 2006); Richard G. Budynas and J. Keith Nisbett, *Shigley's Mechanical Engineering Design*, 9th ed. (New York: McGraw-Hill, 2011).

4. Nadine M. Post, "Third Exit Stair Could Make Highrises Too Costly to Build," *Engineering News-Record*, June 4, 2007, p. 13.

5. Joseph F. McCloskey, "Of Horseless Carriages, Flying Machines, and Operations Research," *Operations Research* 4 (1956) 2: 142. See also I. B. Holley, Jr., *The Highway Revolution, 1895–1925: How the United States Got out of the Mud* (Durham, N.C.: Carolina Academic Press, 2008).

6. John Lancaster, *Engineering Catastrophes: Causes and Effects of Major Accidents*, 2nd ed. (Boca Raton, Fla.: CRC Press, 2000), pp. 26–29.

7. Heather Timmons and Hari Kumar, "On India's Roads, a Grim Death Toll That Leads the World," *New York Times*, June 9, 2010, pp. A4, A8; Siddharth Philip, "One-Dollar Bribes for India Licenses Contribute to World's Deadliest Roads," Bloomberg.com, Nov. 30, 2010.

8. Ralph Nader, *Unsafe at Any Speed: The Designed-In Dangers of the American Automobile* (New York: Pocket Books, 1966), p. v; The Public Purpose, "Annual US Street & Highway Fatalities from 1957," http://www.publicpurpose.com/hwy-fatal57+.htm.

9. Nader, *Unsafe at Any Speed*, pp. 140–142.

10. Ibid., chap. 3, p. 74.

11. Ibid., pp. 225–230.

12. Quoted in ibid., pp. 129, 136, 152.

13. Committee on Trauma and Committee on Shock, "Accidental Death and Disability: The Neglected Disease of Modern Society" (Washington, D.C.: National Academy of Sciences and National Research Council, 1966), pp. 1, 5; see http://www.nap.edu/openbook.php?record_id=9978&page=5; Nader, *Unsafe at Any Speed*, p. 249.

14. Nader, *Unsafe at Any Speed*, pp. 199–200.

15. "President Johnson Signs the National Traffic and Motor Vehicle Safety Act," *This Day in History*, Sept. 9, 1966, http://www.history.com/this-day-in-history/president-johnson-signs-the-national-traffic-and-motor-vehicle-safety-act; "National Traffic and Motor Vehicle Saftey Act of 1966," enotes.com, http://www.enotes.com/major-acts-congress/national-traffic-motor-vehicle-safety-act.

16. "New NHTSA Study Finds U.S. Highway Deaths Lowest Since 1954," *Kelly Blue Book*, Mar. 12, 2010, http://www.kbb.com/car-news/all-the-latest/new-nhtsa-study-finds-us-highway-deaths-lowest-since-1954; "Motor Vehicle Traffic Fatalities & Fatality Rate: 1899–2003," http://www.saferoads.org/federal/2004/TrafficFatalities1899–2003; Michael Cooper, "Happy Motoring: Traffic Deaths at 61-Year Low," *New York Times*, April 1, 2011, p. A15.

17. Jerry L. Mashaw and David L. Harfst, "Regulation and Legal Culture: The Case of Motor Vehicle Safety," *Yale Journal on Regulation* 4 (1987): 257–258.

18. Ibid., pp. 262–264, 266–267; "National Traffic and Motor Vehicle Safety Act of 1966."

19. Mashaw and Harfst, "Regulation and Legal Culture," p. 276.

20. Jo Craven McGinty, "Poking Holes in Air Bags," *New York Times*, May 15, 2010, pp. B1, B4; Steven Reinberg, "Six Out of 7 Drivers Use Seat Belts: CDC," *Bloomberg Businessweek*, Jan. 4, 2011, http://www.businessweek.com/lifestyle/content/healthday/648501.html.

21. McGinty, "Poking Holes in Air Bags."

22. Nick Bunkley, "Toyota Concedes 2 Flaws Caused Loss of Control," *New York Times*, July 15, 2010, pp. B1, B4; Matthias Gross, *Ignorance and Surprise: Science, Society, and Ecological Design* (Cambridge, Mass.: MIT Press, 2010), p. 15;

Kimberly Kindy, "Vehicle Safety Bills Reflect Compromise between U.S. Legislators and Automakers," *Washington Post*, June 8, 2010, p. A15; "A Tougher Car Safety Agency," editorial, *New York Times*, July 31, 2010, p. A18.

23. Peter Whoriskey, "U.S. Report Finds No Electronic Flaws in Toyotas That Would Cause Acceleration," *Washington Post*, Feb. 9, 2011, http://www.washingtonpost.com/wp-dyn/content/article/2011/02/08/AR2011020800540_pf.html; Jayne O'Donnell, "Engineers Who Wrote Report Can't 'Vindicate' Toyota," *USA Today*, Feb. 8, 2011, http://www.usatoday.com/money/autos/2011-02-09-toyota09_VA1_N.htm.

24. San Francisco Bicycle Coalition, "Bridge the Gap!" http://www.sfbike.org/?baybridge.

25. Neal Bascomb, *The New Cool: A Visionary Teacher, His F.I.R.S.T. Robotics Team, and the Ultimate Battle of Smarts* (New York: Crown, 2010), pp. 39, 57.

26. Ibid., p. 216.

27. The Franklin Institute, "Edison's Lightbulb," http://www.fi.edu/learn/scitech/edison-lightbulb/edison-lightbulb.php?cts=electricity; Phrase Finder, "If at first you don't succeed. . . ," http://www.phrases.org.uk/bulletin_board/5/messages/266.html; Thomas H. Palmer, *Teacher's Manual* (1840), quoted in Bartlett's, pp. 393–394; see also Gregory Y. Titelman, *Random House Dictionary of Popular Proverbs and Sayings* (New York: Random House, 1996), p. 154.

28. Samuel Beckett, *Worstward Ho* (London: John Calder, 1983), p. 7. This quotation was called to my attention in William Grimson to the author, e-mail message dated Aug. 4, 2011.

第十二章　休斯敦，我们遇到了麻烦

1. R. P. Feynman, "Personal Observations on the Reliability of the Shuttle," at http://www.ralentz.com/old/space/feynman-report.html; Barry B. LePatner, *Too Big to Fall: America's Failing Infrastructure and the Way Forward* (New York: Foster Publishing, 2010), p. 89.

2. "Feynman O-Ring Junta Challenger," video clip, http://www.youtube.com/watch?v=KYCgotDV10c; quoted in Leonard C. Bruno, "Challenger Explosion," in *When Technology Fails: Significant Technological Disasters, Accidents, and Failures of the Twentieth Century*, ed. Neil Schlager (Detroit: Gale Research, 1994), p. 614.

3. Quoted in Bruno, "Challenger Explosion," p. 614.

4. "List of Space Shuttle Missions," http://en.wikipedia.org/wiki/List_of_space_shuttle_missions; Center for Chemical Process Safety, "Lessons from the Columbia Disaster," slide presentation, 2005, http://www.aiche.org/uploaded-

Files/CCPS/Resources/KnowledgeBase/Presentation_Rev_newv4.ppt#1079; Columbia Accident Investigation Board, *Report*, vol. 1, Aug. 2003, *http://caib.nasa.gov/news/report/volume1/default.html*; John Schwartz, "Minority Report Faults NASA as Compromising Safety," *New York Times*, Aug. 18, 2005, p. A18.

5. "Day 42: The Latest on the Oil Spill," *New York Times*, June 2, 2010, p. A16.

6. Brian Stelter, "Cooper Becomes Loud Voice for Gulf Residents," *New York Times*, June 18, 2010, p. A19; "The Gulf Oil-Spill Disaster Is Engineering's Shame," *Engineering News-Record*, June 7, 2010, p. 56.

7. Letters to the editor from Ronald A. Corso, Harry T. Hall, and William Livingston, *Engineering News-Record*, June 28, 2010, pp. 4–5.

8. For a book that focuses on management errors as a cause of failures, see James R. Chiles, *Inviting Disaster: Lessons from the Edge of Technology—An Inside Look at Catastrophes and Why They Happen* (New York: HarperCollins, 2001).

9. Transocean, "Deepwater Horizon: Fleet Specifications," http://www.deepwater.com/fw/main/Deepwater-Horizon-56C17.html?LayoutID=17; Transocean, "A Next Generation Driller Is Innovative," http://www.deepwater.com/fw/main/Home-1.html; Ian Urbina and Justin Gillis, "'We All Were Sure We Were Going to Die,'" *New York Times*, May 8, 2010, pp. A1, A13; Reuters, "Timeline—Gulf of Mexico Oil Spill," Reuters.com, June 3, 2010, http://www.reuters.com/article/idUSN0322326220100603. For a good retelling of events leading up to, during, and in the aftermath of the crisis on the *Deepwater Horizon*, see Joel Achenbach, *A Hole at the Bottom of the Sea: The Race to Kill the BP Oil Gusher* (New York: Simon & Schuster, 2011).

10. Reuters, "Timeline."

11. Pam Radtke Russell, "Crude Awakening," *Engineering News-Record*, May 10, 2010, pp. 10–11; Reuters, "Timeline"; Sam Dolnick and Henry Fountain, "Unable to Stanch Oil, BP Will Try to Gather It," *New York Times*, May 6, 2010, p. A20; H. Josef Hebert and Frederic J. Frommer, "What Went Wrong at Oil Rig? A Lot, Probers Find," (Durham, N.C.) *Herald-Sun*, May 13, 2010, pp. A1, A5.

12. Henry Fountain, "Throwing Everything, Hoping Some Sticks," *New York Times*, May 15, 2010, p. A12.

13. Dolnick and Fountain, "Unable to Stanch Oil"; Elizabeth Weise, "Well to Relieve Oil Leak Closes in on Target," *USA Today*, July 1, 2010, p. 4A; "Talk About a Mess," *New York Times*, May 23, 2020, Week in Review, p. 2; Reuters, "Timeline"; Shaila Dewan, "In First Success, a Tube Captures Some Leaking Oil," *New York Times*, May 17, 2010, pp. A1, A15.

14. Mark Long and Susan Daker, "BP Optimistic on New Oil Cap," *Wall Street Journal*, July 11, 2010, http://online.wsj.com/article/SB10001424052748703854904

75358893150368072.html; Richard Fausset, "BP Says It's Closer to Oil Contain-ment," *Los Angeles Times*, July 12, 2010, http://articles.latimes.com/2010/jul/12/nation/la-na-0712-oil-spill-20100712; Tom Breen and Harry R. Weber, "BP Test-ing Delayed on Gulf Oil Fix," ENR.com, July 14, 2010, http://enr.construction.com/yb/enr/article.aspx?story_id=147380069; Richard Fausset and Nicole Santa Cruz, "BP's Test of Newly Installed Cap Is Put Off," *Los Angeles Times*, July 13, 2010, http://www.latimes.com/news/nationworld/nation/la-na-oil-spill-20100714,0,1234918.story.

15. Colleen Long and Harry R. Weber, "BP, Feds Clash over Reopening Capped Gulf Oil Well," Associated Press, July 18, 2010, http://news.yahoo.com/s/ap/20100718/ap_on_bi_ge/us_gulf_oil_spill;_ylt=AgzDbLVOelmfPXiuLl9voPCsoNUE;_ylu=X3oDMTNocXRkb2lwBGFzc2VoA2FwLzIwMTAwNzE4L3VzX2d1bGZfb2lsX3NwaWxsBGNjb2RlA21vc3Rwb3B1bGFyBGNwb3MDMDgRwb3MDNDNgRwdANob21lX2Nva2U2UEc2VjA3luX3RvcF9zdG9yeQRzbGsDc2NpZW50aX5oaXNoNoc2dl; Henry Fountain, "Cap Connector Is Installed on BP Well," *New York Times*, July 12, 2010, p. A11; Henry Fountain, "Critical Test Near for BP's New Cap," *New York Times*, July 13, 2010, p. A15; Henry Fountain, "In Revised Plan, BP Hopes to Keep Gulf Well Closed," *New York Times*, July 19, 2010, pp. A1, A12; Campbell Robertson and Henry Fountain, "BP Caps Its Leaking Well, Stopping the Oil after 86 Days," *New York Times*, pp. A1, A18.

16. Campbell Robertson and Clifford Krauss, "Gulf Spill Is the Largest of Its Kind, Scientists Say," *New York Times*, Aug. 3, 2010, p. A14; Clifford Krauss, "'Static Kill' of the Well Is Working, Officials Say," *New York Times*, Aug. 5, 2010, p. A17; Clifford Krauss, "With Little Fanfare, Well Is Plugged with Cement," *New York Times*, Aug. 6, 2010, p. A13; Michael Cooper, "Coverage Turns, Cautiously, to Spill Impact," *New York Times*, Aug 7, 2010, p. A8.

17. Justin Gillis, "U.S. Report Says Oil That Remains Is Scant New Risk," *New York Times*, Aug. 4, 2010, pp. A1, A14; William J. Broad, "Oil Spill Cleanup Workers Include Many Very, Very Small Ones," *New York Times*, Aug. 5, 2010, p. A17; Camp-bell Robertson, "In Gulf, Good News Is Taken with Grain of Salt," *New York Times*, Aug. 5, 2010, pp. A1, A17; Clay Dillow, "Gulf Oil Disaster Update: Up to 80% of the Crude May Still Be Lurking in the Water," *Popular Science*, Aug. 17, 2010, http://www.popsci.com/science/article/2010-08/gulf-oil-update-80-oil-may-still-be-lurking-water.

18. Weise, "Well to Relieve Oil Leak Closes in on Target"; Henry Fountain, "Hitting a Tiny Bull's-Eye Miles under the Gulf," *New York Times*, July 6, 2010, pp. D1, D4; "Relief Well Nears Point of Intercept," *New York Times*, Aug. 10, 2010, p. A15; Henry Fountain, "Relief Well to Proceed to Ensure Spill Is Over," *New York Times*, Aug. 14, 2010, A11.

19. Brian Winter, "Ideas Pour in to Try to Help BP Handle Gulf Oil Spill," USA Today.com, June 9, 2010; Adrian Cho, "One Ballsy Proposal to Stop the Leak," Sciencemag.org, June 16, 2010, http://news.sciencemag.org/scienceinsider/2010/06/one-ballsy-proposal-to-stop-the-html; Christopher Brownfield, "Blow Up the Well to Save the Gulf," *New York Times*, June 22, 2010, p. A27; William J. Broad, "Nuclear Option on Oil Spill? No Way, U.S. Says," *New York Times*, June 3, 2010, pp. A1, A22.

20. Henry Fountain, "Far from the Ocean Floor, the Cleanup Starts Here," *New York Times*, May 18, 2010, p. D4; Joel Achenbach and Steven Mufson, "Engineers Trying Multiple Tactics in Battle to Plug Oil Well in Gulf of Mexico," *Washington Post*, May 11, 2010, p. A04; Richard Simon and Jill Leovy, "BP to Try Smaller Dome against Oil Leak," *Los Angeles Times*, May 11, 2010, http://www.latimes.com/news/nationworld/nation/la-na-oil-spill-20100511,0,645089.story; Clifford Krauss and Jackie Calmes, "Little Headway Is Made in Gulf as BP Struggles to Halt Oil Leak," *New York Times*, May 29, 2010, pp. A1, A13; "Government to Run Response Web Site," *New York Times*, July 5, 2010, p. A10; see also, John M. Broder, "Energy Secretary Emerges to Take a Commanding Role in Effort to Corral Well," *New York Times*, July 17, 2010, p. A11.

21. David Barstow et al., "Regulators Failed to Address Risks in Oil Rig Fail-Safe Device," *New York Times*, June 20, 2010; Henry Fountain, "BP Discussing a Backup Strategy to Plug Well," *New York Times*, June 29, 2010, p. A20.

22. David Barstow et al., "Between Blast and Spill, One Last, Flawed Hope," *New York Times*, June 21, 2010, pp. A1, A18–A20.

23. Barstow et al., "Between Blast and Spill," p. A18; Steven J. Coates to author, email dated June 8, 2010; Robbie Brown, "Another Rig's Close Call Altered Rules, Papers Say," *New York Times*, Aug. 17, 2010, p. A19.

24. Ian Urbina, "Oil Rig's Owner Had Safety Issue at 3 Other Wells," *New York Times*, Aug. 5, 2010, pp. A1, A16.

25. Pam Radtke Russell, "Investigations Expand List of BP's Drill-Program Failures," *Engineering News-Record*, June 28, 2010, p. 13.

26. Robbie Brown, "Siren on Oil Rig Was Kept Silent, Technician Says," *New York Times*, July 24, 2010, pp. A1, A11.

27. Russell, "Investigations Expand List of BP's Drill-Program Failures"; Reuters, "Timeline"; Barstow et al., "Between Blast and Spill," p. A19; Kevin Spear, "Did BP Make the Riskier Choice?" ENR.com, May 23, 2010, http:///enr.construction.com/yb/enr/article.aspx?story_id=145300960; Jennifer A. Dlouhy, "Spill Report: It Could Happen Again," *Houston Chronicle*, Jan. 5, 2011, http://www.chron.com/disp/story.mpl/business/7367856.html.

28. Campbell Robertson, "Efforts to Repel Gulf Oil Spill Are Described as

Chaotic," *New York Times*, June 15, 2010, pp. A1, A16; Jim Tankersley, Raja Abdul-rahim, and Richard Fausset, "BP Makes Headway in Containing Oil Leak," *Los Angeles Times*, May 17, 2010, http://www.latimes.com/news/nationworld/la-na-oil-spill-20100517,0,1038311.story; Barstow et al., "Between Blast and Spill," p. A20; Juliet Eilperin, "U.S. Oil Drilling Agency Ignored Risk Warnings," *Washington Post*, May 25, 2010, pp. A1, A4; Kevin Giles, "St. Croix Bridge Plan Evaluation Slogged Down by Gulf Oil Leak" (Minneapolis) *Star Tribune*, June 27, 2010, Star-Tribune.com.

29. Hebert and Frommer, "What Went Wrong at Oil Rig?" pp. A1, A5; Robertson and Krauss, "Gulf Spill Is the Largest of Its Kind"; Justin Gillis, "Doubts Are Raised on Accuracy of Government's Spill Estimate," *New York Times*, May 14, 2010, pp. A1, A13; Tom Zeller, Jr., "Federal Officials Say They Vastly Underestimated Rate of Oil Flow into Gulf," *New York Times*, May 28, 2010, p. A15; Clifford Krauss and John M. Broder, "After a Setback, BP Resumes Push to Plug Oil Well," *New York Times*, May 28, 2010, pp. A1, A14; Justin Gillis and Henry Fountain, "Rate of Oil Leak, Still Not Clear, Puts Doubt on BP," *New York Times*, June 8, 2010, pp. A1, A18; Justin Gillis and Henry Fountain, "Experts Double Estimated Rate of Spill in Gulf," *New York Times*, June 11, 2010, pp. A1, A19; Joel Achenbach and David Fahrenthold, "Oil-Spill Flow Rate Estimate Surges to 35,000 to 60,000 Barrels a Day," *Washington Post*, June 15, 2010; John Collins Rudolf, "BP Is Planning to Challenge Federal Estimates of Oil Spill," *New York Times*, Dec. 4, 2010, p. A15.

30. "Historians Debate 'Worst Environmental Disaster' in U.S.," *Washington Post*, June 23, 2010; Justin Gillis, "Where Gulf Spill Might Place on the Roll of Great Disasters," *New York Times*, June 19, 2010, pp. A1, A10. A live video feed of oil emerging from the blowout preventer was available at http://www.bp.com/liveassets/bp_internet/globalbp/globalbp_uk_english/homepage/STAGING/local_assets/bp_homepage/html/rov_stream.html.

31. Campbell Robertson, "Gulf of Mexico Has Long Been Dumping Site," *New York Times*, July 30, 2010, pp. A1, A14; Robertson and Krauss, "Gulf Spill Is the Largest of Its Kind"; Urbina and Gillis, "'We All Were Sure We Were Going To Die.'"

32. United Press International, "Concrete Casing Flaws Eyed in Gulf Rig Explosion," *ENR.com*, May 23, 2010, http://enr.construction.com/yb/enr/article.aspx?story_id=145305139; Justin Gillis and John M. Broder, "Nitrogen-Cement Mix Is Focus of Gulf Inquiry," *New York Times*, May 11, 2010, p. A13; Ian Urbina, "BP Officials Took a Riskier Option for Well Casing," *New York Times*, May 27, 2010, pp. A1, A20; Matthew L. Wald, "Seeking Clues to Explosion, Experts Hope to Raise Rig's Remnants from Sea Floor," *New York Times*, June 9, 2010, p. A14.

33. Susan Saulny, "Tough Look Inward on Oil Rig Blast," *New York Times*,

May 12, 2010, p. A14; Ian Urbina, "U.S. Said to Allow Drilling Without Needed Permits," *New York Times*, May 14, 2010, pp. A1, A12.

34. John M. Broder, "U.S. to Split Up Agency Policing the Oil Industry," *New York Times*, May 12, 2010, pp. A1, A14.

35. National Academies, "Events Preceding Deepwater Horizon Explosion and Oil Spill Point to Failure to Account for Safety Risks and Potential Dangers," news release, Nov. 17, 2010.

36. Peter Baker, "Obama Gives a Bipartisan Commission Six Months to Revise Drilling Rules," *New York Times*, May 23, 2010, p. 16; Gerald Shields, "New Gulf Drilling Moratorium Issued," *The* (Baton Rouge, La.) *Advocate*, July 13, 2010, p. 1A; Russell Gold and Ben Casselman, "Far Offshore, a Rash of Close Calls," *Wall Street Journal*, Dec. 8, 2010, http://online.wsj.com/article/SB10001424052748 703989004575652714091006550.html?mod=WSJ_hp_MIDDLETopStories.

37. Dlouhy, "Spill Report."

38. Ben Casselman and Russell Gold, "Device's Design Flaw Let Oil Spill Freely," *Wall Street Journal*, March 24, 2011; Clifford Krauss and Henry Fountain, "Report on Oil Spill Pinpoints Failure of Blowout Preventer," *New York Times*, March 24, 2011, p. A18.

39. Final report and BP response quoted in John M. Broder, "Report Links Gulf Oil Spill to Shortcuts," *New York Times*, Sept. 15, 2011, p. A25; Pam Radtke Russell, "Final Deepwater Report Released," *Engineering News-Record*, Sept. 26, 2011, p. 12.

40. See Alistair Walker and Paul Sibly, "When Will an Oil Platform Fail?" *New Scientist*, Feb. 12, 1976, pp. 326–328; Gold and Casselman, "Far Offshore."

第十三章　独脚舞者

1. Vitruvius, *Ten Books on Architecture*, X, 2, 1–10; J. G. Landels, *Engineering in the Ancient World*, rev. ed. (Berkeley: University of California Press, 2000), pp. 84–85; for an excellent survey article, see Wikipedia, "Crane (machine)," http://en.wikipedia.org/wiki/Crane_(machine).

2. Georgius Agricola, *De re metallica*, trans. Herbert Clark Hoover and Lou Henry Hoover (New York: Dover Publications, 1950); Agostino Ramelli, *Diverse and Ingenious Machines of Agostino Ramelli*, trans. and ed. Martha Teach Gnudi and Eugene S. Ferguson (Baltimore: Johns Hopkins University Press, 1976); David de Haan, "The Iron Bridge—New Research in the Ironbridge Gorge," *Industrial Archaeology Review* 26 (2004), 1: 3–18; Nathan Rosenberg and Walter G. Vincenti, *The Britannia Bridge: The Generation and Diffusion of Technological Knowledge* (Cambridge, Mass.: MIT Press, 1978).

3. Tudor Van Hampton, "Feds Propose Crane Safety Rules, Operator Certifi-

cation Scheduled," ENR.com, Oct. 9, 2008, http://enr.construction.com/news/ safety/archives/081009.asp; Tudor Van Hampton, "Out of the Blind Zone," *Engineering News-Record*, Dec. 4, 2006, pp. 24–26; Tom Ichniowski, "Construction Deaths Down 16% in 2009, but Fatality Rates Stays Flat," ENR.com, Aug. 18, 2010, http://enr.ecnext.com/coms2/article_bmsh100819ConstDeathsD; see also Mohammad Ayub, "Structural Collapses during Construction," *Structure*, Dec. 2010, pp. 12–14.

4. Liz Alderman, "Real Estate Collapse Spells Havoc in Dubai," *New York Times*, Oct. 7, 2010, p. B7; Blair Kamin, "The Tallest Building Ever—Brought to You by Chicago; Burj Dubai's Lead Architect, Adrian Smith, Personifies City's Global Reach," *Chicago Tribune*, Jan. 2, 2010, http://featuresblogs.chicagotribune.com/theskyline/2010/01/the-tallest-building-everbrought-to-you-by-chicago-burj-dubais-lead-architect-adrian-smith-personifi.html.

5. See, e.g., Clifford W. Zink, *The Roebling Legacy* (Princeton, N.J.: Princeton Landmark Publications, 2011), p. 282.

6. Tudor Van Hampton, "Cranes Enabled Faster, Safer Construction in Tall Buildings," ENR.ecnext.com, Aug. 20, 2008.

7. My writing about tower cranes was prompted by email messages, one of which included a photo dated c. 1944 showing bomb damage to the port of Trieste. What today we call tower cranes are clearly visible above the damaged buildings. Hart Lidov to the author, email messages dated Nov. 23, 2002, and April 25, 2004.

8. Tudor Van Hampton, "Cranes and Cultures Clash in Dubai," *Engineering News-Record*, Dec. 4, 2006, p. 27.

9. "Records: World's Largest Tower Crane," *Engineering News-Record*, supplement, Dec. 2004, p. 16; "K-10000 Tower Crane Operating Speeds—U.S.," http://www.towercrane.com/K-10000_tower_cranes_24_00.htm; Tim Newcomb, "Massive Krøll Tower Crane Supports Seattle Tunnel Job," *Engineering News-Record*, Sept. 19, 2011, p 27.

10. Tudor Van Hampton et al., "Crane Anxiety Towers from Coast to Coast," *Engineering News-Record*, June 16, 2008, pp. 10–12; Richard Korman, "An Accident in Florida Shows a Break in the Decision Chain," *Engineering News-Record*, July 30, 2007, pp. 24–28.

11. Korman, "An Accident in Florida."

12. Ibid.

13. Ibid.; Van Hampton, "Out of the Blind Zone," p. 25.

14. Robert D. McFadden, "Crane Collapses on Manhattan's East Side, Killing 4," *New York Times*, March 16, 2008, p. A1.

15. William Neuman, "Failure of Nylon Strap Is Suspected in Crane Collapse," *New York Times*, March 18, 2008, p. C14; Tom Sawyer, "Crane-Accident Probe Targets Nylon Slings," *Engineering News-Record*, March 24, 2008, pp. 10–12.

16. Damien Cave, "Two Workers Are Killed in Miami Crane Accident," *New York Times*, March 26, 2008, p. A19.

17. James Barron, "Crane Collapse at New York Site Kills 2 Workers," *New York Times*, May 31, 2008, pp. A1, A16.

18. "Off the Hook," editorial, *Engineering News-Record*, June 9, 2008, p. 88; Eileen Schwartz, "Crane Failures Foul Up Texas' Already-Poor Safety Record," *Engineering News-Record*, June 23, 2008, pp. 98–99.

19. William Neuman and Anemona Hartocollis, "Inspector Is Charged with Filing False Report before Crane Collapse," *New York Times*, March 21, 2008, p. A20; William Neuman, "New York Tightens Regulation on Cranes," *New York Times*, March 26, 2008, p. B1; Diane Cardwell and Charles V. Bagli, "Building Dept. Head Resigns Her Post," *New York Times*, April 23, 2008, p. A22; Charles V. Bagli, "Amid Boom, a Battle over Buildings Chief's Qualifications," *New York Times*, June 11, 2008, pp. B1, B4; Sharon Otterman, "City Proposes More Regulations to Improve Construction Safety," *New York Times*, June 25, 2008, p. B3.

20. Dennis St. Germain, "Hidden Damage in Slings, Corrosion and Ultraviolet Light," *Wire Rope News & Sling Technology*, June 2010, pp. 12, 14, 16.

21. William K. Rashbaum, "Analysis of Crane Collapse Blames Improper Rigging," *New York Times*, March 12, 2009, p. A24; Nadine M. Post, "Climbing Crane Not Properly Secured, Says Manufacturer," *Engineering News-Record*, Oct. 9, 2006, p. 12; "Rigger Used Half the Hardware Than Crane's Maker Required," *Engineering News-Record*, March 23, 2009, p. 20; Jennifer Peltz, "Witness: New Straps Supplied before NYC Crane Fell," Associated Press story, July 1, 2010.

22. John Eligon, "Engineer Testifies Crane Rigger Is Careful," *New York Times*, July 10, 2010, p. A15; John Eligon, "Rigging Contractor Is Acquitted in the Collapse of a Crane," *New York Times*, July 23, 2010, p. A17.

23. Charles V. Bagli, "City Fined over Information on Fatal Crane Collapse," *New York Times*, April 7, 2010, p. A24; Tudor Van Hampton, "Crane-Failure Case Heading to Court," *Engineering News-Record*, March 15, 2010, pp. 10–11; Tudor Van Hampton, "What the Lomma Case Means to You," *Engineering News-Record*, March 15, 2010, p. 52.

24. John Eligon, "Former Chief Crane Inspector Admits Taking Bribes for Lies," *New York Times*, March 24, 2010, p A23; William K. Rashbaum, "City Issues Controversial New Rules Regulating Cranes at Construction Sites," *New York Times*, Sept. 20, 2008, p. B3; Tudor Van Hampton, "Proposed Crane Rule Gets

Mixed Reviews," *Engineering News-Record*, Oct. 20, 2008, p. 11; see also Tudor Van Hampton, "Federal Safety Regulators to Boost Tower-Crane Checks," *Engineering News-Record*, April 28, 2008, p. 12.

25. Tom Ichniowski, "Construction Industry Gets Ready to Implement Crane Safety Rule," ENR.com, Aug. 4, 2010, http://enr.ecnext.com/comsite5/bin/comsite5.pl?page=enr_document&item_id=0271-57773&format_id=XML.

26. Brad Fullmer et al., "Razor-Thin Margins as Contractors Fight for Stimulus Projects," *Engineering News-Record*, June 29, 2009, pp. 16–18; Nick Zieminski, "The U.S. Jobs Sector Hit Hardest by the Recession, Construction, May Not Reach Bottom until Sometime Next Year," Reuters, March 18, 2009, http://www.reuters.com/article/idUSTRE52H6M620090318; Paul Davidson, "Construction Unemployment Still on the Rise," *USA Today*, Feb. 26, 2010, http://www.usatoday.com/money/economy/employment/2010-02-25-construction25_ST_N.htm.

27. Sewell Chan, "Bernanke Says He Failed to See Financial Flaws," *New York Times*, Sept. 3, 2010, p. B3.

第十四章　历史与失败

1. Sir Alfred Pugsley, R. J. Mainstone, and R. J. M. Sutherland, "The Relevance of History," *Structural Engineer* 52 (1974): 441–445; discussion, *Structural Engineer* 53 (1974): 387–398.

2. On the Dee Bridge, see James Sutherland, "Iron Railway Bridges," in Michael R. Bailey, ed., *Robert Stephenson—The Eminent Engineer* (Aldershot, Hants: Ashgate, 2003), pp. 302–335. On the Tacoma Narrows Bridge, see Richard Scott, *In the Wake of Tacoma: Suspension Bridges and the Quest for Aerodynamic Stability* (Reston, Va.: ASCE Press, 2001).

3. P. G. Sibly and A. C. Walker, "Structural Accidents and Their Causes," *Proceedings of the Institution of Civil Engineers* 62 (1977), Part 1: 191–208; Paul Sibly, "The Prediction of Structural Failures" (Ph.D. thesis, University of London, 1977).

4. Henry Petroski, "Predicting Disaster," *American Scientist*, March-April 1993, pp. 110–113; for failure scenarios for cable-stayed bridges, see Uwe Starossek, *Progressive Collapse of Structures* (London: Thomas Telford, 2009).

5. For further speculation on potentially vulnerable bridge types, see Henry Petroski, *Success Through Failure: The Paradox of Design* (Princeton, N.J.: Princeton University Press, 2006), pp. 172–174.

6. Spiro N. Pollalis and Caroline Otto, "The Golden Gate Bridge: The 50th Anniversary Celebration," Harvard University, Graduate School of Design, Laboratory for Construction Technology, Publication No. LCT-88-4, Nov. 1988, http://

www.goldengatebridge.org/research/documents/researchpaper_50th.pdf; Masayuki Nakao, "Closure of Millennium Bridge," *Failure Knowledge Database / 100 Selected Cases,* http://shippai.jst.go.jp/en/Detail?fn=2&id=CA1000275.

7. See, e.g., Henry Petroski, "Design Competition," *American Scientist,* Nov.–Dec. 1997, pp. 511–515.

8. Deyan Sudjic et al., *Blade of Light: The Story of London's Millennium Bridge* (London: Penguin Press, 2001); Alexander N. Blekherman, "Swaying of Pedestrian Bridges," *Journal of Bridge Engineering* 10 (March-April 2005): 142; David McCullough, *The Great Bridge* (New York: Simon & Schuster, 1982), pp. 430–431; "Deadly Crush in Cambodia Tied to Bridge That Swayed," *New York Times,* Nov. 25, 2010, p. A22.

9. "World's Longest Stress Ribbon Bridge," *CE News,* June 2010, p. 15; Tony Sánchez, "Dramatic Bridge Provides a Natural Crossing," *Structural Engineering and Design,* June 2010, pp. 10–17, http://www.gostructural.com/magazine-article-gostructural_com-june-2010-dramatic_bridge_provides_a_natural_crossing-7918.html; Michael Stetz, "'One-of-a-Kind' Foot Bridge Still an Everyday Construction Site," (San Diego, Calif.) *Union-Tribune,* June 25, 2010, http://www.signonsandiego.com/news/2010/jun/25/one-of-a-kind-foot-bridge-still-an-everyday.

10. Sibly and Walker, "Structural Accidents and Their Causes."

11. Scott M. Adan and Ronald O. Hamburger, "Steel Special Moment Frames: A Historic Perspective," *Structure,* June 2010, pp. 13–14, http://www.structuremag.org/article.aspx?articleID=1079; Federal Emergency Management Agency, *World Trade Center Building Performance Study: Data Collection, Preliminary Observations, and Recommendations,* Report FEMA 403, May 2002, pp. 8–10.

12. Adan and Hamburger, "Steel Special Moment Frames."

13. Jim Hodges, "Generation to Generation: Filling the Knowledge Gaps," [NASA] *ASK Magazine,* 34 (Spring 2009): 6–9; Dave Lengyel, "Integrating Risk and Knowledge Management for the Exploration Systems Mission Directorate," ibid., pp. 10–12.

14. Justin Ray, "Taurus XL Rocket Launches Taiwan's New Orbiting Eye," SpaceflightNow.com, May 20, 2004, http://spaceflightnow.com/taurus/t7; NASA, "Taurus XL: Countdown 101," http://www.nasa.gov/mission_pages/launch/taurus_xl_count101.html; Rick Obenschain, "Anatomy of a Mishap Investigation," [NASA] *ASK Magazine,* 38 (Spring 2010): 5–8.

15. For more on why these bridge types are failure candidates to watch, see Henry Petroski, "Predicting Disaster," and Henry Petroski, *Success Through Failure: The Paradox of Design* (Princeton, N.J.: Princeton University Press, 2006), pp. 172–174.

16. Alistair Walker and Paul Sibly, "When Will an Oil Platform Fail?" *New Scientist*, Feb. 12, 1976, pp. 326–328.

17. Eugene S. Ferguson, *Engineering and the Mind's Eye* (Cambridge, Mass.: MIT Press, 1992). See also E. S. Ferguson, "The Mind's Eye: Nonverbal Thought in Technology," *Science* 197 (1977): 827–836.

18. See, e.g., John A. Roebling, *Final Report to the Presidents and Directors of the Niagara Falls Suspension Bridge and Niagara Falls International Bridge* (Rochester, N.Y.: Lee, Mann, 1855); O. H. Ammann, "George Washington Bridge: General Conception and Development of Design," *Transactions of the American Society of Civil Engineers* 97 (1933): 1–65; A. Pugsley, R. J. Mainstone, and R. J. M. Sutherland, "The Relevance of History," *Structural Engineer* 52 (1974): 441–445; see also discussion in *Structural Engineer* 53 (1975): 387–388.

19. Ralph Peck, "Where Has All the Judgement Gone?" Norges Geoteckiske Institutt, Publikasjon No. 134 (1981).

20. *Software Engineering Notes*, http://www.sigsoft.org/SEN; *The Risks Digest: Forum on Risks to the Public in Computers and Related Systems*, Peter G. Neumann, moderator, http://catless.ncl.ac.uk/Risks.

21. Jameson W. Doig and David P. Billington, "Ammann's First Bridge: A Study in Engineering, Politics, and Entrepreneurial Behavior," *Technology and Culture* 35 (1994), 3: 537–570; Vitruvius, *The Ten Books of Architecture*, trans. Morris Hicky Morgan (New York: Dover Publications, 1960), X, 16, 1–12; see also, e.g., *Transactions of the American Society of Civil Engineers* 97 (1933).

22. John A. Roebling, "Remarks on Suspension Bridges, and on the Comparative Merits of Cable and Chain Bridges," *American Railroad Journal, and Mechanics' Magazine* 6 (n.s.) (1841): 193–196.

23. Ibid.

24. Pauline Maier et al., *Inventing America: A History of the United States*, 2nd ed. (New York: Norton, 2006).

25. Sewell Chan, "Bernanke Says He Failed to See Financial Flaws," *New York Times*, Sept. 3, 2010, p. B3.

图书在版编目（CIP）数据

请原谅设计 /（美）亨利·波卓斯基著；李孝媛译 . —杭州：
浙江大学出版社，2018. 11
书名原文：To Forgive Design: Understanding Failure
ISBN 978-7-308-18482-3

I.①请… Ⅱ.①亨… ②李… Ⅲ.①工程技术—技
术史—普及读物 Ⅳ.① TB-09

中国版本图书馆 CIP 数据核字（2018）第 179179 号

请原谅设计

［美］亨利·波卓斯基 著　李孝媛 译

责任编辑	王志毅	
文字编辑	李　珂	
责任校对	夏斯斯	
装帧设计	骆　兰	
出版发行	浙江大学出版社	

（杭州天目山路 148 号 邮政编码 310007）

（网址：http:// www.zjupress.com）

制　　作	北京大有艺彩图文设计有限公司	
印　　刷	杭州杭新印务有限公司	
开　　本	635mm×965mm　1/16	
印　　张	22	
字　　数	275 千	
版印次	2018 年 11 月第 1 版　2018 年 11 月第 1 次印刷	
书　　号	ISBN 978-7-308-18482-3	
定　　价	59.00 元